U0235783

黄河潼关高程控制及三门峡水库运用方式研究

姜乃迁　胡春宏　吴保生　冯普林　等著
王新宏　张翠萍　陈建国　梁国亭

黄河水利出版社

·郑州·

内 容 提 要

本书在系统整理分析三门峡水库实际运用方式、黄河及渭河来水来沙情况和潼关高程变化过程的基础上,对潼关高程的主要影响因素和渭河下游的淤积成因进行了深入研究;通过实体模型试验和数学模型计算,分别就三门峡水库不同运用方式对潼关高程的影响和不同潼关高程对渭河下游淤积的影响进行了研究与探讨;对三门峡水库运用水位调整对库区社会、经济、生态环境等的影响进行了调查和分析;结合小浪底水库建成后黄河下游开发治理的新形势和渭河综合治理的要求,研究确定了合理的潼关高程,对三门峡水库运用方式的调整提出了建议。

本书可供水利行业技术人员及相关高等院校师生学习参考。

图书在版编目(CIP)数据

黄河潼关高程控制及三门峡水库运用方式研究/姜乃迁等著.—郑州:黄河水利出版社,2017.12
ISBN 978 - 7 - 5509 - 1934 - 1

Ⅰ.①黄… Ⅱ.①姜… Ⅲ.①黄河 - 高程测量 - 控制测量 - 潼关县②水库 - 运行 - 研究 - 三门峡 Ⅳ.①TV221②TV697.1

中国版本图书馆 CIP 数据核字(2017)第 324249 号

策划编辑:岳晓娟 电话:0371 - 66020903 E-mail:2250150882@qq.com

出 版 社:黄河水利出版社
        地址:河南省郑州市顺河路黄委会综合楼14层   邮政编码:450003
发行单位:黄河水利出版社
        发行部电话:0371 - 66026940、66020550、66028024、66022620(传真)
        E-mail:hhslcbs@126.com
承印单位:虎彩印艺股份有限公司
开本:787 mm×1 092 mm   1/16
印张:16.25
字数:375 千字   印数:1—1 000
版次:2017 年 12 月第 1 版   印次:2017 年 12 月第 1 次印刷

定价:68.00 元

前　言

三门峡水库于 1960 年 9 月蓄水运用,由于对黄河泥沙问题的复杂程度和治理形势认识不足,因此库区严重淤积,潼关高程急剧抬升。为此,三门峡水库进行了两次改建和三次运用方式的调整,取得了重要的成果,潼关高程得以控制。但 1986 年以后,潼关高程又呈抬升状态,渭河下游河道淤积严重,防洪形势十分严峻,引起了有关方面及社会各界的关注,而 1999 年 10 月小浪底水库的投入运用为三门峡水库再次改变运用方式创造了条件。

为深入研究潼关高程变化与三门峡水库运用之间的关系,控制及降低潼关高程,水利部于 2002 年 9 月成立了"潼关高程控制及三门峡水库运用方式研究"领导小组,黄河水利委员会成立了总课题组,组织黄河水利科学研究院、中国水利水电科学研究院、陕西省水利厅、清华大学和西安理工大学 5 家单位,采用数学模型计算、实体模型试验、原型试验和实测资料分析等方法对潼关高程影响因素、降低潼关高程措施、三门峡水库运用方式及其影响等开展联合攻关和平行研究。

经过 3 年攻关,课题组提出了潼关高程控制目标和三门峡水库运用调整方式,取得了一系列丰富和有重要创新的成果。这些研究成果为调整优化三门峡水库运用方式、治理渭河流域泥沙问题等提供了技术支撑,并对促进河流泥沙学科的发展具有重要意义。成果于 2005 年通过水利部验收,2006 年被鉴定为国际领先水平。

国内相关单位的众多专家学者,包括姜乃迁、胡春宏、杨含侠、李文学、吴保生、张翠萍、陈建国、冯普林、王新宏、梁国亭、王国栋、郭庆超、侯素珍、夏军强、林秀芝、张原锋、邓贤艺、王兆印、王敏、王普庆、石长伟、杨武学、戴清、王延贵、李昌志、王晓峰、张隆荣等(详细名单请参见课题报告),参加了此项研究工作。

应国内广大水利研究者的强烈要求,也为更好地保存相关重要成果及为有关问题研究者提供学习参考,姜乃迁、胡春宏、吴保生、冯普林、王新宏、张翠萍、陈建国、梁国亭等对"潼关高程控制及三门峡水库运用方式研究"项目取得的大量研究成果进行了系统梳理,精心撰写了本书,并由黄河水利出版社公开出版发行。全书由姜乃迁统稿。

由于时间有限,加上相关研究十分复杂,涉及因素众多,不足之处,请各位专家批评指正。

作　者

2017 年 6 月

目　录

第一章 绪 论

第一节 三门峡水利枢纽工程概况

黄河发源于青海省巴颜喀拉山北麓,流经青海、四川、甘肃、宁夏、内蒙古、山西、陕西、河南、山东九省(区),在山东省注入渤海,全长5 464 km,流域面积75.24万 km²。

黄河按地理位置和河流特征可分为上、中、下游:从河源到内蒙古河口镇为上游,该河段水多沙少,水力资源丰富;从河口镇到河南省桃花峪为中游,该河段流经黄土高原区,是黄河洪水和泥沙的主要来源区;从桃花峪到黄河入海口为下游,该河段为"地上悬河",两岸靠大堤约束,是黄河防洪的重点河段。

黄河是中华民族的摇篮,五千年中华文明的发源地。然而,黄河在带给中华民族繁荣的同时,也带来了深深的灾难。黄河从黄土高原挟带了大量泥沙,多年平均输沙量16亿t,平均含沙量高达37.7 kg/m³。黄河下游以多沙、善淤、善决、善徙著称,河床高出两岸地面最高处达10 m以上,历史上水害频繁。从战国时期起,2 500多年中黄河有多次大的改道,其中重大的迁徙9次。改道迁徙范围西起孟津,北抵天津,南达江淮,纵横25万 km²。这一广大地区自西汉文帝十二年(公元前168年)到清道光二十年(公元1840年)的2008年中,计316年有黄河决溢灾害,平均6年半一次。近代从1841年到1938年的98年中,计52年有黄河决溢,平均2年一次,黄河每次决口都给人民生命财产带来巨大损失。

黄河下游洪水灾害,一直是中华民族的心腹之患。千百年来,我国的先辈们在黄河治理、防洪、灌溉等方面都做出了很多努力和贡献,有过许多发明和创造,限于社会、经济和科学技术等方面的条件,终不能改变黄河为害的局面。近代随着科技的进步和西方治河思想的传入,提出以现代水利科学方法治理黄河,黄河治理有了新的发展。在黄河干流上修建拦洪水库,解决黄河下游洪水问题就是其中之一,至此在三门峡修建水库拦蓄洪水逐渐受到关注并得到实现。

一、三门峡水库规划回顾

(一)中华人民共和国成立前——提出修建

1933年黄河大水,下游决口泛滥,李仪祉在《黄河治本的探讨》中提出:"若能于上游设拦洪库,则下游可以莫有非常洪水"的设想。1935年李仪祉在《黄河治本计划概要叙目》中指出:"要在陕西、山西及河南各支流修建水库,或议在壶口及孟津各作一蓄洪水库以代之,则工费皆省,事较易行,亦可作一比较的设计,择善而从。"1935年八九月,民国政府黄河水利委员会挪威籍主任工程师安立森和中国工程技术人员查勘了黄河干流潼关以下至孟津河段,提出三门峡、八里胡同、小浪底三个坝址的查勘报告。报告认为"黄河建设拦洪水库的可能性及希望甚大,其效用亦甚宏。……就地势而言,三门峡诚为一优良坝址。",建议修建三门峡拦洪水库。1935年11月,李仪祉在清华大学作"黄河流域的水库问题"演讲时,认为"因三门以上的地质地形皆极相宜,若设水库于是,而减小黄河洪水峰,诚堪欣幸也",肯定了在三门峡修建拦洪水库的建议。

1941年6月,日本侵华期间为掠夺我国资源,由东亚研究所第二调查委员会第四部会派人查勘三门峡坝址,提出"三门峡发电计划"。计划认为,三门峡工程"除能获得莫大电力外,下游水患即可防止","在黄河干流能充分收到调节洪水之效者,唯三门峡一处而已"。

1946年6月,国民政府水利委员会筹组黄河治本研究团,团长为张含英。该团以综合利用为目标,查勘黄河上中游,其中对三门峡和八里胡同坝址作了比较研究。1947年,张含英在《黄河治理纲要》中指出:"河在陕县、孟津间位于山谷之中,且邻近下游,故为建筑拦洪水库之优良区域。其筑坝之地址,应为陕县之三门峡及新安县八里胡同。唯如何计划以便防洪、发电、蓄水三者各得其当,如何分期兴建以使工事方面最为经济,应积极详细研究。"并特别强调"库之回水影响,不宜使潼关水位增高","其最重要问题,当为水库之寿命"。

(二)中华人民共和国成立初期——三起三落

1949年8月31日,黄委给华北人民政府主席董必武报送了《治理黄河初步意见》,认为解除黄河下游洪水为患的方法,应"选择适当地点建造水库","陕县到孟津间是最适当的地区,这里可能筑坝的地点有3处,分别是三门峡、八里胡同和小浪底","准备选定其中一个修坝的地址,进而从事规划"。1950年3~6月,黄委组织查勘队,查勘了龙门至孟津河段,认为八里胡同虽有较好的地形条件,但在地质方面远不如三门峡,主张在三门峡建坝。同年7月,水利部傅作义部长率领张含英、张光斗、冯景兰和苏联专家布可夫等复勘了潼关至孟津段,指出为满足下游防洪的迫切需要,应提前修建该河段的水库,坝址可从三门峡、王家滩两处比较选择。当时黄委在规划设计中认为三门峡水库的淹没问题很大,在黄河干流上修建大水库用以解决下游防洪问题,就当时我国的政治、经济、技术条件来看,均有较大的困难,于是首次放弃三门峡水库转而想从支流解决问题。

1951年,黄委对黄河中游的支流无定河、泾河、北洛河、渭河、洛河进行查勘和初步计算,认为支流太多,拦洪机遇也不可靠,而且投资大,效益小,很不理想,因而又把希望转到潼关至孟津段干流上,于是再次主张修建三门峡水库。当时燃料工业部水电建设总局从开发水电出发,也积极主张修建三门峡水库。1952年5月,黄委主任王化云、水电建设总局副局长张铁铮与两位苏联专家查勘三门峡坝址,黄委主张把三门峡水库的蓄水位提高到360 m,苏联专家主张在八里胡同建冲沙水库。1952年下半年,经过计算得知,在八里胡同建冲沙水库不可行,而三门峡水库又因淹没损失太大,不少人反对,故再次放弃修建三门峡水库,转为研究淹没地较少的邙山建库方案。

关于邙山建库方案,黄委主张作滞洪水库,苏联专家布可夫倾向作冲沙水库。经计算,两种方案都投资大,又无综合利用效益,不合算,于是1953年初第三次提出修建三门峡水库的主张。而后不久,水利部对修建水库解决下游防洪问题作了两点明确指示:一是要迅速解决防洪问题;二是根据国家情况,花钱不能超过5亿元,移民不能超过5万人。因此,第三次放弃修建三门峡水库,重新规划,将一个邙山大库改为邙山和芝川两个小水库。当时对先修三门峡水库,还是先修邙山、芝川两水库,仍有不同意见,同时黄河规划已列入苏联援建项目,故未定案。

(三)20 世纪 50 年代中期——定案

来我国帮助制订黄河规划的苏联专家组于 1954 年 1 月 2 日到达北京。2 ~ 6 月,由李葆华、刘澜波任正副团长,组成黄河查勘团,包括中苏专家和工程技术人员 120 余人,对黄河进行实地查勘,并听取省(区)负责同志对黄河规划的意见。苏联专家否定了邙山水库,竭力推荐三门峡水库,赞赏三门峡是一个难得的好坝址。专家组长柯洛略夫在总结发言中说:从邙山至龙门,我们看过的全部坝址中,必须承认三门峡坝址是最好的一个,任何其他坝址都不能代替三门峡使下游获得那样大的效益,都不能像三门峡那样综合地解决防洪、灌溉、发电等方面的问题。他就三门峡水库淹没损失的问题发表意见:想找一个既不迁移人口,而又能保证调节洪水的水库,这是不能实现的幻想、空想,没有必要去研究。为了调节洪水,需要足够的库容,但为了获得必要的库容,就免不了淹没和迁移。任何一个坝址,邙山、三门峡还是其他坝址,为了调节洪水所必需的库容,都是用淹没换来的。区别仅在于坝址的技术质量和水利枢纽的造价。这个"用淹没换取库容"的观点,对当时决策三门峡工程有很大影响。少数专家则有不同意见。

1954 年黄委编制的《黄河综合利用规划技术经济报告》选定三门峡水利枢纽为第一期工程。三门峡水库正常高水位 350 m,总库容 360 亿 m^3,设计允许泄量 8 000 m^3/s,并与洛河、沁河支流水库配合运用,黄河下游洪水威胁将全部解决。1955 年 4 月 5 日,中共国家计委党组、国家建委党组向中共中央、毛泽东主席报告对《黄河综合利用规划技术经济报告》的审查意见,并建议中共中央予以批准。5 月 7 日中共中央政治局在刘少奇主持下召开会议,朱德、陈云、董必武、邓小平等 46 人参加会议,基本通过黄河规划方案,并决定将黄河综合利用规划问题提交第一届全国人民代表大会第二次会议讨论。7 月中旬,国务院举行第 15 次全体会议,周恩来、陈云、邓子恢、李先念等出席会议,通过了《关于根治黄河水害和开发黄河水利的综合规划的报告》。7 月 18 日,邓子恢副总理代表国务院在第一届全国人大第二次会议上作了上述报告,提请大会审查批准。7 月 30 日,大会通过了《关于根治黄河水害和开发黄河水利综合规划的决议》,批准国务院提出的黄河规划的原则和基本内容,并要求国务院迅速成立三门峡水库和水电站建筑工程机构,保证工程及时施工。至此,黄河有了一个经全国人大正式批准的规划,三门峡水利枢纽工程作为第一期工程正式确立。

二、三门峡水利枢纽设计与兴建

(一)工程设计

1.初步设计

1954 年底我国决定将三门峡水利枢纽拦河大坝和水电站委托给苏联列宁格勒设计院设计,其余项目全部由自己承担。

1955 年 8 月,黄委提出了《黄河三门峡水利枢纽设计技术任务书》,8 月 19 日国家计划委员会审查后提出以下三点意见:第一,在《黄河综合利用规划技术经济报告》中三门峡水库正常高水位定为 350 m 高程,水库寿命为 50 ~ 70 年,由于三门峡水库的淤积速度和中、上游水土保持的效果尚未完全判明,为考虑延长水库寿命,要求初步设计提出正常高水位在350～370 m每隔5 m为一个方案,以供国务院选择决定;第二,由于三门峡以下的伊、洛、沁河支流水库的防洪效果尚未判明,为确保黄河下游防洪安全,在初步设计中应考虑将最大泄量由8 000 m³/s降至6 000 m³/s;第三,在初步设计中应考虑进一步扩大灌溉面积的可能。1955年8月,中国方面将《黄河三门峡水利枢纽设计技术任务书》和国家计划委员会的审查意见等文件正式提交苏联列宁格勒设计院。

1956年4月,根据中方提出的要求,苏联列宁格勒设计院提出了题为"黄河三门峡工程初步设计要点"的报告。建议水库的正常高水位,如考虑50年后尚需满足灌溉和发电的要求,应为360 m高程;如考虑水库使用寿命为100年,水位应提高到370 m。三门峡以上发生千年一遇洪水时,设计最大下泄量为6 000 m³/s。

1956年7月4日,国务院对"黄河三门峡工程初步设计要点"进行了审查并确定:正常高水位360 m,在1967年前运用水位为350 m。采用混凝土重力坝,施工从1957年2月开始,1961年拦洪,第一批机组发电,1962年全部工程竣工。按照中国方面的意见和决定,苏联列宁格勒设计院于1956年年底完成初步设计。正常高水位由规划的350 m提高到360 m,淹没耕地增加至333万亩,迁移人口增至90万人。

国家建设委员会1957年2月9日在北京主持召开三门峡水利枢纽初步设计审查会,我国各有关部门、有关大学和科研单位的专家、教授和工程师共140人参加,苏联方面派21位专家参加。2月底审查完毕并上报国务院审批。

2.技术设计

三门峡水利枢纽初步设计审查前后,围绕着水库的正常高水位、淹没和移民、拦沙与排沙等问题出现较多的争议。遵照周恩来总理的指示,水利部于1957年6月10～24日在北京召开三门峡水利枢纽讨论会,参加会议的有关专家、教授共70人。会上多数意见赞成"蓄水拦沙"方案,水库分期运用,水位分期逐步抬高和分期移民的原则。极少数同志主张"滞洪排沙",少淹没,少移民。因此,曾一度暂缓进行技术设计。

1957年11月,国务院审查了国家建设委员会报送的《关于审查三门峡水利枢纽工程初步设计意见的报告》,批准了初步设计,并在吸收多方面专家意见的基础上,对技术设计的编制提出了以下意见:大坝按正常高水位360 m高程设计,350 m高程施工,350 m高程是一个较长期的运用水位;水电站厂房定为坝后式;在技术允许的条件下,应适当增加泄水量与排沙量,泄水孔底槛高程应尽量降低。

中共中央书记处于1958年3月2日召开会议,讨论通过了《黄河三门峡水利枢纽技术设计任务书》,其中关于泄水孔底槛高程要求降至300 m,并将《黄河三门峡水利枢纽技术设计任务书》通知苏方。

1958年4月,周恩来总理在三门峡工地召开现场会议,听取各方意见,6月又邀集有关各省负责人,就三门峡水库正常高水位进一步交换意见。根据这两次会议明确的原则和意见,水电部党组向党中央提出报告,并向苏联列宁格勒设计院提交了对技术设计的补充意见。最后确定:大坝按正常高水位360 m设计,350 m施工,1967年以前最高运用水位不超过340 m,死水位降至325 m(原设计335 m),泄水孔底槛高程降至300 m(原设计320 m),坝顶高程353 m。根据上述要求,苏联列宁格勒设计院于1959年底全部完成所承担的技术设计任务。

（二）工程兴建

三门峡工程于 1957 年 4 月 13 日正式开工兴建。1958 年 12 月 3 日截流成功。1960 年 6 月大坝全断面浇筑到 340 m 高程，提前一年实现全部拦洪。9 月开始蓄水运用。1960 年 11 月至 1961 年 6 月，12 个导流底孔全部用混凝土堵塞。1961 年 4 月，大坝全断面修建至 353 m 高程（第一期工程坝顶设计高程），枢纽主体工程基本竣工，较设计工期提前 1 年零 10 个月。1962 年 2 月，第 1 台 15 万 kW 机组投入试运行。

建成后的枢纽工程规模，主坝为混凝土重力坝，坝顶高程 353 m，相应坝顶长度 713.2 m，最大坝高 106 m。电站为坝后式，电站坝段长 184 m，分为 8 段，每段都设有 7.5 m×15 m 的进水口，高程 300 m。溢流坝段长 124 m，在 280 m 高程设有 12 个施工导流底孔，每孔断面尺寸 3 m×8 m，在 300 m 高程设有 12 个深水孔，每孔断面尺寸 3 m×8 m，在 338 m 高程设有 2 个表面溢流孔，每孔断面尺寸 9 m×14 m。

按技术设计，水库正常高水位为 360 m 高程，相应的库容为 647 亿 m³，可将千年一遇洪水（推算的洪峰流量 37 000 m³/s）下泄量削减到 6 000 m³/s（黄河下游堤防的安全泄量）；上、下游灌溉面积计 6 500 万亩；安装水轮发电机组 8 台，单机容量为 14.5 万 kW，总装机容量 116 万 kW，年发电量 60 亿 kWh；调节下游河道水深常年不低于 1 m，从邙山到入海口约 800 km 的河道可通航 500 t 拖轮；库区淹没耕地 325 万亩，需迁移人口 87 万人。

第一期工程先按 350 m 高程施工，相应库容为 354 亿 m³；上、下游灌溉面积为 2 980 万亩；安装发电机组 7 台，总装机容量 101.5 万 kW；库区淹没耕地 200 万亩，需移民 60 万人。

周恩来总理于 1959 年 10 月 13 日在三门峡水利枢纽工地主持召开有中央有关部门和河南、陕西、山西等省领导人参加的现场会。确定三门峡水库 1960 年汛前移民高程线为 335 m，近期最高拦洪水位不超过 333 m 高程。按 335 m 高程线相应库容为 96.4 亿 m³，淹耕地 90 万亩，全库区实际已移民 40.37 万人。

第二节　三门峡水库库区概况

一、自然地理特征

三门峡水库是在黄河干流上兴建的首座以防洪为主的综合利用水库，库区位于陕西、山西和河南三省交界处，控制黄河流域面积 68.84 万 km²，占黄河流域总面积的 91.5%。黄河下游洪水主要来自中游 3 个地区，即河口镇至龙门区间、龙门至三门峡区间、三门峡至花园口区间。三门峡水库控制了上述 3 个洪水来源区中的河口镇至龙门和龙门至三门峡两个洪水来源地区，控制黄河下游总来水量的 89%、总来沙量的 98%。

库区范围包括了黄河龙门、渭河临潼、汾河河津和北洛河洑头四个水文站到大坝区间的干支流，可分为潼关以上和潼关以下两大部分，潼关以上库区包括黄河小北干流、黄河最大支流渭河下游和北洛河下游部分，库区示意图见图 1-1。

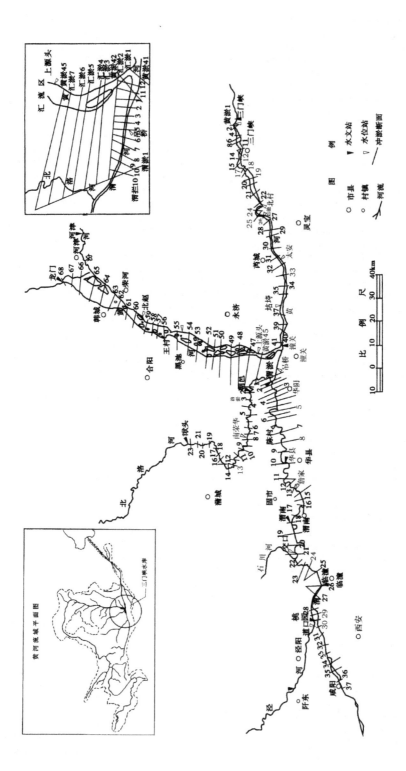

图 1-1 三门峡水库平面位置和测量断面布置示意图

（一）禹门口至潼关河段

禹门口至潼关河段，称为黄河小北干流。黄河出禹门口，进入汾渭地堑盆地，南抵秦岭，至潼关折向东流，全长 132.5 km，河床比降 0.3‰～0.6‰。河道外形为两头宽、中间窄，两岸为黄土塬，大致可以分为三段：上段为禹门口至庙前（黄淤 61 断面），河长 42.5 km，河道较宽，平均河宽约 6.8 km，最宽处达 13 km，河势游荡摆动，汾河在此河段的下端汇入；中段为庙前至夹马口（黄淤 54 断面），河长 30 km，河宽较窄，平均河宽为 4.7 km，最宽处为 6.6 km，河势比较稳定；下段为夹马口至潼关（黄淤 41 断面），河长 60 km，河道又展宽，平均河宽 11.6 km，最宽处达 18 km。渭河和北洛河在潼关附近汇入。

黄河上游及中游黄土高原各支流之来水，穿行晋陕峡谷至黄河小北干流后，河道突然展宽，每遇洪水河道滞洪滞沙，泥沙大量堆积，在历史上就是一条堆积性河道；河槽宽浅，流路散乱，冲淤变化迅猛，主流摆动不定，游荡激烈，素有"三十年河东，三十年河西"之称。

（二）渭河下游

渭河下游自咸阳至渭河口，河长 200 km（其中临潼至渭河口库段长约 127.7 km），按照河道形态和河床泥沙组成可分为三段。

咸阳至泾河口河段，河长约 34 km，比降为 0.5‰～0.6‰。河道宽浅，多心滩，分汊系数 1.7～1.8，枯水河宽 300～2 000 m，洪水河宽可达 500～3 000 m，属游荡分汊性河型。河床泥沙组成为粗、中砂夹零星小砾石，河漫滩多为细砂，北岸滩地泥沙组成细，南岸滩地泥沙组成粗。灞河和泾河在本河段末端汇入，两岸为黄土塬；泾河口至赤水河口河段，河长约 75 km，比降由 0.6‰降到 0.2‰，河道宽窄相间，枯水河宽为 200～1 000 m，洪水河宽为 500～2 000 m，弯曲系数约为 1.2，呈微弯河型；赤水河口至渭河口河段，河长约 89 km，比降为 0.14‰～0.1‰，河湾发育，弯曲系数 1.6～1.7，属弯曲性河型。枯水河宽 150～500 m，洪水漫滩后，河宽达 6 000 m。河底泥沙组成主要是细砂、粉砂，河漫滩泥沙为粉砂、亚黏土。北岸为黄土塬，南岸为现代洪积扇。北岸有北洛河在本河段末端汇入，南岸有罗敷河等多条南山支流汇入。

（三）北洛河下游

北洛河下游是指洑头水文站至洛河口，河长约 133 km。北洛河有时直接注入黄河，有时汇入渭河，1933 年大洪水改道入渭后，在渭河河口段摆动。北洛河下游河槽窄深、规顺稳定，河槽宽一般为 70～480 m，为弯曲性河型。河道比降自上而下逐渐减小，由洑头附近的 0.96‰减小至河口段的 0.18‰。

（四）汇流区和潼关断面

黄河小北干流自龙门出峡谷进入平坦地段，南流至潼关；西来的渭河在潼关以上汇入黄河；北洛河在渭河河口段流入渭河，形成黄、渭、洛三河汇流区。汇流区的范围一般是指黄河上源头以下，渭河华阴以下及北洛河河口段到潼关广阔的区域。三河汇流后，黄河受秦岭阻挡，转了一个 90°的弯，由向南流折转为向东流，过潼关进入潼关至三门峡峡谷段。

汇流区内黄河河道宽浅，摆动频繁、幅度大，常有东移西徙，渭河入黄口也随之上提下挫。北洛河也由于黄河主流的变迁时而入渭，时而入黄。从北洛河河道变迁历史看，一般情况下，黄河主流靠东岸，洛河入渭；如果黄河主流靠西岸，洛河直接入黄。

汇流区黄、渭、洛河的河床比降、断面形态、边界条件等各有特点,来水来沙条件各异,来水来沙组合不同,水流条件复杂,顶托倒灌现象时有发生。

潼关断面位于汇流区的出口,距三门峡水库大坝 113.5 km。汇流区河谷宽阔,而潼关断面处两岸受中条山和华山余脉夹持,河谷狭窄,宽度仅 850 m,形成天然卡口。潼关断面对其上游洪水常起卡水、滞洪、滞沙作用,潼关河床高程对其上游起局部侵蚀基准面的作用。潼关河床高程的升降对黄河小北干流和渭河下游河道纵剖面的调整、冲淤变化以及防洪和生产安全有着重要影响,也成为三门峡水库运用的制约条件之一。因此,长期以来,潼关河床高程的变化一直受到人们的特别关注。

(五)潼关至三门峡坝址河段

本河段穿行于秦岭和中条山的阶地之间,河长 113.5 km,河道比降由 0.3‰增加到 0.6‰。河道上宽下窄,高滩深槽,主流缩束于狭窄的河槽内,蜿蜒曲折。潼关至老灵宝河段,河长 62.1 km,平均河宽 2 820 m,最宽处 6 900 m,宏农河在老灵宝汇入。老灵宝至三门峡峡谷,河长 51.4 km,河道逐渐缩窄,三门峡坝址处的河宽约为 300 m,平均河宽 1 340 m。

二、水文泥沙观测站网布设

1919 年设立了黄河第一个水文站——陕县水文站,1929 年设立潼关水文站,1934 ~ 1935 年设立了黄河龙门水文站,渭河咸阳水文站、华县水文站,汾河河津水文站,北洛河洑头水文站。1959 年撤销陕县水文站,1961 年设立渭河临潼水文站。一般常以龙门、华县、河津、洑头四个水文站的水沙条件作为三门峡水库的进库条件,所以这四站统称为三门峡水库进库站,常简称为龙华河洑四站或四站。1953 年设立的三门峡水文站为三门峡水库的出库站。

为了研究水库水流泥沙运行规律,1959 年起陆续布设水沙因子断面站 17 个。为研究库区回水水面线变化、冲淤变化和水情预报的需要,除观测库区各水沙因子断面水位外,还设立了 7 ~ 11 个水位站,总计观测水位的站点有 20 ~ 22 个。

为计算淤积量和库容,库区布设了淤积断面:黄河干流黄淤 1—黄淤 68 断面,测验河段长达 245 km;渭河渭拦 12—渭拦 11—渭拦 1—渭拦 10 断面,渭淤 1—渭淤 37 断面,测验河段长达 180 km;北洛河洛淤 1—洛淤 23 断面,测验河段长达 104 km;汇流区汇淤 1—汇淤 7 断面。

几个常用站点和淤积断面的位置关系见表 1-1。

表 1-1　几个常用站点和淤积断面的位置关系

黄河			渭河及北洛河		
站类	站名	位置	站类	站名	位置
水位站	史家滩(二)	黄淤 1 上游 60 m	水位站	吊桥	渭拦 5
水位站	北村(二)	黄淤 22 上游 1 100 m	水沙因子站	华阴(三)	渭淤 2 下游 615 m
水沙因子站	大禹渡	黄淤 30 上游 500 m	水文站	华县	渭淤 10 下游 900 m
水位站	坩埚	黄淤 36	水文站	南渭(沙王)	渭淤 18 下游 150 m

黄河			渭河及北洛河		
站类	站名	位置	站类	站名	位置
水文站	潼关(六)	黄淤41(三)	水文站	临潼(船北)	渭淤26下游800 m
水沙因子站	上坩头	黄淤45上游1 200 m	水文站	咸阳(二)	渭淤37
水位站	夹马口	黄淤54上游800 m	水文站	朝邑	洛淤2下游190 m
水位站	庙前	黄淤61	水文站	洑头	洛淤23
水文站	龙门(马二)	黄淤68上游2 520 m			

第三节 三门峡水利枢纽运用和工程改建

三门峡水库1960年9月开始蓄水拦沙运用,由于在枢纽规划、设计时对黄河泥沙问题认识不够,采用高坝大库,蓄水拦沙运用方式不当,在水库运用初期库区就发生了严重淤积等一系列问题,致使三门峡水利枢纽工程三次运用方式改变和两次改建。

一、枢纽工程第一次改建

1960年9月至1962年3月采用蓄水拦沙运用方式。最高蓄水位332.58 m(1961年2月9日),蓄水量72.3亿 m³。蓄水后库区泥沙淤积严重,有93%的来沙淤在库内,在一年半的时间内,水库330 m高程以下库容由建库时的59.7亿 m³减少为43.6亿 m³。潼关站流量1 000 m³/s的水位从1960年9月的323.40 m急剧抬升到1962年3月的328.07 m,上升了4.67 m。渭河下游河床淤积抬高,淤积末端上延,防洪形势日趋严重,同时也造成关中地区地下水位上升,土地盐碱化面积增大。

为了减缓水库淤积和渭河洪涝灾害,1962年2月水电部在郑州召开的会议上决定:三门峡水库由"蓄水拦沙"运用方式改为"滞洪排沙"运用方式(1962年3月20日至1973年10月)。其间由于泄水孔位置较高、泄流能力小,在315 m水位时只能下泄3 084 m³/s,入库泥沙仍有60%淤在库内,库区泥沙淤积有所减缓,但潼关河床高程并未降低,渭河下游的淤积继续发展。这种运用方式对下游河道也造成了不利影响,形成小水带大沙,下泄的泥沙淤到下游河道主河槽内,下游河道进一步恶化。

1962年4月,在第二届全国人大第三次会议上,陕西省代表提出了第148号议案,要求三门峡水利枢纽增建泄流排沙设施,加大泄流排沙能力。第二届人民代表大会以后,周恩来总理亲自召集三门峡水库问题的座谈会,会上绝大多数人认为,三门峡水库的运用方式由蓄水拦沙改为滞洪排沙是正确的,但对于是否增建泄流排沙设施及增建规模等则分歧较大,对此进行了三次讨论。

1962年8月20日至9月1日水电部在北京召开第一次三门峡水利枢纽问题座谈会,会议着重座谈三门峡水利枢纽的运用方式、库区治理及是否增建泄流排沙设施问题。对增建泄流排沙设施大多数与会者是赞成的,但对泄流规模的大小没有取得一致意见。

1963 年 7 月 16～31 日，在北京召开三门峡水利枢纽问题第二次技术讨论会，参加会议的有各有关部门领导、专家、教授共 120 人。关于三门峡水利枢纽是否增建泄流排沙设施是这次会议讨论的重点。会上仍有人主张不增建泄流排沙设施，主张兴建干支流拦泥水库，结合水土保持工作，减少入库泥沙，以减轻库区淤积；主张立即增建的人提出，增建泄流排沙设施是迫在眉睫的大事，这是水土保持和拦泥库所无法代替的；在增建规模上还有争议。会议还就增建泄流排沙设施的技术问题进行讨论。

1964 年 12 月 5～18 日周恩来总理亲自主持召开治黄会议。参加会议的有中央有关部委和有关省的负责人，水利界的知名专家、学者，长期研究黄河及从事治黄工作的干部、科研人员共 100 多人。治黄会议期间，开展了热烈讨论，各家观点鲜明。有人不同意三门峡水利枢纽改建，主张维持现状；有人主张炸掉大坝，最终进行人工改道；有人主张拦泥；有人主张大放淤。12 月 18 日，周总理听了会议代表的发言之后，作了总结讲话。他集中了大家的意见，最后决定：三门峡工程建设时机不能再等，必须下决心。确定在枢纽的左岸增建两条泄流排沙隧洞；改建 5～8 号 4 条原建的发电引水钢管为泄流排沙管道，以加大枢纽的泄流排沙能力，解决库区泥沙淤积的燃眉之急。枢纽第一次改建的争议至此得到了统一。

第一次改建工程主要是增建两条泄流排沙隧洞和改建四条发电引水钢管为泄流排沙管道，即所谓的“两洞四管方案”。增建的两条隧洞位于左岸，隧洞直径为 11 m，进口底槛高程 290 m，设计水位 340 m；改建的四条钢管，直径 7.5 m，进口高程 300 m，设计最高运行水位 335 m。

两洞四管分别于 1968 年 8 月和 1966 年 7 月建设完成。投入运用后，枢纽的泄流能力由库水位 315 m 时的 3 084 m^3/s 增加至 6 102 m^3/s。

二、枢纽工程第二次改建

第一次改建工程完成后，水库排沙比由 6.8% 增加至 82.5%，但仍有近 20% 的来沙淤积在库内，潼关以下库区由淤积转变为冲刷，但冲刷范围尚未影响到潼关，库区潼关以上及渭河下游仍继续淤积。为解决库区泥沙淤积，充分发挥工程效益，枢纽需要进一步改建。

根据周恩来总理的指示，1969 年 6 月 13～18 日在三门峡市召开了有晋、陕、豫、鲁四省及水电部、黄委、三门峡工程局主要负责人参加的会议，即所谓的“四省会议”。会议着重讨论了三门峡水利枢纽改建和黄河近期治理问题。会后向国务院和周总理呈报了这次会议通过的《关于三门峡水利工程改建和黄河近期治理问题的报告》，对三门峡水利枢纽改建问题提出：三门峡水利枢纽需要进一步改建，改建的原则是在确保西安、确保下游的前提下，合理防洪排沙放淤，低水头径流发电；改建的规模是要求一般洪水水位，淤积不影响到潼关，为此要求坝前水位 315 m 时，下泄流量达到 10 000 m^3/s；枢纽的运用原则是当上游发生特大洪水时，敞开闸门泄洪。当下游花园口可能发生超过 22 000 m^3/s 洪水时，根据上下游来水的情况，关闭部分或全部闸门，增建的泄水孔原则上应提前关闭，以减轻下游的负担。冬季应继续承担下游的防凌任务。发电的运用原则是，在不影响潼关淤积的前提下，初步计算，汛期的控制水位为 305 m，必要时降到 300 m，非汛期为 310 m。在运用中应不断总结经验加以完善。

1969 年 10 月 20～23 日,水电部军管会在三门峡主持召开三门峡水利枢纽第二次改建工程方案审查会议,会议反复讨论了黄河三门峡工程局提出的两个改建方案。12 月 1 日将《关于黄河三门峡水库进一步改建的意见》呈报国务院。12 月 17 日发文通知:"关于三门峡改建方案,经国务院批准,先开挖表面溢流坝段下 3 个底孔,改建 1～4 号钢管为径流电站,并立即进行施工,通过实践到明年上半年再在总结经验的基础上,决定最后方案。"第二次改建工程于 1969 年 12 月开工,底孔改建顺利,底孔和深水孔双层过水试验成功,最终实际实施的改建项目是:挖开 1～8 号原施工导流;改建电站 1～5 号机组的进水口,由原建高程 300 m 下降至 287 m;安装 5 台轴流转桨式发电机组,总装机容量为 25 万 kW。改建的泄流工程于 1971 年 10 月完成并投入运用,第一台发电机组于 1973 年 12 月 26 日并网发电,其余 4 台也相继于 1975～1979 年并网发电。至此,第二期改建基本完成,枢纽的泄流能力在库水位 315 m 时增加至 9 060 m³/s。潼关以下库区发生冲刷,潼关高程下降,潼关以上库区淤积减缓,为三门峡水库控制运用创造了条件。

1973 年 11 月改变"滞洪排沙"运用,开始采用"蓄清排浑"调水调沙控制运用,即按照四省会议确定的枢纽运用原则,在来沙少的非汛期蓄水防凌、春灌、发电,汛期降低水位防洪排沙,把非汛期淤积在库内的泥沙调节到汛期,特别是洪水期排出库外。

此后,枢纽工程又继续二期改建,打开 9 号、10 号底孔,6 号、7 号排沙钢管扩装为单机容量 7.5 万 kW 的发电机组,打开 11 号、12 号底孔。这时,三门峡水利枢纽工程的泄水孔有底孔 12 孔、深水孔 12 孔、隧洞 2 条、泄流排沙钢管 1 条,共 27 孔。坝前水位 315 m 时的总泄量已达到 9 701 m³/s。各期末泄流建筑物运用和坝前水位 315 m 时的总泄量汇总见表 1-2。

表 1-2　各期末泄流建筑物运用和坝前水位 315 m 时的总泄量

时期	底孔	深水孔	双层孔	隧洞(条)	泄流排沙钢管(条)	坝前水位 315 m 时的总泄量(m³/s)
原建		12				3 084
第一次改建		12		2	4	6 012
第二次改建	3	7	5	2	3	9 060
二期改建	3	3	9	2	1	9 701

注:1. 双层孔由底孔及其上部与之相对应的深孔组成;
　　2. 泄流建筑物不计原建的两个表面溢流孔,总泄量中不包括电站泄水。

第四节　三门峡水利枢纽工程的效益和新问题

三门峡水利枢纽工程是中华人民共和国成立初期,为根治黄河水害、开发黄河水利,在黄河干流上修建的第一座大型综合利用水利枢纽。它的建设和运用是多泥沙河流治理中的一次重大实践。尽管从一开始就认识各异、争论不断,走过一条艰难曲折的道路,但在不断的实践和探索中,经过工程改建和运用方式改变,在防洪、防凌、灌溉、供水、发电等方面发挥了显著的综合利用效益,为多泥沙河流治理提供了宝贵经验,对泥沙科学的发展起到巨大的推动作用。

一、综合效益

(一)防洪

防洪是三门峡水利枢纽第一位的任务。由于它控制了黄河下游洪水来源区的两个,对其下游的第三个洪水来源区洪水也起到错峰和调节作用,因此减轻了下游洪水压力,改变了黄河下游防洪只靠堤防的局面。自 1964 年以来,三门峡以上地区曾 6 次出现流量大于 10 000 m³/s 的大洪水,由于三门峡水利枢纽及时控制运用,削减了洪峰流量,减轻了下游堤防负担和漫滩淹没损失。从枢纽建成至今,黄河下游岁岁安澜,大堤安然无恙。

(二)防凌

黄河下游凌汛难防治、危害大。中华人民共和国成立后,在三门峡水库建库前防凌主要靠人工破冰,但不能完全避免凌汛决口,1951 年和 1955 年在河口地区就曾两次决口成灾。三门峡水库建成运用以来,黄河下游的防凌措施发展到利用三门峡水库进行凌前和凌期蓄水,控制下泄流量与下游河道水量,以减轻凌汛威胁,确保安全。据统计,类似 1951 年、1955 年的凌情有 6 次,由于三门峡水库适时运用,大大削减了河槽水量和开河凌峰,发挥了水库的防凌作用,避免了决口的危险。

(三)灌溉

三门峡水利枢纽建成和运用以来,黄河下游的引黄灌溉有了较大发展。从三门峡到入海口黄河两岸,有了 70 多个灌区,近 200 座引黄虹吸、扬水站和涵闸。灌溉面积已达 3 000 多万亩,平均每年引水近 100 亿 m³。每年 4～6 月干旱季节,三门峡水库都利用部分凌汛水量和部分桃汛水量向下游补水,平均年补水 14 亿 m³,可使河道流量增加 300 m³/s,大大提高了下游引水的保证率。在库区,山西省沿库修建了大、中型提灌站和引黄提灌设施,引黄灌溉面积达 100 多万亩。

(四)供水

三门峡水库防凌和春灌蓄水,枯水期增大泄量,缓解了下游工农业引黄用水的不足。黄河水已成为郑州、开封、济南、东营等沿河城市和胜利油田、中原油田等地可靠的供水水源,提供了大量的工业和生活用水。此外,还曾多次向河北、天津和青岛供水,改善了当地的用水条件。

(五)发电

三门峡水电站陆续有 7 台发电机组,装机容量 41 万 kW,是当时河南电网唯一的大型水电站,担任系统中部分峰荷容量,有效地缓解了华中电网的供电紧张状况。自 1973 年第一台机组发电以来,已累计发电约 260 亿 kWh,有力地支援了国家经济建设。

(六)减淤

三门峡水库自 1960 年 9 月运用以来,到 1964 年 10 月,下游利津以上河道沿程冲刷达 23.1 亿 t,到 1970 年 6 月,10 年间水库共拦沙 57.42 亿 t,而下游河道累积冲淤量仅为 0.37 亿 t,冲淤基本平衡。也就是说,由于三门峡水库的拦沙作用,相当于下游河道 10 年基本不淤。1973 年"蓄清排浑"控制运用以来,由于水库调水调沙,非汛期下泄清水,汛期兼顾排沙与减淤,尽量避免小水带大沙,增大了排沙入海的比例,减缓了下游河道的淤积。

二、主要经验

在多沙河流上修建水库与一般河流水库有着重要的区别,三门峡水库在规划、设计和运用中出现的问题,取得的经验教训几乎无不与泥沙有关。三门峡水库的实践表明,在多沙河流上的水库综合利用效益在很大程度上受到泥沙调节的限制,水库的各项兴利指标也由于泥沙问题而相互制约。因此,在多沙河流上修建水库,必须把泥沙问题放在重要地位。

在多沙河流上修建水库必须有适当高程的泄流建筑物和足够的泄流规模,为水库调水调沙、控制运用创造有利条件。三门峡水库通过枢纽改建,将原建只有300 m高程的12个深孔,增加到280 m、290 m、300 m高程的共27个泄流排沙孔洞,315 m水位下的泄流规模由3 084 m^3/s增加到9 701 m^3/s,加大了泄流排沙能力,增加了调水调沙的灵活性,促进了水库淤积状况的改善。

在多沙河流上修建水库,由于不可避免的泥沙淤积问题,必须制定适合的“蓄清排浑”运用方式。只有“蓄清排浑”控制运用,既调节水量,又调节泥沙,将泥沙尽量排出库外,实现水库冲淤基本平衡,才能保持长期有效库容,才能长久发挥水库的综合效益。三门峡水库“蓄清排浑”方式的运用实践证明:在多沙河流上,不仅可以修建综合利用的水库,而且可以保持长期有效库容,实现综合利用的目的。

在多沙河流上修建水库必须兼顾上下河道泥沙的输移和淤积。水库蓄水抬高水位,对上游河道产生回水影响,同时产生淤积上延,即所谓淤积“翘尾巴”现象。因此,应控制运用高水位,尽量避免或减轻淤积上延对上游河道的不利影响。对于下游河道,水库汛期采用平水控制,洪水敞泄排沙,应避免非汛期的淤积物集中下排,形成“小水带大沙”。只有下排流量和含沙量相适应,才能使下游河道取得较好的输沙效果,减缓下游河道的淤积。

三、新情况新问题

(一)来水来沙的变化

20世纪80年代中期以来,特别是进入20世纪90年代,由于黄河上中游地区降雨量减少、工农业和城市生活用水持续增加、上游龙羊峡水库与刘家峡水库联合运用等,三门峡水库的来水来沙条件发生了很大的变化。三门峡水库“蓄清排浑”控制运用以来,潼关站年均来水量与初期的1974～1985年相比,到1986～1995年减少了近三成,到1996～2001年减少了一半还多。而且来水的减少主要在汛期,水量年内分配改变,汛期来水量占全年的比例由59%分别减少为46%、43%;汛期来沙量也减少,但含沙量增大,由37.5 kg/m^{3}分别增加到45.4 kg/m^3、52.7 kg/m^3;洪水出现次数和持续时间减少,洪峰流量和洪水总量减小。其中,渭河华县站1991年以来,来水量尤其是汛期来水量也大幅减少,与1974～1990年相比,1991～2001年华县汛期平均来水量减少了55%,汛期平均含沙量由57 kg/m^{3}增大到100 kg/m^3。

来水量减小、洪峰流量和洪水总量减小、含沙量增大,对水库上游河道、库区、潼关高程、黄河下游河道都会产生一定的影响。特别是对潼关高程这一敏感问题,水沙条件的变化有着怎样的影响？与三门峡水库的运用如何协调？目前有不同的认识,需要进一步深入研究。

（二）小浪底水库投入运用

小浪底水库的开发目标是以防洪、防凌、减淤为主,兼顾供水、灌溉和发电。与三门峡水库一样,其最主要的目标是黄河下游防洪。小浪底水库投入运用后,和三门峡、陆浑、故县等水库以及下游堤防、河道整治工程、分滞洪工程等组成黄河下游防洪工程体系,提高了黄河下游防洪标准,保证了下游的防洪安全。小浪底水库正常防洪库容只有 40 亿 m^3,三门峡水库防洪库容近 60 亿 m^3,因此在上述四库联合运用中三门峡水库仍需承担下游的防洪任务,并且最高防洪运用水位不会改变,仍按 335 m 控制。在下游防凌中,需总防凌库容 35 亿 m^3,而小浪底水库设计防凌库容只有 20 亿 m^3,其余 15 亿 m^3 仍由三门峡水库承担,防凌蓄水水位最高不超过 324 m。

小浪底水库投入运用,对三门峡水库运用引发了一场新的讨论。虽然小浪底水库的建成并不能完全取代三门峡水库的功能,但确实减轻了它的负担:防洪、防凌压力减轻,运用概率减小;其他一些任务,如灌溉、供水、减淤等可由小浪底水库承担。同时,小浪底水库在运用初期有 70 多亿 m^3 的堆沙库容,对三门峡水库的排沙要求有所放宽。在这种新的条件下,进一步研究三门峡与小浪底水库的联合运用方案,进一步探讨三门峡水库的运用原则和运用方式,以降低并控制潼关高程,消除水库运用对渭河的不利影响,是非常必要的。

（三）潼关高程居高不下

三门峡水库 1960 年 9 月开始"蓄水拦沙"高水位运用,库区发生了严重淤积,潼关高程从 323.40 m 急剧抬升到 1962 年 3 月的 328.07 m,上升了 4.67 m。1962 年 3 月,改为"滞洪排沙"运用,泥沙淤积得到缓和,潼关高程曾一度下降。但由于水库泄流规模不足,滞洪滞沙严重,潼关高程后又转为上升。1966～1968 年,三门峡水库进行了第一次改建,水库淤积有所好转,但遇大洪水水库滞洪作用仍很显著。1969～1971 年,三门峡水库进行了第二次改建,水库淤积得到控制,部分库容得以恢复,潼关高程有较大幅度下降,1973 年汛后为 326.64 m。1973 年 11 月起,三门峡水库实行"蓄清排浑"控制运用,在相当一段时间内,潼关高程相对保持稳定。1986 年以来,来水持续偏枯,潼关以下库区发生累积性淤积,潼关高程再次上升,1995 年汛后达到 328.28 m。1996 年开始,潼关河段实施了清淤工程,对缓解潼关高程的抬升起到了一定作用,但潼关高程仍然维持在 328 m 以上,处于居高不下的状态。

潼关断面位于黄河和渭河汇流区下游,对渭河下游起着局部侵蚀基准面的作用。潼关河床的升降对渭河下游、北洛河下游和黄河小北干流河道的冲淤及防洪产生着重要的影响,也成为三门峡水库运用的制约条件之一,因此长期以来,潼关高程的变化一直受到人们的特别关注。潼关高程升降变化的原因成为争论的焦点。影响潼关高程的主要因素有来水来沙和三门峡水库的运用,同时还有河道冲淤变化、汇流区的水沙遭遇和河势变化等。许多研究者对此进行过大量的、深入的研究,其历时之长、参与者之众实属罕见。但是,由于问题的复杂性以及研究者的观点不同、方法各异、资料数据不统一,所以在一些问题上存在不同认识和较大分歧。

第二章　潼关高程影响因素分析

潼关断面距三门峡水库大坝 113.5 km,位于黄河、渭河、北洛河三河汇流区宽浅河道下首。断面突然缩窄,形成天然卡口,对上游各河道起局部侵蚀基准面的作用。潼关河床高程影响黄河小北干流、渭河和洛河下游河道水位和泥沙冲淤,对该地区的防洪安全有重要影响。

河床高程可以有不同的表示方法。在三门峡水库的长期研究中,约定俗成地用潼关(六)断面(黄淤 41(三)断面)1 000 m³/s 流量相应的水位来表征潼关断面的河床高程,这就是所谓的潼关高程。

影响潼关高程的因素较多,河床冲淤变化复杂。许多研究者从不同的角度、用不同的方法,对于潼关高程进行过大量的研究,但至今认识不尽一致。因此,进一步了解不同时期潼关高程的演变过程,分析潼关高程变化的影响因素,才能掌握潼关高程的演变规律,并在此基础上提出改善潼关高程的措施,控制潼关高程。

第一节　建库前潼关高程变化

建库前潼关高程的变化是河流在天然情况下自身塑造的结果。一些研究者从历史时期的地质地貌、文物发现和近代水文资料考证、分析了建库前潼关和小北干流的淤积厚度和高程变化。

一、历史时期资料与分析

历史时期的资料实际上是很少的,因此分析者多是利用这有限的资料加以分析研究,得出各自的研究成果。

(一)西安铁路局 1966 年钻探资料

1966 年西安铁路局在附近黄河河床钻探,得出一个地质结构剖面图。据此中国水利科学院地理研究所渭河研究组估算,从 155 年到 1960 年建库前的 1 805 年泥沙沉积厚度约 14 m,平均每年淤高 0.008 m。

陕西省水利厅也使用这一资料,分析得出:从春秋时期到 1960 年建库前的 2 000 多年间淤积厚度为 16 m,平均每年淤高 0.006 m。

(二)黄河小北干流地质剖面图

叶青超等根据黄河小北干流河津连伯滩、安昌和潼关至朝邑三幅地质剖面图,得到 155 ~ 1960 年共 1 805 年小北干流上段、中段和下段的沉积厚度。考虑小北干流上段、中段和下段地壳每年的下沉量分别为 1 mm、2 mm 和 3 mm,得到各段实际沉积厚度,见表 2-1。

表 2-1　叶青超等估算的 155～1960 年小北干流河床沉积厚度

河段	起止地点	平均沉积厚度（m）	年平均沉积厚度（m）	地壳下沉量（m）	河床实际沉积厚度（m）	年均实际沉积厚度（m）
上段	禹门口—北赵	33.7	0.019	1.8	31.9	0.018
中段	北赵—夹马口	34.3	0.019	3.6	30.7	0.017
下段	夹马口—潼关	43.0	0.024	5.4	37.6	0.021
全河段	禹门口—潼关	37.0	0.021	3.6	33.4	0.019

（三）明万历年间石堤

据李春荣介绍,1972 年老乡在蒲州城西打井时,挖到 12 m 深处见到明代万历年间修筑的石堤。

叶青超等据此认为,明代(1573 年)的地面比 1960 年 4 月的滩地低 13.6 m,求得全河段多年平均淤积厚度为 0.031 3 m,见表 2-2。

表 2-2　叶青超等估算 1573～1960 年小北干流河床淤积厚度

断面号	平均淤积厚度（m）	年均淤积厚度（m）
禹门口—夹马口（黄淤 68—黄淤 53）	10.6	0.027 4
夹马口—潼关（黄淤 53—黄淤 41）	13.6	0.035 1
全河段（黄淤 68—黄淤 41）	12.1	0.031 3

焦恩泽和张翠萍依据的也是石堤的资料。他们考虑堤高、地壳下沉、1960～1972 年水库淤厚等因素,最终估算结果见表 2-3。

表 2-3　焦恩泽等估算的 1573～1960 年小北干流淤积厚度

河段	平均淤积厚度（m）	年均淤积厚度（m）
禹门口—夹马口	10.60	0.027 4
夹马口—潼关	15.47	0.040 0
全河段	13.40	0.034 6

（四）潼关县旧城戗台护根木桩

陕西省水利厅介绍,潼关县旧城于明初重建,距今 500 余年,城墙北面及西北面均临黄河河岸,故常遭受洪水顶冲。为保护城墙,在城墙外修建戗台,台高 3～4 m,顶宽 3 m,用条石砌筑。在戗台外的黄河滩面上又打了护根木桩,以保护戗台。据 1962 年 10 月渭河查勘组在潼关调查,1933 年洪水中护根木桩出露。他们认为,这一史实说明历史上潼关河段是有冲有淤、冲淤交替的,若河槽只是持续单向淤积滩面抬高,则护根木桩不可能被冲出。

二、近代水文资料与分析

潼关水文站于 1929 年设立。从此潼关断面有了正式的水文测验记录,根据这些资料可以确定潼关高程,即 1 000 m³/s 流量所对应的水位,了解潼关高程建库前的变化。

（一）三门峡水库水文实验总站的研究结果

分析 1929～1960 年的资料,潼关高程上升 2.25 m,平均每年升高 0.07 m。

（二）水电部第十一工程局勘测设计研究院的研究结果

分析 1929～1956 年的资料,潼关高程上升 2.3 m,平均每年升高 0.09 m。

（三）叶青超等的研究结果

分析 1929～1960 年的同流量水位,水位上升 2.1 m,年平均上升 0.067 m。

（四）焦恩泽等的研究结果

焦恩泽、张翠萍推求的 1929～1960 年潼关高程的变化见表 2-4。

表 2-4 建库前潼关高程变化

年份	焦恩泽、张翠萍		陕西省水利厅	
	汛前(m)	汛后(m)	汛前(m)	汛后(m)
1929	321.28	321.14	321.34	321.51
1930	321.28	321.61	321.12	321.57
1931				
1932				
1933	322.37	320.86	322.49	320.94
1934	321.29	321.20	321.16	321.91
1935	322.19	321.83	322.23	322.17
1936	322.45	322.30	322.46	322.34
1937	322.34	321.64	322.48	321.77
1938	322.23	321.96		321.87
1939	322.26	322.04	322.31	322.10
1940			322.10	
1941				
1942			322.26	
1943				
1944				
1945				
1946				
1947				
1948				
1949				323.14
1950	323.20	323.19	323.18	323.42
1951	323.70	323.08	323.51	323.22
1952	323.27	322.80	323.24	322.87
1953	323.08	322.70	323.03	322.71
1954	323.16	322.68	323.30	322.82
1955	322.04	322.82	322.90	323.32
1956	323.48	323.46	323.65	323.35
1957	323.46	323.64	323.55	323.76
1958	323.83	323.26	323.72	323.41
1959	323.33	323.45	323.40	323.41
1960	323.50		323.40	

他们以 1929 年 6 月至 1960 年 6 月潼关高程上升 2.22 m 为基础,扣除地壳下沉量 0.093 m,取滩地平均淤厚为主槽淤厚的 70%,得到潼关河床年平均上升 0.048 m,认为这一数字是潼关高程近期的自然上升率。

(五)涂启华等的研究结果

涂启华等在分析了三门峡建库前 20 余年潼关河床高程变化资料后,认为建库前潼关河床高程是相对稳定的。由于战乱,1943～1946 年停测,1947 年恢复观测后的潼关高程比 1942 年升高 1 m,这是有疑问的,因为停测期间的来水来沙并没有对潼关高程升高 1 m 产生不利影响。所以,应以 1934～1942 年和 1947～1960 年两个时期的潼关高程变化作为分析的主要依据。恢复观测前 1934～1942 年的潼关高程在 322.5 m 左右变化,恢复观测后 1947～1960 年的潼关高程在 323.5 m 左右变化。若排除停测时期水位升高的差异,则 1947～1960 年与 1934～1942 年的潼关高程相近,均为相对稳定状态。

(六)陕西省水利厅的研究结果

陕西省水利厅得到的建库前潼关高程变化见表 2-4。他们认为,建库前潼关河床的冲淤主要取决于上游来水来沙条件。潼关河床冲淤变化表现为非汛期淤积上升,汛期冲刷下降。分析 1929～1960 年历年汛前、汛后相应的常水位,取 1936 年与 1959 年汛前、汛后常水位比较,23 年中上升 0.94～1.07 m,但 1955 年与 1950 年相比,汛前和汛后分别降低 0.28 m 和 0.10 m;1959 年与 1950 年相比,汛前抬升 0.22 m,而汛后下降 0.01 m,与 1954 年汛前、汛后平均河床高程变幅 2 m 左右相比,表明潼关断面常水位升降变化均在正常冲淤范围,潼关河床处于动态相对冲淤平衡的微淤状态。

三、建库前潼关高程变化小结

(1)潼关河床在历史时期的变化所能依据的资料很少,同时各研究者考虑的因素不同,因此所得出的三门峡建库前的小北干流和潼关淤积厚度存在一定差别。由于历史时期年代久远,自然条件、河道状况的变迁,淤积过程不可能清楚,所得结果只能是长时段的平均值,但根据不同时期的分析结果看,时间愈接近当代,淤积强度愈大;小北干流河道宽阔,河床处于堆积状态,其泥沙淤积必然会向下延伸,使潼关河床抬升,同时潼关断面的卡口作用也一定会影响小北干流的淤积,现有分析结果表明,小北干流的淤积厚度呈北薄南厚分布,而潼关断面的淤积厚度小于小北干流的淤积厚度。

(2)建库前自 1929 年潼关水文站建立已有水文资料,尽管不太连续,应该说是比较可靠的。研究者们都根据这些实测资料得出历年 1 000 m³/s 流量所对应的水位,即潼关高程。各研究者确定的每年的同流量水位不完全相同(见表 2-4),据此分析的潼关高程年均变化值有差异,此外所考虑的计算时段不同或者时段起始和终了点水位的差异也会导致结果的不同。例如,按焦恩泽等汛前资料,1929～1960 年 31 年中潼关高程上升了 2.22 m,年均上升 0.072 m,按陕西省水利厅的汛前资料,31 年共上升 2.06 m,年均 0.066 m。点绘建库前潼关高程的历年变化,如图 2-1 所示。作两组资料的趋势线,可以看出,变化趋势是基本相同的,上升率分别为 0.068 3 m/年和 0.068 8 m/年,上升趋势还是明显的。

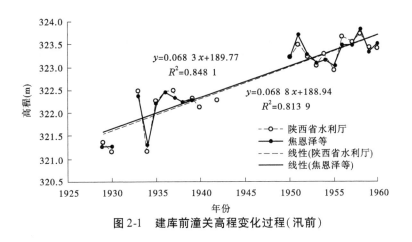

$y=0.068\ 3\ x+189.77$
$R^2=0.848\ 1$

$y=0.068\ 8\ x+188.94$
$R^2=0.813\ 9$

- - ○- - 陕西省水利厅
—●— 焦恩泽等
- - - - 线性(陕西省水利厅)
——— 线性(焦恩泽等)

图 2-1　建库前潼关高程变化过程(汛前)

第二节　潼关高程变化特点

一、建库前

建库前潼关高程的变化已如第一节所述。从历史时期看,联系上游小北干流的河床演变,潼关河床处于微淤抬升状态,愈接近现代抬升速率愈快。

1929 年潼关水文站设站后,至 1960 年三门峡水库投入运用前,天然情况下潼关高程多数年份具有非汛期(11 月至翌年 6 月)淤积抬高、汛期(7~10 月)冲刷下降,洪水冲刷、小水淤积的特点,总的变化趋势表现为明显的抬升状态,年均抬升 0.07 m。

二、建库后

三门峡水库投入运用以后潼关高程变化过程见图 2-2 和表 2-5。

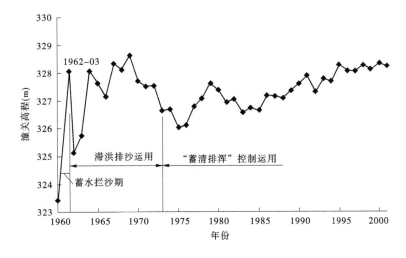

图 2-2　建库后潼关高程变化过程

表 2-5 历年潼关高程汛期非汛期升降表

年份	潼关高程（m）		潼关高程升降（-）值（m）	
	汛前	汛后	非汛期	汛期
1960		323.40		
1962	325.93	325.11		-0.82
1963	325.14	325.76	0.03	0.62
1964	326.03	328.09	0.27	2.06
1965	327.95	327.64	-0.14	-0.31
1966	327.99	327.13	0.35	-0.86
1967	327.73	328.35	0.60	0.62
1968	328.71	328.11	0.36	-0.60
1969	328.70	328.65	0.59	-0.05
1970	328.55	327.71	-0.10	-0.84
1971	327.74	327.50	0.03	-0.24
1972	327.41	327.55	-0.09	0.14
1973	328.13	326.64	0.58	-1.49
1974	327.19	326.70	0.55	-0.49
1975	327.23	326.04	0.53	-1.19
1976	326.71	326.12	0.67	-0.59
1977	327.37	326.79	1.25	-0.58
1978	327.30	327.09	0.51	-0.21
1979	327.76	327.62	0.67	-0.14
1980	327.82	327.38	0.20	-0.44
1981	327.95	326.94	0.57	-1.01
1982	327.44	327.06	0.50	-0.38
1983	327.39	326.57	0.33	-0.82
1984	327.18	326.75	0.61	-0.43
1985	326.96	326.64	0.21	-0.32
1986	327.08	327.18	0.44	0.10
1987	327.30	327.16	0.12	-0.14
1988	327.37	327.08	0.21	-0.29
1989	327.62	327.36	0.54	-0.26
1990	327.75	327.60	0.39	-0.15

年份	潼关高程(m)		潼关高程升降(−)值(m)	
	汛前	汛后	非汛期	汛期
1991	328.02	327.90	0.42	−0.12
1992	328.40	327.30	0.50	−1.10
1993	327.78	327.78	0.48	0
1994	327.95	327.69	0.17	−0.26
1995	328.12	328.28	0.43	0.16
1996	328.42	328.07	0.14	−0.35
1997	328.40	328.05	0.33	−0.35
1998	328.40	328.28	0.35	−0.12
1999	328.43	328.12	0.15	−0.31
2000	328.48	328.33	0.36	−0.15
2001	328.56	328.23	0.23	−0.33
2002	328.72	328.78	0.49	0.06
2003	328.82	327.94	0.04	−0.88
2004	328.24	327.98	0.30	−0.26

（一）水库运用初期

三门峡水库 1960 年 9 月开始运用至 1962 年 3 月为蓄水拦沙运用期。其间高水位运用,最高蓄水位达 332.58 m,库水位保持在 330 m 以上的时间达 200 d。由于水库高水位运用,93%的入库泥沙淤积在库内,回水超过潼关,库内淤积严重,致使潼关高程从323.40 m 快速上升到 328.07 m,一年半上升了 4.67 m。

1962 年 3 月水库改为滞洪排沙运用后,库区淤积得到缓和。1962 年 4 月至 6 月底,水库降低运用水位至 305 m 左右,潼关高程下降到 325.93 m,下降了 2.14 m。1962 年 6月至 1964 年 6 月,潼关高程维持在 325.11~326.02 m。1964 年为丰水丰沙年,由于泄流规模不足,到汛后潼关高程又上升到 328.09 m。

第一次改建工程的四条发电钢管在 1966 年 7 月投入运用,两条泄洪排沙隧洞分别在1967 年、1968 年汛期投入运用。1966 年汛后潼关高程下降到 327.13 m。1967 年又遇到丰水丰沙年,库区河道大量淤积,当年汛末潼关高程上升到 328.35 m。此后潼关高程连续三年徘徊在 328.5 m 上下。

1969 年 12 月开始第二次改建,1970 年 6 月至 1971 年 10 月先后打开 1~8 号导流底孔。经过第二次改建,泄流规模进一步加大,滞洪水位下降,1970~1973 年汛期各月平均库水位均低于 300 m,潼关至坝前发生持续冲刷。潼关高程由 1970 年汛初的 328.55 m 降至 1973 年汛末的 326.64 m,下降了 1.91 m。1973 年汛末与建库前相比,潼关高程共上升3.24 m。

(二)蓄清排浑运用期

三门峡水库自1973年底实行"蓄清排浑"控制运用以来,非汛期水库蓄水,承担防凌、春灌、供水、发电等任务,汛期平水期控制坝前水位305 m发电,洪水期降低水位泄洪排沙。潼关高程的变化过程以1985年汛末为界可分为两个阶段,即1974~1985年和1986~2001年。在前一阶段中,潼关高程经过1975年汛期较大幅度下降后,1976~1979年连年上升,1980~1985年又连年下降,1985年汛末潼关高程降至326.64 m,与"蓄清排浑"前的1973年汛后持平。在后一阶段中,潼关高程于1986~1991年连年上升,1992年汛期大幅度下降,1993~1995年又连年上升,1995年汛末潼关高程达到328.28 m,比1985年汛末升高1.64 m。1996~2001年潼关高程基本稳定。因此,三门峡水库"蓄清排浑"运用以来潼关高程居高不下的局面主要是1986~1995年期间形成的。各时段潼关高程变化见表2-6。1974~2001年潼关高程共上升1.59 m。三门峡水库投入运用至2001年潼关高程共上升4.83 m。

表2-6 "蓄清排浑"运用以来各时段潼关高程变化

时段	潼关高程变化(m)	年均非汛期变化(m)	年均汛期变化(m)
1974~1985年	0	0.55	-0.55
1986~1995年	1.64	0.37	-0.21
1996~2001年	-0.05	0.26	-0.27
1974~2001年	1.59	0.42	-0.37

三门峡水库"蓄清排浑"运用以来,潼关高程具有非汛期淤积抬升、汛期冲刷下降的变化特点(见图2-3)。1985年以前汛期、非汛期潼关高程升降变幅均较大,非汛期平均升高0.55 m,汛期平均降低0.55 m。1986年以后汛期、非汛期潼关高程升降变幅均较小,但汛期下降幅度减小更甚。1986~1995年非汛期平均升高0.37 m,汛期平均降低只有0.21 m。

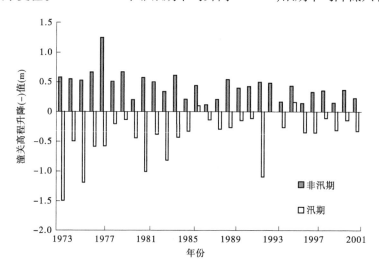

图2-3 潼关高程汛期、非汛期升降过程

由于潼关河段所处地理位置的特殊性,潼关河床既受来水来沙条件和水库运用方式的影响,又受其上下游河段冲淤及河势演变的影响。三门峡水库二次改建以前,潼关高程的抬升显然主要受水库运用和泄流规模的影响。因此,对影响潼关高程升降的因素分析主要侧重于"蓄清排浑"运用阶段。

第三节 来水来沙对潼关高程的影响分析

一、来水来沙特性及其变化

(一)来水来沙特性

1960 年三门峡水库运用以来至 2001 年,潼关水文站多年(运用年,下同)平均来水量为 348 亿 m³,多年平均来沙量为 10.43 亿 t,多年平均含沙量为 30 kg/m³。最大年来水量为 675.44 亿 m³(1964 年),最大年来沙量为 24.24 亿 t(1964 年);最小年来水量为 158.02 亿 m³(2001 年),最小年来沙量为 3.22 亿 t(1987 年)。三门峡建库以来潼关站历年水沙量及变化过程见表 2-7 和图 2-4。

表 2-7 三门峡建库以来潼关站历年水沙量

运用年	水量(亿 m³)			沙量(亿 t)			平均含沙量(kg/m³)		
	非汛期	汛期	全年	非汛期	汛期	全年	非汛期	汛期	全年
1960	113.73	192.97	306.70	1.23	8.48	9.71	10.77	43.92	31.66
1961	150.77	317.11	467.88	0.36	10.82	11.18	2.38	34.13	23.90
1962	210.48	202.61	413.09	2.53	6.93	9.46	12.00	34.23	22.90
1963	193.92	252.92	446.84	3.36	9.10	12.46	17.34	35.98	27.89
1964	238.21	437.23	675.44	2.99	21.26	24.25	12.54	48.62	35.90
1965	223.48	139.60	363.08	2.20	3.04	5.24	9.86	21.74	14.43
1966	112.45	292.40	404.85	1.08	19.67	20.75	9.56	67.29	51.25
1967	217.70	401.41	619.11	3.02	18.65	21.67	13.87	46.45	35.00
1968	233.39	289.02	522.41	2.70	12.53	15.23	11.57	43.36	29.16
1969	172.11	115.80	287.91	2.22	9.83	12.05	12.91	84.90	41.86
1970	171.75	168.27	340.02	2.90	16.19	19.09	16.90	96.23	56.14
1971	159.92	134.52	294.44	1.98	10.80	12.78	12.39	80.32	43.40
1972	179.91	123.37	303.28	2.79	3.95	6.74	15.53	31.99	22.23
1973	126.90	181.13	308.03	2.03	14.04	16.07	16.01	77.54	52.17
1974	153.50	121.83	275.33	2.02	5.52	7.54	13.18	45.27	27.38
1975	158.20	302.27	460.47	2.08	10.30	12.38	13.18	34.08	26.89

运用年	水量（亿 m³）			沙量（亿 t）			平均含沙量（kg/m³）		
	非汛期	汛期	全年	非汛期	汛期	全年	非汛期	汛期	全年
1976	219.52	319.24	538.76	2.15	8.45	10.60	9.77	26.48	19.67
1977	167.19	166.91	334.10	1.40	21.01	22.41	8.37	125.89	67.08
1978	122.27	222.88	345.15	1.20	12.37	13.57	9.84	55.52	39.32
1979	149.79	217.11	366.90	1.38	9.59	10.97	9.20	44.18	29.90
1980	142.51	133.96	276.47	1.36	4.66	6.02	9.52	34.80	21.77
1981	114.33	338.28	452.61	1.19	10.56	11.75	10.43	31.21	25.96
1982	181.67	183.71	365.38	1.48	4.33	5.81	8.14	23.58	15.90
1983	181.46	313.89	495.35	1.75	5.86	7.61	9.65	18.68	15.37
1984	210.50	281.89	492.39	2.00	7.00	9.00	9.49	24.83	18.27
1985	174.93	233.11	408.04	1.31	6.88	8.19	7.47	29.49	20.07
1986	171.33	134.27	305.60	2.07	2.11	4.18	12.09	15.73	13.69
1987	117.68	75.43	193.11	1.15	2.08	3.23	9.73	27.54	16.73
1988	122.11	187.07	309.18	1.13	12.47	13.60	9.24	66.65	43.98
1989	171.74	205.03	376.77	1.94	6.59	8.53	11.31	32.16	22.64
1990	211.35	139.62	350.97	2.11	5.50	7.61	9.96	39.40	21.68
1991	187.30	61.13	248.43	4.16	1.99	6.15	22.20	32.59	24.76
1992	120.38	130.88	251.26	1.87	8.05	9.92	15.53	61.53	39.49
1993	155.10	139.59	294.69	1.93	4.08	6.01	12.46	29.26	20.39
1994	153.34	133.30	286.64	1.81	10.30	12.11	11.83	77.30	42.25
1995	140.84	113.73	254.57	1.87	6.78	8.65	13.27	59.64	33.99
1996	127.45	127.97	255.42	2.01	9.63	11.64	15.79	75.22	45.57
1997	104.73	55.56	160.29	1.22	4.11	5.33	11.65	74.00	33.26
1998	105.78	86.14	191.92	2.17	4.26	6.43	20.52	49.50	33.53
1999	120.58	96.97	217.55	1.63	3.73	5.36	13.51	38.42	24.62
2000	114.75	73.08	187.83	1.54	1.97	3.51	13.45	26.95	18.71
2001	96.89	61.13	158.02	0.66	2.71	3.37	6.78	44.40	21.33

潼关站多年平均汛期来水量 188 亿 m³，占全年来水量的 54%；多年平均汛期来沙量的 8.53 亿 t，占全年来沙量的 82%。

潼关站水沙量主要来源于黄河和渭河。黄河龙门站多年平均来水量 268 亿 m³，为潼关站的 77%；多年平均来沙量 7.18 亿 t，为潼关站的 69%；渭河华县站多年平均来水量 67.8 亿 m³，为潼关站的 20%，多年平均来沙量 3.33 亿 t，为潼关站的 32%。另外还有汾河和北洛河水沙量的汇入。

（二）来水来沙变化特点

潼关以上黄河上中游地区农业灌溉、工业和城市生活用水、水利水保措施减水等用水大量增加；由于降水量减少等气候因素的影响，黄河、渭河和汾河来水量大幅减少；特别是 1986 年龙羊峡、刘家峡水库联合运用后，汛期拦蓄洪水，非汛期泄水，不仅减少了河道径

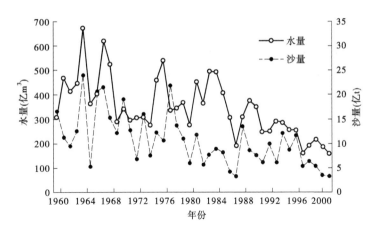

图 2-4　潼关站年来水来沙量变化过程

流量,而且改变了年内汛期和非汛期水量的分配比例。因此,潼关站年来水来沙量随时间呈减少趋势,特别是汛期。显著的变化开始于1986年,1996年以后水沙量的减少更为剧烈。

三门峡水库1974年开始"蓄清排浑"运用,因此对于水沙变化的统计分析限于1974年以后。由表2-8可见,1974～1985年潼关站年均来水量401亿 m³,1986～1995年减少为287亿 m³,较1974～1985年减少28%;1996～2001年进一步减少,只有195亿 m³,较1974～1985年减少51%。

表 2-8　潼关站不同时段平均来水来沙量

项目	时段	非汛期	汛期	运用年	汛期占年(%)
水量 (亿 m³)	1960～2001 年	160	188	348	54
	1960～1973 年	179	232	411	56
	1974～1985 年	165	236	401	59
	1986～1995 年	155	132	287	46
	1996～2001 年	112	83	195	43
沙量 (亿 t)	1960～2001 年	1.90	8.53	10.43	82
	1960～1973 年	2.24	11.81	14.05	84
	1974～1985 年	1.61	8.87	10.48	85
	1986～1995 年	2.00	6.00	8.00	75
	1996～2001 年	1.54	4.40	5.94	74
含沙量 (kg/m³)	1960～2001 年	11.9	45.3	30.0	
	1960～1973 年	12.5	50.9	34.2	
	1974～1985 年	9.8	37.5	26.1	
	1986～1995 年	12.9	45.4	27.9	
	1996～2001 年	13.8	52.7	30.4	

来水量的减少主要表现在汛期。1974～1985年潼关站汛期平均来水量236亿 m³,1986～1995年汛期132亿 m³,减少44%;1996～2001年汛期83亿 m³,较1974～1985年

汛期减少 65%。

汛期来水量的减少使来水量在年内的分配发生了较大变化,1974～1985 年汛期来水量占全年的比例为 59%,1986～1995 年为 46%,1996～2001 年为 43%。

来沙量的明显减少仅表现在汛期。1974～1985 年潼关站汛期平均来沙量 8.87 亿 t,1986～1995 年汛期 6.00 亿 t,减少 32%;1996～2001 年汛期 4.40 亿 t,较 1974～1985 年汛期减少 50%。非汛期沙量 1986 年以后并没有减少,而是略有增加。总体看来,1986～2001 年为枯水少沙系列。

由于来沙量减少的幅度小于来水量减少的幅度,因而含沙量增大,汛期尤其明显。1974～1985 年汛期平均含沙量为 37.5 kg/m³,1986～1995 年汛期增为 45.4 kg/m³,1996～2001 年汛期达到 52.7 kg/m³。

1986 年以后不仅来水来沙量大幅减少,而且由于上游龙羊峡等水库的调蓄作用,水沙量在年内各月分配也发生较大变化,表 2-9 为不同时期各月的水沙量。可以看出,与 1974～1985 年相比,1986～1995 年汛期各月水量均有减少,变化最大的是 10 月,由 60.1 亿 m³ 减少为 20.0 亿 m³,减少 66.7%,其次是 9 月,由 68.4 亿 m³ 减少为 36.3 亿 m³,减少 46.9%;非汛期水量减少主要发生在 11 月,由 28.2 亿 m³ 减少为 18.7 亿 m³。汛期各月沙量减少量值相近,平均约为 0.7 亿 t,但减少比例不同,如 10 月由 0.962 亿 t 减少为 0.237 亿 t,减少 75.4%;9 月由 1.866 亿 t 减少为 1.102 亿 t,减少 40.9%,非汛期大多数月份的沙量略有增加。

表 2-9 潼关站不同时段逐月水沙变化

月份	水量(亿 m³)			沙量(亿 t)		
	1974～1985 年	1986～1995 年	1996～2001 年	1974～1985 年	1986～1995 年	1996～2001 年
11	28.2	18.7	12.0	0.309	0.201	0.144
12	17.3	16.5	13.2	0.177	0.219	0.196
1	16.1	16.4	10.7	0.159	0.175	0.132
2	19.3	18.0	13.7	0.185	0.199	0.163
3	26.0	28.7	23.6	0.249	0.346	0.353
4	25.5	25.9	20.4	0.199	0.231	0.201
5	18.3	13.9	9.2	0.155	0.144	0.187
6	13.9	17.1	8.9	0.176	0.489	0.162
7	44.4	30.8	19.0	2.469	1.810	1.786
8	63.3	45.0	27.5	3.574	2.847	2.047
9	68.4	36.3	20.4	1.866	1.102	0.349
10	60.1	20.0	16.6	0.962	0.237	0.220

1996～2001年各月来水量继续减少,与1986～1995年相比,7月、10月水量减少到不足20亿 m³,非汛期各月水量也均有减少,平均减少5亿 m³。沙量变化主要在汛期,8月、9月继续减少,7月、10月沙量变化不大。总体来看,来沙量主要集中在7月、8月,相应含沙量增加,9月、10月已与非汛期来沙量相近,其来水来沙已经不再具备汛期的特征,而与非汛期各月特征更为相近。

(三)洪水变化特点

潼关站汛期来水来沙量的大幅度减少集中反映在洪水特性的变化上。统计潼关水文站1974～2001年洪峰流量基本在2 000 m³/s以上的洪水,场次100余次,累计时间1 361 d,水量3 044亿 m³,沙量156亿 t。

从图2-5洪水统计特征值的历年变化过程看,洪水总历时在逐年缩短,洪量大幅度减少,洪水期的平均含沙量增大。

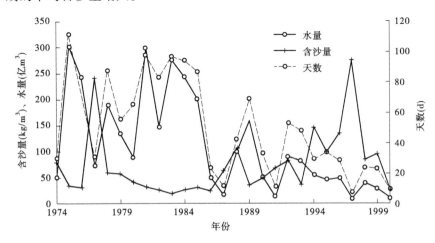

图2-5 潼关站洪水水量、含沙量及历时的变化过程

1974～1985年,潼关站平均洪峰流量7 339 m³/s,大于10 000 m³/s洪峰共出现4次,3 000 m³/s以上洪峰平均每年发生4～6次,年平均洪水历时约76 d,洪量187亿 m³,相应输沙量7.84亿 t,分别占汛期水沙总量的79%、88%。1986年以后,入库洪水明显减少,洪峰流量减小(最大洪峰为1988年的8 260 m³/s),洪峰次数减少,至1995年,每年汛期平均发生2～4次,平均历时约35 d,相应洪量65.5亿 m³,占汛期总水量的50%,比前一时段洪量减少了65%;相应输沙量4.46亿 t,占汛期总沙量的74.3%,比前一时段减少43%,洪水期平均含沙量为68.0 kg/m³,较前一时段增加26 kg/m³。

1996年以后,洪峰流量进一步减小,洪水发生次数更少,除1996年外每年洪峰只有1～2次,年最大洪峰流量甚至小于3 000 m³/s;年均洪水历时只有16.2 d;洪量变化最为显著,年均只有24.4亿 m³,占汛期总水量的29%,相应沙量占汛期的66%,洪水期平均含沙量高达118.9 kg/m³,是1985年以前的2.8倍。从潼关日均流量大于3 000 m³/s天数的变化过程(见图2-6)可以看出,洪水持续时间明显减少。

表2-10为潼关站各时段汛期洪水特征值,表2-11为洪峰出现次数。

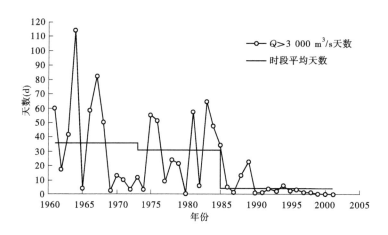

图 2-6　潼关站日均流量大于 3 000 m³/s 天数

表 2-10　不同时段汛期平均洪水特征值统计

站名	时段	天数 (d)	最大洪峰 Q_{max}（m³/s）	水量 W（亿 m³）	最大含沙量 S_{max}（kg/m³）	沙量 W_s（亿 t）	含沙量 S（kg/m³）
潼关	1974～1985 年	75.9	7 339	187	320	7.84	42.0
	1986～1995 年	35.3	5 267	65.5	250	4.46	68.0
	1996～2001 年	16.2	4 480	24.4	334	2.90	118.9
龙门	1974～1985 年		7 665	133	314	4.70	35.3
	1986～1995 年		6 796	48.4	368	3.42	70.6
	1996～2001 年		5 168	15.4	366	1.69	109.6
华县	1974～1985 年		3 451	43.9	561	2.68	61.1
	1986～1995 年		2 464	14.8	493	1.80	121.5
	1996～2001 年		1 721	7.5	564	1.40	186.5

表 2-11　潼关站不同时段洪峰出现次数（年均）

时期	1974～1985 年	1986～1995 年	1996～2001 年
洪峰大于 2 000 m³/s 次数（次）	5.6	4.1	2.0
洪峰大于 3 000 m³/s 次数（次）	4.4	3.0	0.7

　　总的来看,1986 年以后,汛期洪水量及相应输沙量均有减小,但洪量的减幅远大于沙量的减幅,高含沙洪水机会增加,水沙搭配更不协调。

　　（四）汛期不同流量级水沙变化

　　1986 年以后,潼关大流量出现频率减小,小流量出现频率增大,各流量级水沙量占汛期的比例发生相应调整。由表 2-12 可见,1974～1985 年大于 2 500 m³/s 流量的水量占汛期水量的 56.2%,相应天数占汛期的 34.0%,小于 1 500 m³/s 流量的水量仅占汛期水量的 15.0%,相应天数占汛期的 32%。1986 年以后,流量在 2 500 m³/s 以上的天数大大缩短,流量在 1 500 m³/s 以下的天数大幅度增加。1986～1995 年和 1996～2001 年流量在 1 500 m³/s 以下的天数占汛期的比例分别增加到 71.6% 和 89.7%,相应水量占汛期的比例由 1974 ~ 1985 年的 15.3% 分别增加到 47.2% 和 72.6%。可见,1986 年以后小于 1 500 m³/s 流量的水量和天数均占了主导地位。汛期平均流量 1974 ~ 1985 年为 2 223 m³/s,1986 ~ 1995 年为 1 241 m³/s,1996 ~ 2001 年只有 785 m³/s。

表 2-12　不同时段各流量级特征统计

流量级(m³/s)	>2 500	2 500 ~ 1 500	1 500 ~ 500	≤500
时段	各流量级天数占汛期(%)			
1974 ~ 1985 年	34.0	32.1	32.0	1.9
1986 ~ 1995 年	9.3	19.1	57.4	14.2
1996 ~ 2001 年	0.9	9.4	56.8	32.9
各流量级水量占汛期水量(%)				
1974 ~ 1985 年	56.2	28.5	15.0	0.3
1986 ~ 1995 年	24.1	28.8	43.4	3.7
1996 ~ 2001 年	4.5	22.9	61.0	11.6
各流量级沙量占汛期沙量(%)				
1974 ~ 1985 年	63.3	26.5	10.1	0.1
1986 ~ 1995 年	42.9	31.4	24.7	1.0
1996 ~ 2001 年	18.8	41.2	36.4	3.6
各流量级平均含沙量(kg/m³)				
1974 ~ 1985 年	42.1	34.9	25.3	12.7
1986 ~ 1995 年	80.9	49.5	25.9	12.1
1996 ~ 2001 年	219.0	95.1	31.5	16.4

(五)桃汛水沙量变化特点

黄河上游每年 3 月中下旬至 4 月上旬,由于宁夏、内蒙古河道冰凌解冻开河,形成较大洪峰,到潼关河段一般出现在 3 月、4 月,正是桃花盛开的时候,故称桃汛洪水。桃汛洪水入库后,由于洪峰流量大、含沙量小,对潼关河床具有一定冲刷作用。此时,降低库水位运用,可将凌汛期壅水淤积物冲起向下游库段搬移。1998 年 10 月万家寨水库投入运用后,在桃汛来临前泄水,桃峰入库后拦蓄部分水量,其下游往往形成两个洪峰。

1974 ~ 2001 年桃汛期洪水平均持续时间约 11.3 d,平均洪峰流量 2 320 m³/s,年均来水量 13.32 亿 m³,平均流量 1 366 m³/s,平均含沙量 15.1 kg/m³;最大洪峰流量 3 100 m³/s(1974 年),最小洪峰流量 1 460 m³/s(1987 年),其特征值及变化过程见表 2-13 及图 2-7。

表 2-13　桃汛期潼关水沙特征值

年份	天数 （d）	水量 （亿 m³）	沙量 （亿 t）	平均流量 （m³/s）	洪峰流量 （m³/s）	史家滩平均 水位（m）	潼关高程 变化（m）
1974	10	13.16	0.209	1 523	3 100	322.24	-0.26
1975	15	15.94	0.291	1 230	2 310	321.54	-0.09
1976	6	6.51	0.055	1 256	1 470	320.81	-0.11
1977	15	16.94	0.156	1 307	2 010	324.18	0.19
1978	12	11.34	0.167	1 094	2 390	323.71	0
1979	7	9.03	0.110	1 493	2 590	323.13	0.01
1980	10	11.91	0.150	1 378	1 960	321.48	-0.06
1981	8	10.32	0.183	1 493	2 700	321.16	-0.11
1982	11	9.45	0.127	994	2 130	321.93	-0.11
1983	21	21.45	0.204	1 182	2 120	320.29	-0.20
1984	10	14.77	0.132	1 709	2 840	321.36	0.06
1985	8	9.05	0.081	1 309	2 160	318.65	-0.08
1986	11	13.96	0.137	1 469	2 890	319.05	-0.19
1987	9	8.06	0.075	1 037	1 460	322.68	0.04
1988	12	13.27	0.176	1 280	2 220	322.68	-0.07
1989	7	10.09	0.139	1 668	2 520	322.73	-0.09
1990	8	12.09	0.174	1 749	2 410	320.54	-0.13
1991	8	12.24	0.218	1 771	2 570	318.90	-0.30
1992	15	16.69	0.275	1 288	2 190	322.73	-0.03
1993	12	19.09	0.386	1 841	2 430	319.26	-0.24
1994	11	13.98	0.190	1 471	2 050	318.49	-0.24
1995	14	18.09	0.316	1 496	2 340	317.33	-0.06
1996	8	10.90	0.237	1 577	2 420	319.17	-0.44
1997	9	12.32	0.260	1 584	2 950	320.15	-0.24
1998	8	11.01	0.311	1 593	2 770	320.16	-0.33
1999	20	20.68	0.390	1 197	2 130	318.89	0.01
2000	21	22.62	0.365	1 247	2 200	319.34	-0.01
2001	10	8.00	0.11	926	1 640	319.29	0.07
1974~2001	11.3	13.32	0.201	1 366	2 320	320.78	-0.11

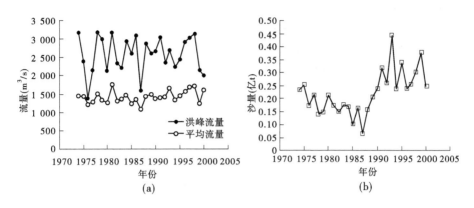

(a)　　　　　　　　　　　　　　(b)

图 2-7　潼关站桃汛洪峰流量、平均流量及沙量变化

（六）泥沙粒径变化

潼关站的泥沙主要来自河龙区间和渭河流域。来沙集中在暴雨洪水期,汛期来沙量大,泥沙组成细,粗泥沙淤积,较细泥沙由水流带往下游。潼关水文站悬移质泥沙中数粒径 d_{50} 年均为 0.022 mm,1974～2001 年以来变化趋势不明显（见图 2-8）,在 0.016～0.030 mm 波动。

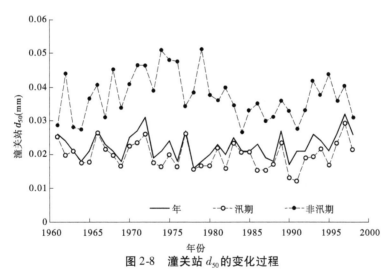

图 2-8　潼关站 d_{50} 的变化过程

对于某一场洪水而言,泥沙组成因洪水来源不同而存在差异。渭河来水挟带的泥沙偏细,河龙区间来水泥沙偏粗,经过小北干流河床淤积调整,沿程有所细化。

潼关汛期悬移质泥沙中数粒径 d_{50} 偏细,非汛期悬移质泥沙偏粗,但由于非汛期沙量仅占全年沙量的 20%,对年泥沙中数粒径影响较小。

二、来水来沙对潼关高程的影响

（一）年来水量对潼关高程的影响

在各种影响因素中,影响潼关高程的主要因素是来水来沙条件、水库运用状况和上下游河道冲淤状态。总体上讲,潼关高程与潼关站年来水量关系密切。由图 2-9 可见,自 1974 年"蓄清排浑"运用以来,潼关高程随年来水量的增加而下降,随年来水量的减少而上升,两者之间具有良好的同步性。仔细观察 1976～1979 年的上升、1980～1985 年的下降、1986～1995 年的上升等各个阶段,不难发现,所有上升时段均与相应时段年来水量的减少趋势相对应;同样,所有下降时段均与相应时段年来水量的增加相对应。

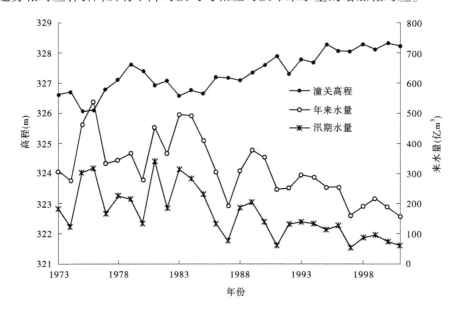

图 2-9   潼关高程和潼关站来水量的变化过程

图 2-10 表明了潼关高程与年来水量之间具有较好的相关关系。由图可以看出,年来水量每减少 100 亿 m³,潼关高程可抬升 0.5 m 以上。1986～2001 年潼关站年均来水量比 1974～1985 年减少 148 亿 m³。显然,年来水量的大幅度减少对潼关高程的抬升产生了直接的影响。

由于 1986 年以后来水量的减少主要表现在汛期,因而潼关高程与年来水量之间的关系实际上反映的是潼关高程与汛期来水量之间的关系。点绘历年潼关高程与汛期水量的关系能得出同样的结果和结论。

(二)汛期来水来沙对潼关高程的影响

潼关河床的冲刷主要发生于汛期及洪水期,因此汛期特别是洪水期的水沙条件对潼关高程的影响作用更大。1975 年和 1981 年为丰水年,汛期水量在 300 亿 m³ 以上,洪峰次数多,在连续洪水的作用下,河道沿程冲刷和溯源冲刷均得到充分发展,潼关高程分别下降 1.19 m 和 1.01 m;1992 年 8 月渭河高含沙量洪水,潼关高程大幅下降。洪水剧烈冲刷后,黄河、渭河汇流区及潼关以下河势稳定,水流集中,河槽回淤少,在汛期总水量偏枯的条件下潼关河床冲刷下降 1.10 m;1986 年、1987 年、1993 年、1995 年均为枯水年份,潼关高程基本没有冲刷下降。由此可知,潼关高程的变化与来水量的丰枯、洪水来源组成和渭河高含沙洪水密切相关。

1. 汛期水沙量对潼关高程的影响

汛期潼关高程的下降值与汛期水量呈对应关系,水量大时潼关高程的下降幅度大。

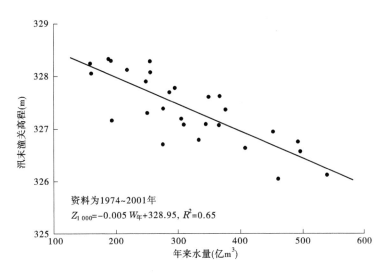

图 2-10　历年汛末潼关高程与年来水量关系

表 2-14 为不同时段潼关高程的变化与相应的汛期水量。点绘 1974～1995 年汛期潼关高程变化与潼关站汛期来水量的关系(见图 2-11)。

表 2-14　不同时段潼关高程变化及汛期水量

时　段	汛期水量（亿 m^3）	潼关高程年均变化（m）		
		非汛期	汛期	年
1974～1979 年	225	0.70	−0.53	0.17
1980～1985 年	248	0.40	−0.57	−0.17
1986～1995 年	132	0.37	−0.21	0.16
1996～2001 年	83	0.27	−0.26	0.01

　　可见,汛期潼关高程冲刷下降的幅度与来水量的多少之间存在着较好的相关性,汛期来水量越大,潼关高程下降的幅度就越大。当汛期潼关站来水量为 80 亿～120 亿 m^3 时,潼关高程冲淤幅度很小,以后每增加 100 亿 m^3 水量,潼关高程可多冲刷下降 0.2～0.6 m。因此,汛期来水量的多少对潼关河床冲刷的强弱起着重要作用。1974～1985 年潼关站汛期平均来水量 236 亿 m^3,1986～1995 年汛期平均来水量 132 亿 m^3,减少 104 亿 m^3。潼关高程汛期的平均下降幅度也由 1974～1985 年的 0.55 m 减少为 1986～1995 年的 0.21 m,减少 0.34 m。

　　图 2-12 表明来沙量对潼关高程的影响,因水的来源不同而存在差异。当渭河来水为主时(渭河华县站多年平均水量占潼关站的 22.2%,当华县站水量占潼关站的 25% 以上时,认为潼关来水以渭河来水为主,否则以龙门来水为主),随着沙量的增加潼关高程下降值呈显著增大趋势,当来水以龙门为主时,点群较散,其中 1988 年龙门站和华县站来沙量均比较大,偏离华县站来水为主的点群。这说明渭河高含沙洪水对潼关河床的冲刷具有积极作用。

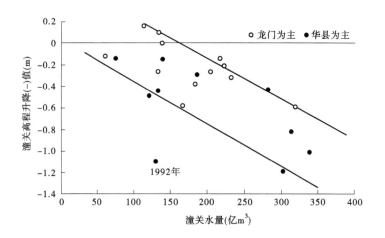

图 2-11　汛期潼关高程变化与水量的关系

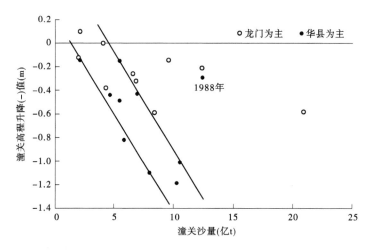

图 2-12　汛期潼关高程变化与沙量的关系

潼关河床的冲淤取决于河道的输沙能力,输沙能力与水流能量关系密切。以 $\gamma'WJ$ 表示汛期水流总能量,其中 W 为汛期水量,J 为汛期潼关—坫埚河段平均水面比降,γ' 为浑水容重。点绘汛期潼关高程变化值与水流能量关系,如图 2-13 所示。综合考虑了比降和浑水容重(含沙量)因素之后,相对于单因素关系点群趋于集中。以来沙系数 S/Q 为参数分两种情况,当 $S/Q \geqslant 0.03$ kg·s/m⁶时,点据基本偏下,渭河高含沙大洪水时,如 1977 年、1988 年和 1992 年,潼关高程下降幅度较大;当 $S/Q < 0.03$ kg·s/m⁶时,潼关高程下降值与水流能量有比较好的关系,其相关系数达 0.9,存在如下关系式:

$$\Delta H = -21.278\gamma'WJ + 0.636 \tag{2-1}$$

式中:ΔH 为潼关高程变化值,m,当 $\gamma'WJ \geqslant 0.03$ 亿 t 时,潼关河床发生冲刷,水流能量越大,潼关高程下降值也越大。

这也说明,对于一般含沙水流,潼关高程的冲刷取决于水流具有的能量;对于高含沙水流,水流的黏性将对河床冲刷产生一定作用。

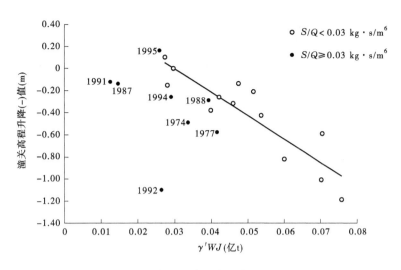

图 2-13　汛期潼关高程变化与 $\gamma' WJ$ 关系

2. 洪水对潼关河床的冲刷作用

汛期水沙主要集中在洪水期,洪水期流量大,水流输沙能力强,对潼关河床起着冲刷下降作用;而在平水期,潼关河床则回淤上升,潼关高程的变化与场次洪水具有十分紧密的关系。就一次洪峰而言,一般情况下,潼关河床在涨水过程中都是冲刷的,但洪水期潼关高程的实际下降幅度,在一定程度上取决于洪峰后期的回淤情况。历年洪水期潼关高程的变化表明,每年洪水期潼关高程的冲刷下降值多大于或接近于汛期的下降值,洪水期潼关高程的变化基本决定了汛期的最大冲刷幅度。各年及不同时段的洪水特征及潼关高程变化值见表 2-15。

表 2-15　汛期潼关洪水特征及潼关高程变化

年份	历时(d)	洪峰流量（m³/s）	平均流量（m³/s）	含沙量（kg/m³）	潼关高程变化值(m)		
					洪水期	平水期	汛期
1974	30	7 040	1 854	79.0	−1.13	0.64	−0.49
1975	112	5 910	3 127	34.4	−0.73	−0.46	−1.19
1976	72	9 220	3 862	31.2	−0.75	0.16	−0.59
1977	30	15 400	2 768	242.7	−1.77	1.19	−0.58
1978	88	7 300	2 501	59.7	−0.11	−0.10	−0.21
1979	55	11 100	2 828	57.5	0.11	−0.25	−0.14
1980	65	3 180	1 574	41.9	−0.52	0.08	−0.44
1981	98	6 540	3 545	32.6	−1.01	0	−1.01
1982	83	4 760	2 041	26.9	−0.23	−0.15	−0.38
1983	97	6 200	3 295	19.6	−0.76	−0.06	−0.82
1984	94	6 430	3 002	27.3	−0.27	−0.16	−0.43
1985	87	4 990	2 665	32.0	−0.14	−0.18	−0.32

年份	历时(d)	洪峰流量（m³/s）	平均流量（m³/s）	含沙量（kg/m³）	潼关高程变化值（m）		
					洪水期	平水期	汛期
1986	23	3 940	2 469	24.5	−0.65	0.75	0.1
1987	11	5 450	1 585	63.4	−0.04	−0.10	−0.14
1988	42	8 260	2 725	106.9	−0.17	−0.12	−0.29
1989	69	7 280	2 660	35.6	−0.77	0.51	−0.26
1990	33	4 430	1 811	49.0	−0.08	−0.07	−0.15
1991	11	3 310	1 283	68.1	0.16	−0.28	−0.12
1992	53	4 040	1 938	82.3	−1.18	0.08	−1.1
1993	48	4 440	1 967	37.4	−0.19	0.19	0
1994	29	7 360	2 166	146.7	−0.55	0.29	−0.26
1995	34	4 160	1 546	99.4	−0.22	0.38	0.16
1996	28	7 400	2 048	135.3	−0.33	−0.02	−0.35
1997	7	4 700	1 712	275.4	−1.76	1.41	−0.35
1998	24	6 500	1 898	85.2	−0.39	0.27	−0.12
1999	23	2 950	1 504	95.8	−0.47	0.16	−0.31
2000	9	2 270	1 413	27.4	−0.15	0	−0.15
2001	6	3 000	1 126	228.1	−0.88	0.55	−0.33
1974～1985	75.9	7 339	2 849	42.0	−0.61	0.06	−0.55
1986～1995	35.3	5 267	2 149	68.0	−0.37	0.16	−0.21
1996～2001	16.2	4 470	1 745	118.9	−0.66	0.40	−0.26

从时段平均看,1974～1985 年洪水期平均下降 0.61 m,汛期下降 0.55 m。1986～1995 年洪水次数减少,历时短,峰值低,洪水期平均下降值减少为 0.37 m,汛期下降值只有 0.21 m。1996 年以后洪峰次数更少,洪峰流量减小,但高含沙洪水增多,洪水期平均下降值高达 0.66 m,在持续时间很长的平水期回淤量大,汛期潼关高程仅下降 0.26 m。

3. 不同流量级水量与潼关高程的关系

汛期潼关高程降低,主要是大流量作用的结果。对汛期潼关高程变化值与不同流量级水量进行分析表明,当流量小于 2 000 m³/s 时,水量与潼关高程升降没有明确的关系;而流量大于 2 000 m³/s 时,水量与潼关高程变化具有较好的趋势关系(见图 2-14),水量越大,潼关高程的下降值越大。1986～2001 年,潼关站汛期流量大于 2 000 m³/s 的天数由 1974～1985 年的约 60 d 减少为 14 d,相应水量由 168.4 亿 m³ 减少为 32.7 亿 m³。汛期较大流量历时减少的不利水沙条件,造成了潼关高程汛期冲刷幅度减小、年内累积抬升。因此,有利的水沙过程是增加潼关河床冲刷的根本条件。

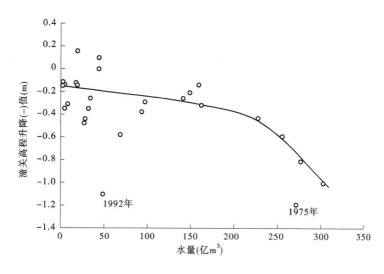

图 2-14　潼关高程变化与潼关流量大于 2 000 m³/s 水量的关系

4. 不同来源洪水对潼关高程的作用

以黄河来水为主的 63 场洪水中,有 30 场洪水潼关高程为冲刷下降,25 场为淤积升高,其余 8 场变化极小。分析得知,以下几种情况可使潼关河床发生冲刷:黄河干流来水为潼关站第一场洪水;在前期河床淤积抬高的情况下,再次发生以干流为主的洪水;洪水过程持续时间长,峰型矮胖。当龙门为高含沙洪水时,挟带的泥沙较粗,进入小北干流发生沿程淤积,对潼关高程不利。

以渭河来水为主的 51 场洪水中,潼关高程冲刷下降大于 0.1 m 的有 31 场,河床抬升在 0.1 m 以上的有 6 场,其余洪水冲淤变化较小。对于渭河来水为一般含沙洪水的情况,当华县站水量占潼关总水量在 40% 以上,即黄河干流基本没有洪峰时,洪水前后潼关高程平均下降值为 0.17 m,一场洪水的最大下降值为 0.45 m。各场洪水潼关站的水流功率 $\gamma'QJ$[γ' 为潼关站洪水的浑水容重(t/m³),Q 为洪水期潼关站平均流量(m³/s),J 为洪水期潼关至坩埚平均水面比降]与潼关高程的升降值存在较好的关系(见图 2-15),水流功率越大,潼关高程冲刷下降值也越大。

渭河发生高含沙洪水时,存在两种情况:当渭河华县站流量较小时,容易造成潼关河床的淤积;当渭河洪水较大时,潼关河床容易发生剧烈冲刷,潼关高程的下降值变幅很大。对各影响因素的相关分析表明,潼关高程的变化与潼关站来沙系数存在比较好的关系(见图 2-16)。来沙系数越大,潼关高程冲刷下降值也越大,这说明渭河的高含沙洪水具有强大的冲刷和输送泥沙的能力。

对于龙门站、华县站洪峰都比较大的情况,潼关的洪水过程往往是矮胖型,大流量持续时间长,无论龙门和华县来水量所占比例如何,潼关河床一般表现为冲刷下降(见表 2-16)。在统计的 9 次洪水过程中,只有 1 次潼关高程抬升,有 3 次洪水潼关高程的下降值达 0.7 ~ 0.9 m。

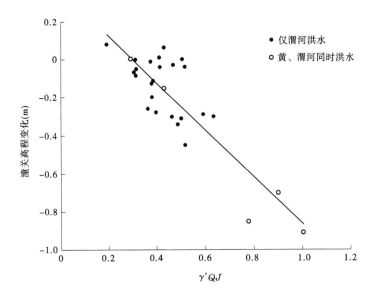

图 2-15 渭河为一般含沙洪水时潼关高程变化与水流功率关系

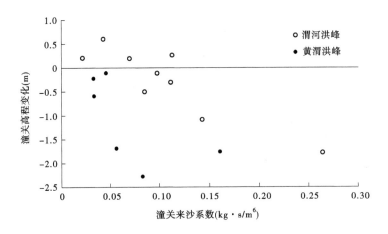

图 2-16 渭河为主洪水(高含沙洪水)潼关高程变化与来沙系数关系

表 2-16 黄河、渭河共同来水特征值

时段 (年-月-日)	天数 (d)	潼关 平均流量 (m³/s)	洪峰流量(m³/s)		华县水量占 潼关比例 (%)	潼关高程 变化值 (m)
			龙门	华县		
1975-09-13 ~ 11-28	77	3 146	4 490	4 010	32.8	− 0.85
1976-08-19 ~ 10-04	47	4 635	4 930	4 900	23.2	− 0.91
1981-08-31 ~ 10-20	51	4 372	5 830	5 360	23.0	− 0.70
1983-07-18 ~ 08-22	36	3 471	4 900	3 170	19.7	− 0.09
1984-07-21 ~ 08-27	38	3 531	5 860	2 870	17.6	0.34
1985-09-09 ~ 10-24	46	3 448	4 160	2 660	20.0	− 0.35
1986-07-10 ~ 07-26	17	2 600	3 520	2 600	22.2	− 0.50
1989-08-12 ~ 10-06	56	2 801	3 960	2 630	15.0	− 0.69
1990-08-14 ~ 09-03	21	1 803	2 620	1 250	25.7	− 0.34

5.含沙量与潼关高程变化的关系

图 2-17 为潼关站洪峰期平均含沙量与潼关高程的升降关系。当平均含沙量小于 150 kg/m³ 时,潼关高程的抬升幅度随着含沙量的增大而明显增大,洪峰平均含沙量在 100 ～ 150 kg/m³ 的洪水输送泥沙最为困难;当洪水平均含沙量超过 150 kg/m³ 时(往往伴随较大流量),潼关高程的下降幅度随着洪峰含沙量的增大而显著增大。潼关站高含沙洪水多与渭河水沙条件有关,因此当渭河发生高含沙小洪水时,易造成潼关河床淤积;当渭河发生高含沙较大洪水时,潼关河床往往产生强烈冲刷。三门峡水库蓄清排浑运用以来,潼关高程几次剧烈的冲刷下降均是渭河高含沙较大洪水造成的(见表 2-17),而近年来渭河频发高含沙小洪水又是潼关河床淤积的重要原因。

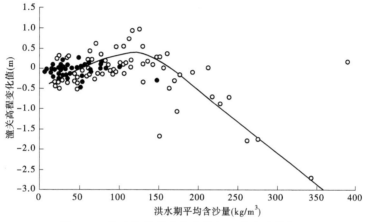

图 2-17　洪水期潼关高程变化与平均含沙量关系

表 2-17　潼关河床强烈冲刷洪水特征

站名	洪水特征	日期(年-月-日)				
		1977-07-02 ～ 18	1992-08-09 ～ 17	1996-07-27 ～ 08-01	1997-07-30 ～ 08-05	1999-07-12 ～ 18
龙门	最大流量(m³/s)	14 500	7 740	4 580	5 750	1 310
	最大含沙量(kg/m³)	690	381	468	357	351
	相应洪量(亿 m³)	24.7	12.95	4.91	7.01	3.33
华县	最大流量(m³/s)	4 470	3 950	3 500	1 090	1 310
	最大含沙量(kg/m³)	795	528	565	749	635
	相应洪量(亿 m³)	10.53	9.21	4.72	2.33	3.92
	平均流量(m³/s)	717	1 184	910	386	648
潼关	最大流量(m³/s)	13 600	4 040	2 270	4 700	2 220
	最大含沙量(kg/m³)	616	297	468	465	376
	相应洪量(亿 m³)	37.95	21.17	6.52	10.35	7.33
	平均流量(m³/s)	2 584	2 723	1 258	1 712	1 212
潼关高程差(m)		-2.27	-1.68	-1.78	-1.76	-1.08

（三）桃汛洪水对潼关高程的影响

桃汛洪水对潼关高程的冲刷降低具有一定作用,同时又可将非汛期淤积的泥沙搬移到下段,有利于汛期排沙。

1974～2001 年桃汛期洪水平均持续时间约 11 d,平均洪峰流量 2 320 m^3/s,平均流量 1 366 m^3/s,平均含沙量 15.1 kg/m^3,潼关高程平均下降 0.11 m。

1974～1998 年桃汛期潼关高程平均下降 0.12 m,其中 1974～1979 年水库蓄水位高,桃汛期潼关高程平均下降 0.01 m;1980 年以后三门峡水库非汛期最高运用水位和桃汛起调水位(桃汛起涨时的库水位)降低,桃汛洪水对潼关高程的冲刷作用增大,桃汛期潼关高程平均下降约 0.1 m;1993 年后根据水库的运用经验,非汛期最高运用水位和桃汛起调水位进一步降低,1993～1998 年桃汛期潼关高程年均下降 0.26 m,较前一阶段明显增大,见表 2-18。

表 2-18　非汛期潼关高程变化值　　　　　　　　　　　（单位:m）

时段	非汛期	桃汛期	起调水位
1974～1979 年	0.70	-0.01	321.43
1980～1985 年	0.40	-0.10	318.57
1986～1992 年	0.37	-0.11	319.58
1993～1998 年	0.32	-0.26	315.31
1999～2002 年	0.31	0.025	316.53

因万家寨水库蓄泄水的影响,1999 年和 2000 年桃汛期潼关站出现多峰情况,桃汛洪水持续时间由以前的 10 d 左右延长到约 20 d,洪水水量增加,来沙量增加,洪峰流量减小。在洪峰期或前期洪峰过程中,潼关河床冲刷下降,而洪峰之间的小水期河床回淤抬高,桃汛始末潼关高程变化很小。万家寨水库的运用减少了桃汛对潼关高程的冲刷作用。

桃汛期潼关高程的冲刷下降值与洪峰流量和水库起调水位关系密切。一般来说,来流量大时,潼关高程的下降值大;桃汛期坝前起调水位或平均水位低时,潼关高程的下降值也大。建立潼关高程变化值 $\Delta H_{1\,000}$ 与单位时间水流的能量 $\gamma'QJ$(γ' 为浑水容重,Q 为桃汛期平均流量,J 为潼关—三门峡大坝的水面比降)的关系见图 2-18,从图 2-18 看出,随着 $\gamma'QJ$ 的增大,潼关高程的冲刷下降值增大。

桃汛期含沙量低,沙量直接影响较小,对潼关高程的作用主要是洪水过程。桃汛期潼关高程的冲刷下降值与洪峰流量和水库起调水位关系密切。桃峰流量大、洪量多,潼关高程的下降幅度也大,起调水位高则潼关高程下降少。特别是当起调水位过高、回水影响到潼关时,桃汛期潼关高程不但不下降,反而还升高,如 1977 年桃汛期洪峰流量 2 010 m^3/s、起调水位 323.82 m、平均蓄水位 324.18 m,相应潼关高程抬升了 0.19 m。而 1995 年桃汛起调水位降到 312.8 m,洪峰流量 2 340 m^3/s,潼关高程仅下降 0.2 m;2000 年洪峰流量 2 200 m^3/s、起调水位 312.48 m,潼关高程基本没有变化,说明桃汛期水库运用对潼关高程的影响存在一个极限,当水位低于这一极限时继续降低对潼关高程的作用不大。

为分析潼关高程与洪峰流量和水库调水位的关系,以起调水位为参数、潼关洪峰流量为横

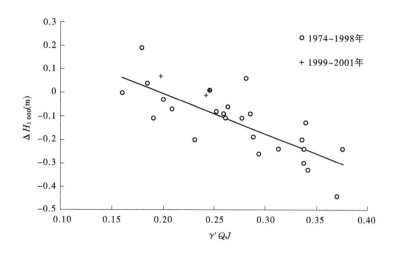

图 2-18　潼关桃汛期 $\Delta H_{1\,000}$—$\gamma' QJ$ 关系

坐标点绘图 2-19。

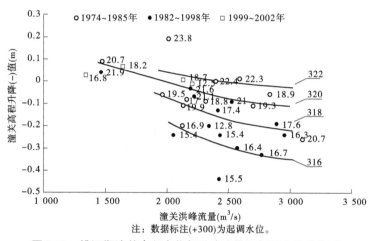

注:数据标注(+300)为起调水位。

图 2-19　桃汛期潼关高程变化与洪峰流量和起调水位的关系

可以看出,洪峰流量在 1 500 m³/s 附近、库水位变化在 316.8~321.9 m 范围,潼关河床多发生微淤;洪峰流量在 2 000 m³/s 以上时,潼关河床多发生冲刷,起调水位低时冲刷幅度大;起调水位在 322 m 附近时,即使较大的洪峰对潼关的作用也很微弱。在相同洪峰流量条件下,起调水位越低,潼关高程的冲刷降低幅度越大,反之则越小;如果起调水位相同,随着洪峰流量的增加,潼关高程下降值增大,反之则减小。当洪峰流量小到某一值时,即使起调水位降低,潼关高程仍不会下降。

为同时考虑洪峰和运用水位以及前期河床的共同影响,以潼关洪峰流量 $Q_{m潼}$ 与洪水起涨时潼关和坝前水位差 $\Delta H_{(潼—坝)}$ 的乘积 $Q_{m潼} \cdot \Delta H_{(潼—坝)}$ 为因子,点绘其与潼关高程变化的关系,见图 2-20。由图可见,除个别洪水两个峰型点子偏离外,其他均具有较好的相关性。

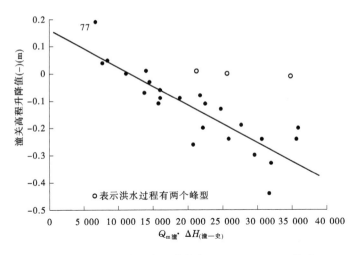

图 2-20 桃汛期潼关高程变化与 $Q_{\text{m潼}} \cdot \Delta H_{(潼—史)}$ 关系

第四节 三门峡水库运用方式对潼关高程的影响分析

一、三门峡水库运用方式及其变化

(一)蓄水拦沙期

三门峡水库 1960 年 9 月投入运用,至 1962 年 3 月为蓄水拦沙期,共 562 d。该时期水库承担的任务有防洪、防凌、灌溉和发电。水库基本上采取高水位运用,库水位在 330 m 以上的时间达 200 d,最高蓄水位 332.58 m,汛期平均运用水位 324.03 m。水库回水,渭河最远达赤水附近,距坝 187 km,黄河干流最远达黄淤 50 断面附近,距坝 152 km。坝前水位过程见图 2-21。

(二)滞洪排沙期

1962 年 3 月至 1973 年 10 月为滞洪排沙运用期。这一时期,水库承担的任务主要是汛期防洪和非汛期防凌,不考虑发电运用,但在 1972 ~ 1973 年增加了春灌。除防凌和春灌外,基本上是敞开闸门泄流排沙。水库运用水位及潼关水位过程见图 2-22。

根据泄流建筑物改建和投入运用的不同情况,滞洪排沙运用期可分为如下三个阶段:1962 年 3 月至 1966 年 6 月原建泄流规模阶段,仅有 12 个深孔,坝前水位 315 m 时下泄 3 084 m³/s;1966 年 6 月至 1970 年 5 月第一次改建阶段,改建的 4 条泄流钢管于 1966 年 7 月投入运用,增建的 2 条进口高程为 290 m 的泄流隧洞也分别于 1967 年 6 月和 1968 年 8 月投入运用,三门峡水库泄流能力扩大了近 1 倍,坝前水位 315 m 时的泄量为 6 064 m³/s;1970 年 6 月至 1973 年 10 月第二次改建阶段,1970 年 6 月打开了 3 个底孔,1971 年 10 月又打开了 5 个底孔,并先后相继投入运用。

滞洪排沙期水库运用特征值见表 2-19。

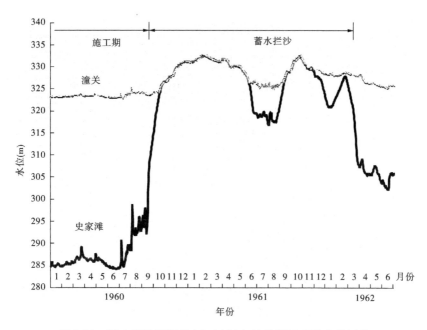

图 2-21 蓄水拦沙期坝前(史家滩)与潼关逐日平均水位过程

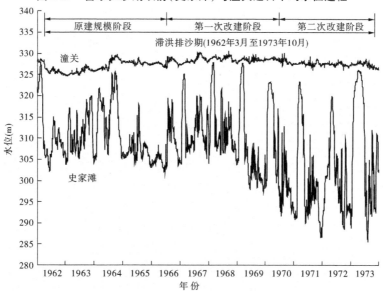

图 2-22 滞洪排沙期坝前(史家滩)与潼关逐日平均水位过程

表 2-19 滞洪排沙期水库运用特征值

年份	改建情况	非汛期水位(m)		汛期水位(m)	
		最高	平均	最高	平均
1963	改建前	317.15	308.58	319.22	312.29
1964		321.93	313.85	325.86	320.24
1965		315.62	307.40	318.05	308.55

年份	改建情况	非汛期水位(m)		汛期水位(m)	
		最高	平均	最高	平均
1966	第一次改建	308.36	304.70	319.45	311.35
1967		325.17	309.98	319.97	314.48
1968		327.90	313.84	318.74	311.36
1969		327.72	310.20	308.82	302.83
1970	第二次改建	323.31	308.98	312.72	299.54
1971		323.41	302.38	310.90	297.94
1972		319.97	301.10	309.93	297.27
1973		326.03	312.03	312.00	296.96

此阶段非汛期最高运用水位 327.90 m(1968 年),另外 1969 年和 1973 年的最高运用水位也均超过 326 m;1965 年和 1966 年未进行防凌运用,水位较低。

汛期库水位的变化主要与来水来沙条件和水库泄流能力变化有关。如丰水丰沙的 1964 年,由于水库严重的滞洪滞沙,汛期最高水位达 325.86 m,平均水位 320.24 m。随着泄流改建工程逐渐投入运用,汛期坝前水位不断下降,1970～1973 年,汛期坝前平均水位均在 300 m 以下。

(三)蓄清排浑期

1973 年 11 月以后,三门峡水库采用蓄清排浑运用方式。非汛期蓄水,承担防凌、发电、灌溉、供水等任务;汛期平水期控制水位 305 m 发电,必要时降到 300 m,洪水期降低水位泄洪排沙。20 世纪七八十年代排沙流量是 3 000 m³/s,90 年代以后排沙流量是 2 500 m³/s。1974～2001 年平均坝前水位过程见图 2-23。

表 2-20 为 1974～2001 年水库运用特征值。蓄清排浑期非汛期最高运用水位 325.95 m(1977 年),非汛期平均水位 316.19 m,汛期平均水位 304.01 m。为了减少水库运用对潼关高程的影响,非汛期水库最高运用水位逐年不断下调,高水位运用历时也不断减少。1974～1979 年,最高运用水位 325.95 m,非汛期平均运用水位 316.97 m,库水位超过 322 m 的时间年平均 74 d,汛期最高水位 318.33 m,平均水位 305.18 m;1979～1985 年,最高运用水位 324.90 m,非汛期平均运用水位 316.55 m,库水位超过 322 m 的时间年平均 57 d,汛期最高水位 314.28 m,平均水位 303.83 m;1986～1992 年,最高运用水位 324.06 m,非汛期平均运用水位 315.97 m,库水位超过 322 m 的时间年平均 39 d,汛期最高水位 313.08 m,平均水位 302.63 m;1993～2001 年,最高运用水位 323.73 m,非汛期平均运用水位 315.61 m,库水位超过 322 m 的时间年平均 3 d,汛期最高水位 318.17 m,平均水位 304.43 m。蓄清排浑运用期不同时段非汛期坝前平均水位过程如图 2-24 所示。

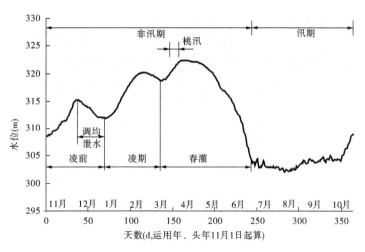

图 2-23　蓄清排浑运用期平均坝前水位过程

表 2-20　蓄清排浑期水库运用特征值

年份	非汛期水位				汛期水位（m）	
	最高（m）	平均（m）	>320 m 天数（年均）(d)	>322 m 天数（年均）(d)	最高	平均
1974	324.80	314.29	121	77	308.14	303.56
1975	323.99	316.13	72	61	318.33	304.77
1976	324.50	316.83	73	31	317.43	306.73
1977	325.95	318.32	118	108	316.76	305.54
1978	324.25	317.72	101	59	310.32	305.88
1979	324.55	318.50	132	105	310.19	304.59
1980	323.94	316.51	100	51	310.95	301.87
1981	323.57	315.66	94	55	310.09	304.84
1982	323.94	317.58	101	76	309.50	303.41
1983	323.73	316.32	80	61	310.50	304.66
1984	324.57	316.48	93	62	314.28	304.15
1985	324.90	316.73	49	38	314.25	304.07
1986	322.62	315.15	25	8	313.08	302.45
1987	323.73	316.77	66	40	307.71	303.13
1988	324.03	316.54	77	34	308.79	302.30
1989	324.06	315.59	66	53	310.54	304.21
1990	323.93	316.47	81	50	308.22	301.61

年份	非汛期水位				汛期水位（m）	
	最高（m）	平均（m）	>320 m 天数（年均）（d）	>322 m 天数（年均）（d）	最高	平均
1991	323.83	314.88	47	34	305.78	302.04
1992	323.89	316.40	89	54	311.70	302.68
1993	321.60	314.47	34	0	310.73	303.14
1994	322.64	315.13	43	9	317.66	306.57
1995	321.79	315.12	23	0	311.47	303.74
1996	321.70	316.56	62	0	306.05	303.37
1997	321.79	314.66	61	0	306.77	303.56
1998	323.73	316.67	72	22	308.59	303.56
1999	320.74	315.79	20	0	318.17	306.09
2000	321.91	315.53	37	0	314.74	305.40
2001	320.55	316.54	24	0	313.45	304.46
1974~1979	325.95	316.97	103	74	318.33	305.18
1980~1985	324.90	316.55	86	57	314.28	303.83
1986~1992	324.06	315.97	64	39	313.08	302.63
1993~2001	323.73	315.61	42	3	318.17	304.43
1974~2001	325.95	316.19	70	39	318.33	304.01

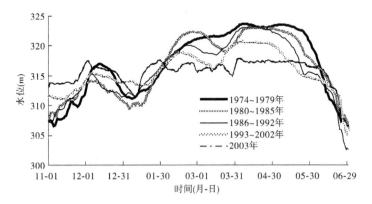

图 2-24　蓄清排浑运用期不同时段非汛期坝前平均水位过程

二、水库运用方式对潼关高程的影响

（一）蓄水拦沙期

这一阶段由于水库长时期高水位运用,除汛期异重流泥沙排出库外,93%的入库泥沙淤积在库内,潼关以下库区淤积泥沙约 15 亿 m^3,330 m 高程以下库容损失约 26%。淤积分布呈三角洲形态,顶点在黄淤 31 断面(距坝 81 km)附近,顶坡段比降 0.15‰~0.17‰,前坡比降 0.60‰~0.90‰。潼关断面(黄淤 41 断面)处于三角洲淤积的顶坡段,淤积断面水平抬升(见图 2-25),潼关高程从 1960 年 9 月的 323.4 m 上升到 1962 年 3 月的 328.07 m,上升了 4.67 m。显然,这一时期的库区泥沙淤积和潼关高程的急剧抬升,完全是由水库高水位运用造成的。

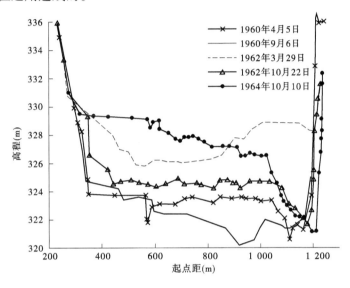

图 2-25　黄淤 41 断面

(二)滞洪排沙期

1. 原建泄流规模阶段(1962 年 3 月至 1966 年 6 月)

水库运用方式改变后,库区泥沙淤积一度得到缓和,潼关河段开始冲刷,到 1962 年 6 月底,潼关高程下降到 325.93 m。但由于泄流规模不足(坝前水位 315 m 时的泄量为 3 084 m^3/s)和泄流建筑物进水口位置过高(深水孔进口高程为 300 m),即使 12 个深孔全部敞开泄流,遇丰水丰沙的 1964 年,水库滞洪带来的泥沙淤积仍十分严重。当年汛期平均库水位 320.24 m,最高日平均库水位达 325.86 m,最大一次洪水的入库洪峰流量 12 400 m^3/s,经水库滞洪被削减为 4 820 m^3/s,削峰率为 61%。1964 年汛后潼关高程上升到 328.09 m,达到此阶段的最高值。1962 年 3 月至 1966 年 6 月潼关以下库区共淤积泥沙 16.06 亿 m^3,其中仅 1964 年一个汛期就淤积了 11.56 亿 m^3。库区的淤积形态由三角洲发展为锥体,库区纵剖面见图 2-26。

随三门峡水库迅速发生的淤积调整,潼关高程发生相应调整变化,因此潼关高程的冲淤变化主要是受枢纽泄流能力的限制,洪水期大流量发生滞洪,回水影响超过潼关,使潼关高程发生严重淤积升高。在前期严重淤积情况下,中等流量时库区发生冲刷,向上发展到潼关时,潼关高程也能下降,从而改变了建库前潼关高程"汛期冲刷下降,非汛期回淤,洪水冲刷,峰后回淤"的特点。

2. 第一次改建阶段(1966 年 6 月至 1970 年 5 月)

此阶段非汛期水库进行了防凌运用,1967 年、1968 年、1969 年和 1970 年非汛期最高

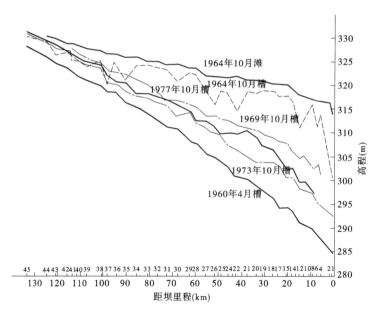

图 2-26　三门峡水库纵剖面图

蓄水位分别为 325.20 m、327.91 m、327.72 m 和 323.31 m,水位超过 320 m 的时间为 35 ~ 66 d,水位超过 322 m 的天数为 28 ~ 38 d。1967 年、1968 年和 1969 年水库回水都直接影响到潼关。

随着泄流能力的增大,汛期平均运用水位降低,潼关以下库区淤积得到缓解,潼关以上的淤积仍在发展,潼关高程在一般情况下恢复了"汛期冲刷,非汛期回淤"的特点。但 1967 年的丰水丰沙年,水库最高滞洪水位仍达到 319.97 m,库区河道大量淤积,当年汛末潼关高程上升到 328.35 m,此后潼关高程连续三年徘徊在 328.5 m 上下。

3. 第二次改建阶段(1970 年 5 月至 1973 年 10 月)

1970 年 6 月至 1971 年 10 月先后打开了高程在 280 m 的 1 ~ 8 号导流底孔,水库的泄流规模进一步加大,坝前水位 315 m 时的泄量达到 9 060 m³/s。汛期滞洪水位下降, 1970 ~ 1973 年汛期各月平均库水位均低于 300 m,潼关至坝前发生持续冲刷。此阶段潼关以下库区共冲刷 3.95 亿 m³,槽库容恢复到接近建库前的水平,并形成高滩深槽的断面形态。潼关高程由 1970 年汛初的 328.55 m 降至 1973 年汛末的 326.64 m,下降了 1.81 m。

综上所述,滞洪排沙期影响潼关高程升降的主要因素是水库运用水位、水库泄流规模和来水来沙的丰枯变化。在原建规模阶段以及第一次改建阶段,由于泄流能力不足,当来水来沙较丰时,尽管水库敞泄,仍然出现严重壅水,库区淤积严重;当来水来沙偏枯时,水库壅水减弱,库区淤积减少。在第二次改建阶段,由于泄流能力的进一步增大,一般洪水可以畅泄,水库运用水位大幅度降低,库区普遍发生冲刷,使潼关高程下降。

(三)蓄清排浑期

1. 非汛期不同运用水位的回水影响范围

库区的回水影响范围受水库运用水位和库区边界条件(主要是纵比降)的影响。在库区纵比降变化不大的情况下,库区的回水影响范围主要取决于水库的运用水位。采用两水位站水位差与坝前水位的关系来确定回水影响范围(见图 2-27),当水位差出现明显变小时,表明两站中的下游水位站直接受到回水影响。由图 2-27 可以看出,直接受到回水影响的临界库水位北村为 308 m 左右、大禹渡为 314 ~ 315 m、坩埳约为 320 m。

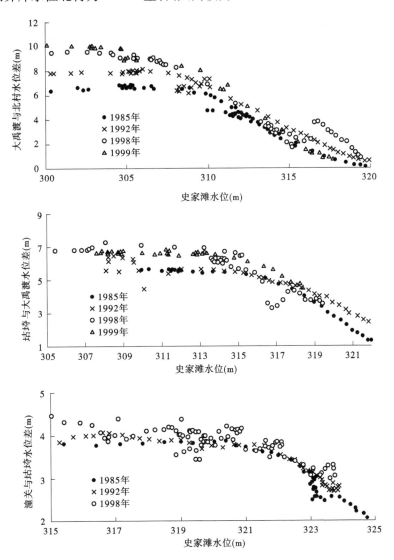

图 2-27　两站水位差与史家滩水位关系图

2. 潼关高程抬升与高水位及其持续时间的关系

"蓄清排浑"运用以来,水库非汛期运用水位的高低对潼关高程非汛期的上升幅度有着较大的影响。非汛期运用水位越高,高水位持续时间越长,库区淤积部位越偏上,潼关高程的抬升幅度越大(见图 2-28)。1980 年以来,非汛期最高运用水位不断下调,高水位持续时间缩短,潼关—坩埳河段淤积比重减少,潼关高程抬升值相应减小(见表 2-21)。1993 ~ 2001 年非汛期潼关高程抬升值平均为 0.29 m,远小于 1974 ~ 1985 年阶段的 0.55 m,比较接近建库前的平均水平 0.23 m(见表 2-22)。

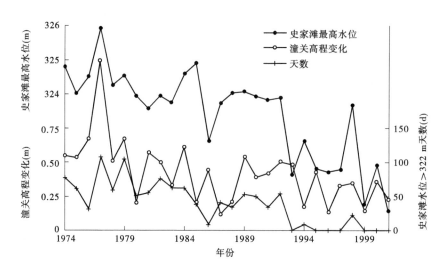

图 2-28 三门峡水库高水位运用与潼关高程变化的关系

表 2-21 非汛期潼关高程变化与相关因子

运用时段	水量 （亿 m³）	沙量 （亿 t）	坝前水位 >322 m 年均天数（d）	潼关—坩堁段淤积 占潼关以下比例（%）	潼关高程 年均抬升（m）
1974～1979 年	162	1.7	74	11.8	0.70
1980～1985 年	168	1.5	57	5.4	0.40
1986～1992 年	157	2.1	39	6.0	0.37
1993～2001 年	124	1.6	3	1.4	0.29

表 2-22 建库前非汛期潼关高程变化

年份	变化（m）	年份	变化（m）	年份	变化（m）
1930	− 0.30	1940	0.25	1954	0.46
1934	0.59	1941	0.40	1955	0.25
1935	0.29	1942	0.22	1956	0.27
1936	0.27	1950	− 0.15	1957	− 0.10
1937	0.15	1951	0.40	1958	0.09
1938	0.65	1952	0.19	1959	0.01
1939	0.46	1953	0.28	平均	0.23

　　图 2-29 是潼关站典型年非汛期水位流量关系。由图可见,1977 年、1982 年非汛期各月的水位流量关系有明显上升,反映出水库运用对潼关高程的影响,而 2000 年非汛期各月的水位流量关系没有明显的逐月上升趋势,只是呈现不稳定的升降交替,这是由水沙变化自身造成的。因而,近年来非汛期潼关高程的抬升应当主要属于自然状态下的河床演变。

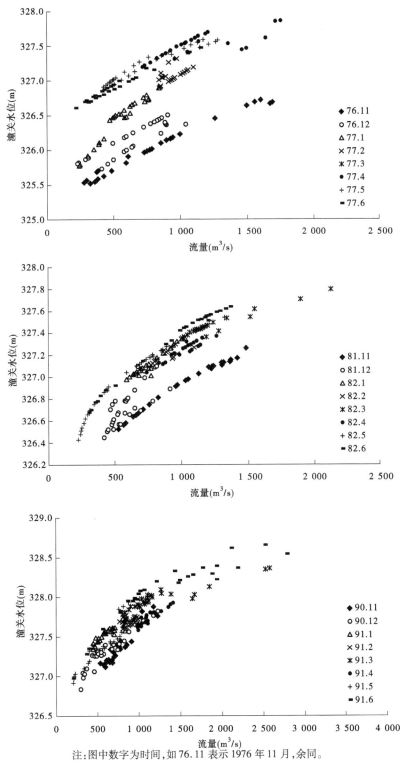

注:图中数字为时间,如76.11表示1976年11月,余同。

图2-29 潼关站典型年非汛期水位流量关系

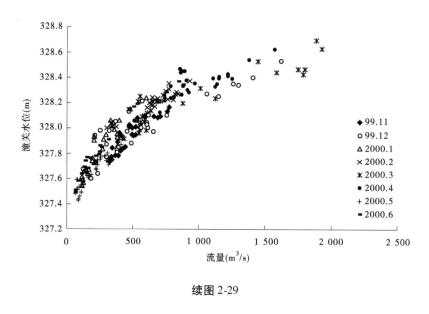

续图 2-29

点绘非汛期潼关高程升降值与不同水位运用天数的关系,如图 2-30 所示。发现潼关高程随高水位持续天数的增加而增加,当库水位在 315 m 及以上时,潼关高程升降值与大于某一级水位天数之间的关系曲线存在一个明显的转折点,转折点之后潼关高程随高水位持续天数的增加而迅速增加。当库水位 >315 m、>318 m、>320 m、>322 m 的天数分别超过 150 d、120 d、100 d、80 d 后,潼关高程的上升速度明显增加。这说明高水位持续时间越长,潼关高程上升越快;同时也说明高水位的短时期运用对潼关高程的影响并不是很大。

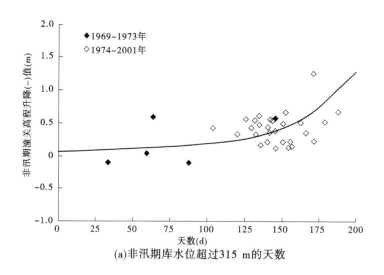

(a)非汛期库水位超过315 m的天数

图 2-30 非汛期潼关高程升降值与不同水位运用天数的关系

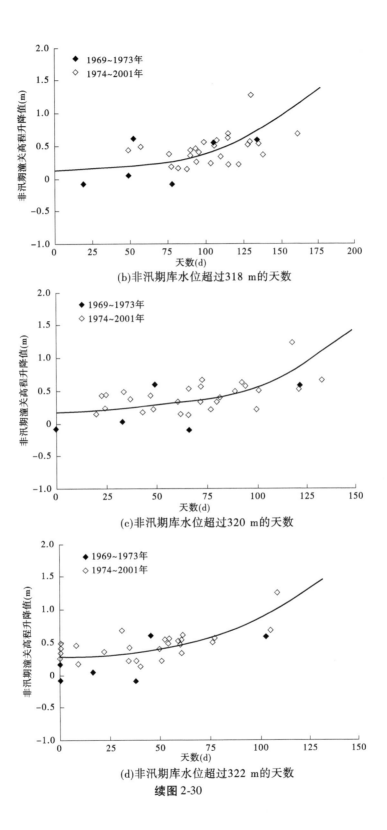

(b)非汛期库水位超过318 m的天数

(c)非汛期库水位超过320 m的天数

(d)非汛期库水位超过322 m的天数

续图 2-30

3. 潼关高程与坝前平均水位的关系

图 2-31 为非汛期潼关高程升降值与坝前平均水位的关系。可以发现,潼关高程升降值随非汛期坝前平均水位变化的关系线中存在一个转折区间,相应的坝前平均水位为 315～316.5 m。转折区间之后,潼关高程的上升随坝前平均水位的上升速度明显增大。所以,非汛期水库的平均运用水位不宜超过此区间。

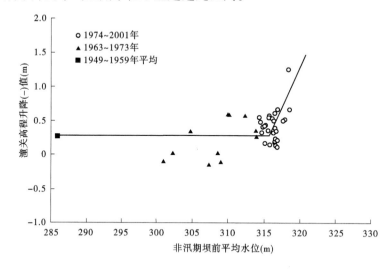

图 2-31　潼关高程升降值与非汛期坝前平均水位关系

点绘汛末潼关高程与汛期平均坝前水位关系(见图 2-32),可见 1969～1973 年的潼关高程下降与汛期平均坝前水位关系密切,而 1974～2001 年的潼关高程下降则与汛期平均坝前水位之间不存在独立的相关关系。

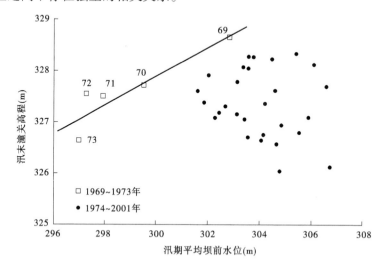

图 2-32　汛末潼关高程与汛期平均坝前水位关系

年平均坝前水位与汛末潼关高程关系(见图 2-33)和汛期的关系类似。1974 年"蓄清排浑"运用以来,年平均坝前水位历年变幅不大,平均为 312.09 m,变化范围为 310.6～

314.0 m。在这种变化不大的水库运用条件下,库区的泥沙冲淤和潼关高程变化主要受入库水沙条件的影响,而与水库运用水位的关系不大。汛末潼关高程的升降变化与年平均坝前水位之间不存在趋势性的联系或同步变化关系(见图 2-34)。

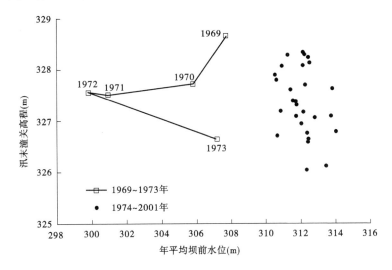

图 2-33　汛末潼关高程与年平均坝前水位关系

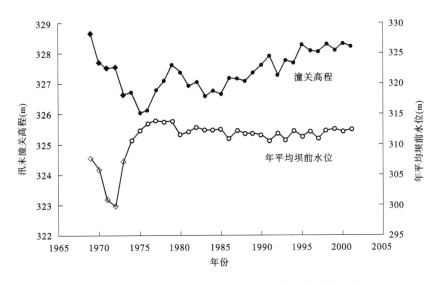

图 2-34　汛末潼关高程和年平均坝前水位历年变化过程

4. 坝前水位对库区淤积量的影响

将非汛期和汛期分别作为统计时段,点绘潼关以下库区冲淤量和坝前平均运用水位的关系,结果见图 2-35。总体上表现为,非汛期平均水位在 310 m 以上时,淤积量基本在 1 亿~2 亿 m³,主要与来沙量有关;而汛期则是平均运用水位越低,库区冲刷量越大。

蓄清排浑运用以来,年平均坝前水位历年变幅不大,库区的泥沙冲淤变化主要受入库水沙条件的影响,而与水库运用水位的关系不大。图 2-36 为库区累积淤积量与年平均坝前水位关系。

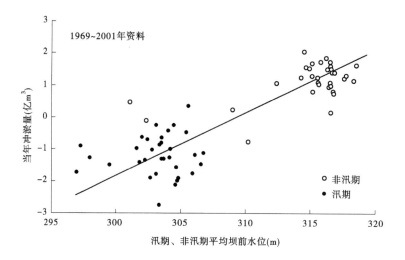

图 2-35　当年库区冲淤量与平均坝前水位关系

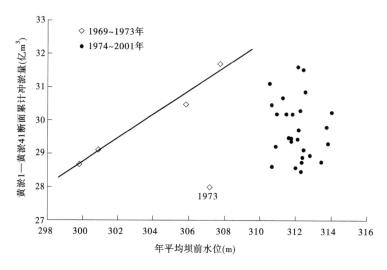

图 2-36　潼关以下库区累积淤积量与年平均坝前水位关系

库区当年的冲淤不仅受当年水沙条件和运用水位的影响,还受过去几年内的水沙条件和运用水位的影响。点绘能够反映前期水库运用和来水来沙条件的线性叠加坝前水位与潼关以下库区累积淤积量的关系,发现两者的相关程度先是随着线性叠加坝前水位包含年份的增加而增加,后来又随着包含年份的增加而降低,在 4～5 年叠加水位时的相关程度为最高。图 2-37 为潼关以下库区累积淤积量和线性叠加坝前水位变化过程,图 2-38 为潼关以下库区累积淤积量与 5 年线性叠加坝前水位的关系。此结果说明,库区累积淤积量不仅与当年的水沙和水库运用条件有关,而且与前期 3～4 年的水沙和运用条件有关。此外,图 2-38 的一个重要现象是,当线性叠加坝前水位为 308.5 m 时,关系线存在一个拐点,相应的淤积量为 29 亿 m³。这意味着潼关以下库区累积淤积量在降至 29 亿 m³

时,若要进一步降低,线性叠加坝前水位就需要较大幅度地降低。换句话说,潼关以下库区的累积淤积量要降低到小于 29 亿 m³ 是比较困难的。而至 2001 年 10 月,潼关以下库区累积淤积量为 29.48 亿 m³。

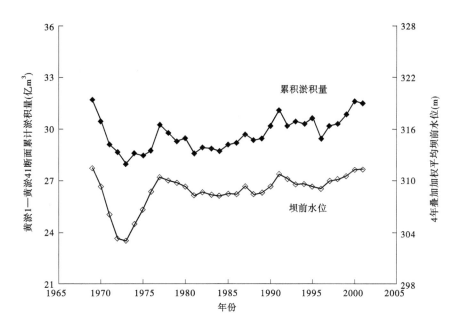

图 2-37　潼关以下库区累积淤积量和线性叠加坝前水位变化过程

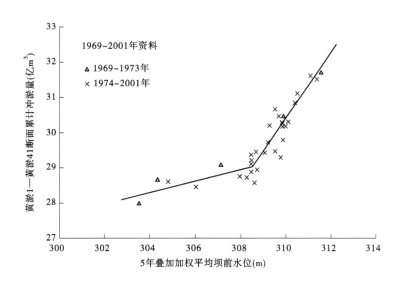

图 2-38　潼关以下库区累积淤积量与 5 年线性叠加坝前水位的关系

第五节　河道冲淤及河势演变对潼关高程的影响分析

一、河道冲淤对潼关高程的影响

水库运用不同时期,库区淤积状况见表 2-23。三门峡水库运用以来,全库区共淤积泥沙 70.45 亿 m³,其中潼关以下库区淤积 29.48 亿 m³。"蓄清排浑"运用以后,全库区共淤积泥沙 14.26 亿 m³,其中潼关以下库区淤积 3.10 亿 m³。

表 2-23　三门峡水库淤积统计

时段 (年-月)	淤积量(亿 m³)					潼关高程 变化(m)
	小北 干流	渭河 下游	北洛河 下游	潼关 以下	全库区	
1960-09 ~ 1962-05	3.10	0.74	0.12	14.31	18.27	4.67
1962-05 ~ 1973-10	15.36	9.33	1.16	12.07	37.92	-1.43
1973-10 ~ 1985-10	-0.21	-0.39	0.10	0.59	0.09	0
1985-10 ~ 2001-10	6.73	3.32	1.61	2.51	14.17	1.59
1960-09 ~ 2001-10	24.98	13.00	2.99	29.48	70.45	4.83

(一)潼关以下库区冲淤对潼关高程的影响

图 2-39 点绘了潼关高程与潼关以下库区累积淤积量随时间的变化过程。图中标出了潼关高程连续上升或下降的 3 个时段,包括 1969 ~ 1975 年的连续下降、1976 ~ 1979 年的连续上升,以及 1980 ~ 1983 年的连续下降。相应地,库区累积淤积量也出现了连续淤积或冲刷的 3 个时段,包括 1967 ~ 1973 年的连续冲刷、1974 ~ 1977 年的连续淤积,以及 1978 ~ 1981 年的连续冲刷。潼关高程的升降趋势与库区冲淤变化趋势大体一致,只不过潼关高程的升降较库区的冲淤变化要滞后大约 2 年。

表 2-24 为蓄清排浑运用以来不同时段潼关以下库区冲淤分布。从 1973 年 11 月至 1985 年 10 月和 1985 年 10 月至 2001 年 10 月两个时段来看,虽然各河段非汛期淤积、汛期冲刷的性质是一致的,但是由于入库水沙条件的变化和水库运用水位的调整,泥沙冲淤重心发生了变化。1973 年 11 月至 1985 年 10 月,水库运用水位较高,非汛期淤积部位偏上,淤积重心在黄淤 30—黄淤 36 河段;由于该时段汛期来水较丰,基本将非汛期各河段的淤积物全部冲刷掉,运用年只有坝前段有少量淤积。1985 年 10 月至 2001 年 10 月,非汛期平均运用水位较上一时段有所降低,淤积重心下移至黄淤 30—黄淤 22 河段;但由于该时段汛期来水较枯,不能将非汛期淤积物全部冲走,运用年各河段均发生不同程度的淤积。

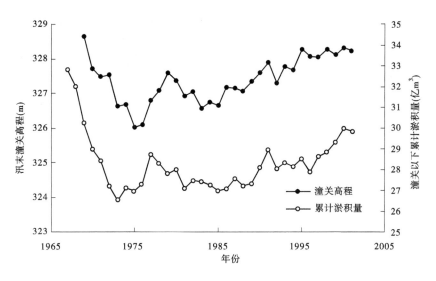

图 2-39 潼关高程与潼关以下库区累积淤积量变化过程

表 2-24 潼关至大坝各河段冲淤分布

河段	非汛期淤积量（亿 m³）	单位长度年均淤积量[m³/（m·a）]	汛期淤积量（亿 m³）	单位长度年均淤积量[m³/（m·a）]	运用年淤积量（亿 m³）	年均淤积量（亿 m³/a）	单位长度年均淤积量[m³/（m·a）]
1973 年 11 月至 2001 年 10 月							
坝址—黄淤 12	1.74	362	−1.22	−254	0.52	0.019	108
黄淤 12—黄淤 22	7.90	1 011	−7.09	−907	0.81	0.029	104
黄淤 22—黄淤 30	12.70	1 509	−11.89	−1 412	0.81	0.029	96
黄淤 30—黄淤 36	11.28	1 372	−10.72	−1 304	0.56	0.020	69
黄淤 36—黄淤 41	2.04	354	−1.65	−286	0.39	0.014	68
合计	35.67	1 018	−32.57	−929	3.10	0.111	89
1973 年 11 月至 1985 年 10 月							
坝址—黄淤 12	1.27	616	−1.10	−533	0.16	0.014	82
黄淤 12—黄淤 22	2.98	889	−2.37	−707	0.61	0.051	182
黄淤 22—黄淤 30	4.08	1 131	−3.99	−1 106	0.09	0.007	25
黄淤 30—黄淤 36	6.12	1 737	−6.28	−1 782	−0.16	−0.013	−45
黄淤 36—黄淤 41	1.41	570	−1.53	−619	−0.12	−0.010	−49
合计	15.86	1 056	−15.27	−1 027	0.59	0.049	29
1985 年 10 月至 2001 年 10 月							
坝址—黄淤 12	0.47	173	−0.12	−43	0.36	0.022	130
黄淤 12—黄淤 22	4.92	1 101	−4.72	−1 056	0.20	0.012	44
黄淤 22—黄淤 30	8.62	1 792	−7.90	−1 642	0.72	0.045	149
黄淤 30—黄淤 36	5.16	1 098	−4.44	−945	0.72	0.045	153
黄淤 36—黄淤 41	0.63	192	−0.12	−35	0.52	0.032	156
合计	19.80	989	−17.29	−864	2.51	0.157	125

为了分析潼关以下库区不同淤积部位对潼关高程的影响程度,对潼关以下库区 1974 年以来各河段的累积淤积量与潼关高程进行相关分析,各河段的相关系数见图 2-40。由图 2-40 可以看出,潼关高程与潼关以下各河段的累积淤积量的相关系数从上到下逐步变小。黄淤 36—黄淤 41 河段的累积淤积量与潼关高程的相关系数最大,为 0.84,黄淤 30—黄淤 36 河段为 0.71,而黄淤 22—黄淤 30 河段和黄淤 12—黄淤 22 河段分别只有 0.52 和 0.45,从而说明黄淤 30 断面以下各河段的累积淤积量与潼关高程的相关关系较差,潼关高程的抬升主要受黄淤 30 断面以上河段特别是黄淤 36—黄淤 41 河段累积淤积量的影响。图 2-41 为潼关高程与黄淤 36~41 河段累积淤积量的关系。

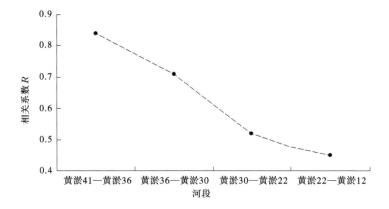

图 2-40　潼关以下各河段累积淤积量与潼关高程的相关系数

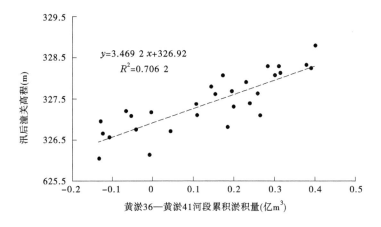

图 2-41　黄淤 36—黄淤 41 河段累积淤积量与潼关高程关系

点绘非汛期潼关—坫埼河段淤积量占潼关以下库区总淤积量的百分比与非汛期库水位超过 320 m 和 322 m 天数的关系(见图 2-42),可以看到,潼关—坫埼段淤积量所占百分比与库水位超过 320 m 和 322 m 天数之间具有较好的相关关系,说明非汛期高水位运用对潼关—坫埼河段淤积是不利的。

非汛期始末潼关—坫埼水位差平均变化过程(11 月 1~10 日潼关—坫埼水位差平均值减去翌年 6 月 5~15 日潼关—坫埼水位差平均值)在一定程度上可以反映水库非汛期运用对潼关—坫埼河段淤积的影响。图 2-43 表明,20 世纪 80 年代中期以来,非汛期始末

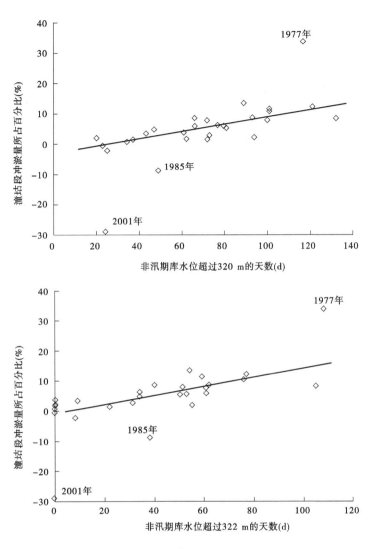

图 2-42　非汛期潼关—坌垿段占潼关以下总淤积量百分比

潼关—坌垿水位差的差值较前段有很大减小,有些年甚至接近于 0,说明水库运用对潼关—坌垿河段的淤积影响已经减弱。

图 2-44 是潼关及其以下水位站 1 000 m³/s 水位变化过程,1994~1999 年虽然北村同流量水位下降,但是大禹渡以上各站的同流量水位包括潼关高程还是略有升高,说明该时段潼关高程升高主要不是受水库运用的影响。

对各淤积断面面积变化的分析发现,1985 年汛后与 1973 年汛后相比,各断面面积变化不大;2001 年汛后与 1985 年汛后相比,各断面过水面积均有不同程度的减少,且黄淤28 断面以上各断面面积减少幅度明显大于下游各断面面积减少幅度,说明上段的河槽萎缩幅度要大于下段的河槽萎缩幅度。黄淤 22 断面以下各断面,基本以河底淤积抬高为主;黄淤 22—黄淤 35 的断面既有河床抬升,又有河槽缩窄;黄淤 36 断面以上断面则以河槽缩窄为主。因此,潼关至坌垿河段的淤积主要受水沙条件的影响,坌垿至北村河段的淤

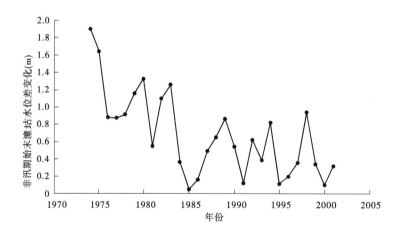

图 2-43　非汛期始末潼关—坫埝水位差平均变化过程

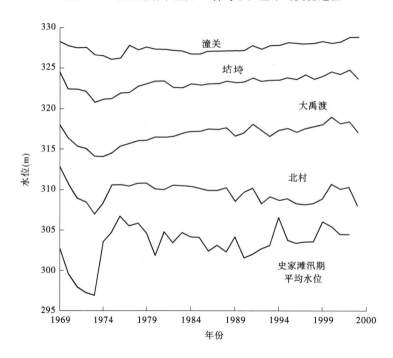

图 2-44　潼关以下水位站汛后 1 000 m³/s 流量水位沿程变化过程

积不仅受水沙条件的影响,而且还受水库运用的影响;北村以下河段的冲淤变化主要受水库运用的影响。典型断面面积变化见图 2-45。

(二)小北干流冲淤对潼关高程的影响

小北干流河段处于山西台背斜的汾渭地堑,自北向南为强烈沉积的游荡性河道。潼关断面受小北干流河段堆积的延展影响,反过来,潼关高程的变化又影响小北干流的河床纵剖面的调整变化。三门峡建库后,小北干流的冲淤变化与龙门来水来沙条件、河床纵剖面及平面形态变化、三门峡水库运用方式、潼关高程的升降等因素有关。不同时期起主导作用的因素各不相同。

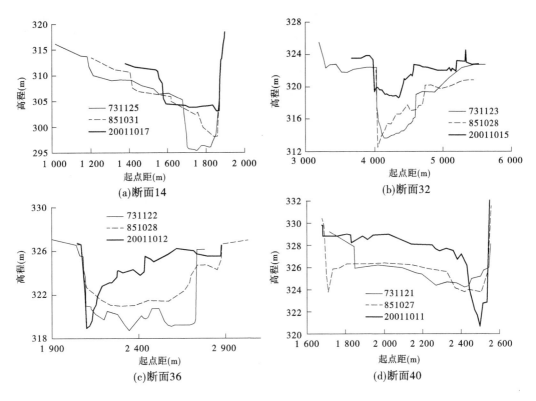

图2-45 典型断面面积变化

　　三门峡水库蓄清排浑运用以前(1960年9月至1973年11月),小北干流共淤积泥沙18.46亿 m³,图2-46为各河段年平均单位长度淤积量分布,可以看出,淤积最严重的河段为黄淤45—黄淤50断面,其次是黄淤41—黄淤45断面,淤积最少的是黄淤59—黄淤68断面。这一时期小北干流的淤积主要是由三门峡水库运用水位较高和泄流规模不足所引起的从下向上的溯源淤积。

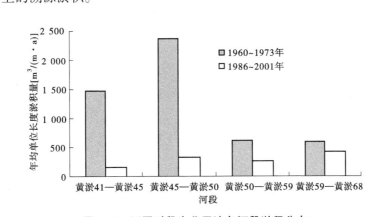

图2-46 不同时段小北干流各河段淤积分布

　　"蓄清排浑"运用以来,1973年10月至1985年10月,小北干流冲刷了0.21亿 m³。1985年10月至2001年10月小北干流淤积6.73亿 m³;淤积最严重的河段为黄淤59—黄淤 68 断面,其次是黄淤 45—黄淤 50 断面,淤积最少的是黄淤 41—黄淤 45 断面(见图 2-46);黄淤 59—黄淤 68 断面的单位长度淤积强度是黄淤 41—黄淤 45 断面的 2.6 倍。显然,1986 年之后龙门—潼关河段的淤积主要表现为从上向下的沿程淤积。

选取黄淤 47、黄淤 49、黄淤 51、黄淤 54、黄淤 58、黄淤 61、黄淤 65 共 7 个代表断面推算平滩流量,其平均值作为小北干流的平滩流量,图 2-47 为小北干流平滩流量变化过程。1973～1985 年,平滩流量基本在 7 000 m³/s 左右;1986 年以后,平滩流量减小的趋势十分明显,在 1986～2001 年,平滩流量为 4 000 m³/s 左右,个别断面平滩流量减小到 2 000 m³/s 左右。对比 1974 年以来历年龙门最大洪峰流量与当年的平滩流量,发现 1986 年以后的绝大部分洪水没有上滩,淤积主要发生在河槽内。对比龙门年水量和小北干流平滩流量的变化过程(见图 2-47),两者变化趋势一致,表明小北干流的河道变化取决于水沙条件。

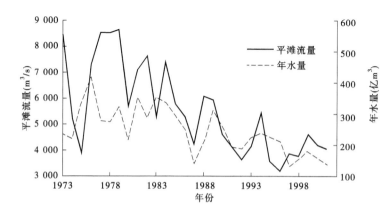

图 2-47　小北干流平滩流量与龙门年水量过程

图 2-48 为小北干流非汛期冲淤量与龙门非汛期来水量关系。可以看出,其间有较好的相关关系,即龙门非汛期水量越大,小北干流冲刷量也越大。由图 2-49 还可以看出,小北干流汛期淤积量与龙门汛期来沙系数相关性较好,即汛期淤积量随龙门汛期来沙系数的增大而增大。这说明 1974 年以来小北干流冲淤变化主要与龙门来水来沙及其组合密切相关。

从 1985 年 10 月至 2001 年 10 月龙门到坝前的单位长度淤积量分布(见图 2-50)可以看出,汇淤 1(黄淤 41 断面上 1.69 km)断面以下和以上两河段非汛期和汛期的冲淤变化完全相反的特性非常明显。汇淤 1 断面以上河段非汛期冲刷,汛期淤积;以下河段则是非汛期淤积,汛期冲刷。但小北干流的年度淤积则与潼关以下连为一体,表现出小北干流淤积下延的特性。

点绘潼关高程与上邻河段累积淤积量的关系(见图 2-51),其相关系数达到了 0.93,而且潼关高程与小北干流各河段累积淤积量相关系数均超过 0.85(见图 2-52),表明小北干流淤积对潼关高程的抬升是有影响的。

图 2-53 为龙门—潼关段历年 1 000 m³/s 流量水面比降变化和龙门站年平均流量变化图。可以看出,1960 年龙门—潼关段比降最大为 4.24‰,因水库蓄水及滞洪滞沙运用,

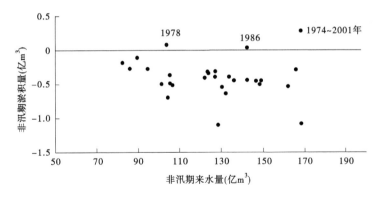

图 2-48 小北干流非汛期冲淤量与龙门非汛期来水量关系

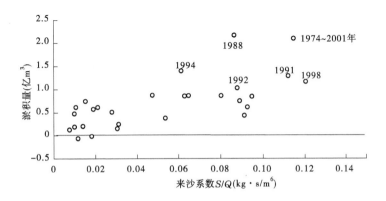

图 2-49 小北干流汛期淤积量与龙门汛期来沙系数关系

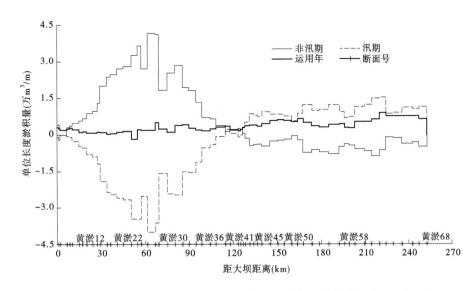

图 2-50 1985 年 10 月至 2001 年 10 月龙门至大坝前的单位长度淤积量分布

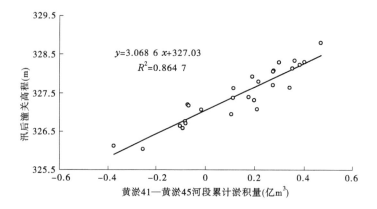

图 2-51　潼关高程与黄淤 41—黄淤 45 河段累积淤积量关系

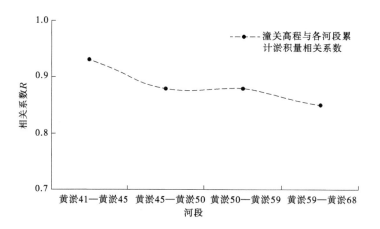

图 2-52　潼关高程与小北干流各河段累积淤积量相关系数变化

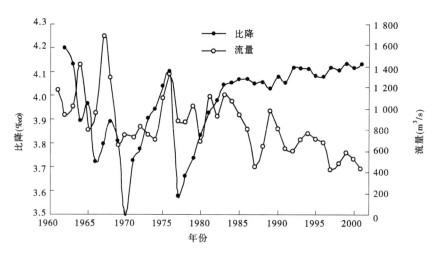

图 2-53　龙门—潼关段 1 000 m³/s 流量水面比降和龙门站年平均流量历年变化

潼关以下库区大量淤积,潼关高程迅速抬升,龙门—潼关段纵比降迅速减小,到1970年达到最小值3.49‰;1971年以后随着水库增大泄流规模及溯源冲刷的发展,龙门—潼关段比降逐步增大,1976年达到4.1‰;1977年龙门来高含沙洪水,小北干流发生"揭河底"冲刷,龙门—潼关段比降迅速降低到3.58‰;1978~1985年虽然来水较丰,但小北干流上段一直处于逐步回淤阶段,龙门—潼关段比降逐步增大。1986年之后龙门—潼关段纵比降的调整与龙门站来水呈倒影关系,随着来水量的逐步减少,龙门—潼关段纵比降逐步增大。比降与流量和含沙量具有如下关系:$J \propto S^{1.26}/Q^{0.25}$,1986年以后,龙门站来水量减少,平均含沙量有所增加,龙门—潼关段纵比降逐渐增大,这与冲积河流河床形态调整的一般规律是相符合的。这说明龙门1 000 m³/s流量水位的抬升幅度要大于潼关高程的抬升幅度,反映了小北干流沿程淤积的特性。

根据龙门—潼关间水位站资料,点绘了1969~2001年汛后1 000 m³/s水位龙门与庙前(龙门下游40.9 km)、太里(龙门下游59.6 km)、尊村(龙门下游81.1 km)、老永济(龙门下游101.3 km)、上源头(龙门下游114.5 km)水位关系,也分别点绘了潼关与上源头(潼关上游20.8 km)、老永济(潼关上游34 km)、尊村(潼关上游54.2 km)水位关系,见图2-54。庙前、太里、尊村水位与龙门水位相关程度高,上源头与龙门的关系较差,潼关与上源头的相关程度较好,表明尊村以上主要随龙门水位变化而变化,上源头随潼关水位的变化而变化。老永济与潼关、龙门关系相似,表明受两者的共同影响。

图2-55是龙门、尊村、老永济、上源头和潼关1 000 m³/s水位变化线,1973~1985年龙门至潼关水位上升幅度逐渐减小;1973~1995年,老永济水位上升幅度最小;1973~2001年,老永济水位变幅超过潼关,表明1995~2001年小北干流自上而下的淤积发展对老永济的影响超过了潼关。因此,潼关高程的变化对小北干流的影响范围在老永济以下。

二、汇流区河势变化对潼关高程的影响

汇流区范围一般是指黄淤41—黄淤45断面、渭淤2断面以下以及北洛河河口段,潼关断面处在黄渭交汇处的下游。

龙门—潼关河段在历史时期的沉积环境,决定了河道的游荡性特点,其河床宽浅,心滩和汊道十分发育,主槽摆荡不定。河势大摆动的周期为几年或几十年不等,小摆动年年都有,而且变化很快。随黄河主流的变化,黄、渭河的交汇点也变化。图2-56为建库前汇流区河道变迁情况,1921~1927年黄河河道曾经过朝邑、新市镇、赵渡镇、望仙观一线,至河口村与渭河来水交汇。到1960年,黄河河道沿东岸而流,至潼关与渭河来水交汇。三门峡建库后,由于汇流区黄河主流的变化,渭河入黄口也发生变化。1970年以前黄河主流靠东岸入潼关,渭河入黄口靠近潼关,1970年以后黄河主流逐渐向西岸摆动,渭河入黄口也西移。

三门峡建库初期,受水库淤积影响,1966年黄淤47断面黄河主流向西摆动1 130 m。之后,汇流区黄河主流逐渐向西摆动,渭河口开始上提。特别是1970年以后,渭拦12、渭拦11、渭拦1、渭拦2断面先后塌入黄河。自1971年开始,到1979年11月渭河口上提2 700 m,到1987年10月渭河口上提3 100 m,到1993年渭河口上提4 600 m。20世纪80年代中期修建牛毛湾控导工程后,黄河主流西倒趋势得以控制。在黄河西倒的同时,黄河

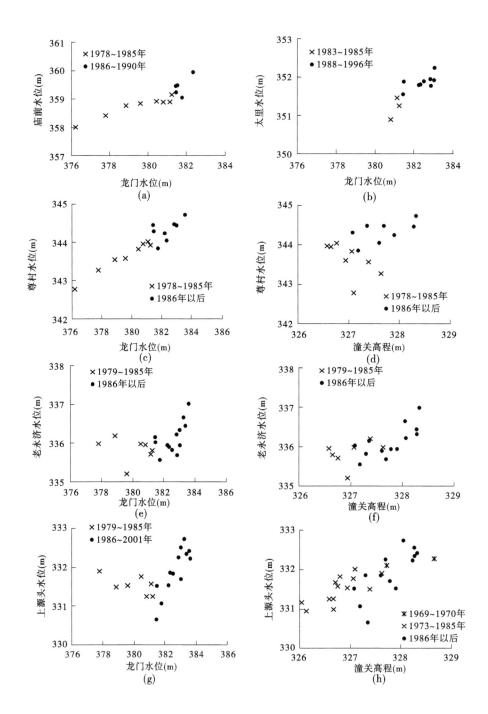

图2-54　龙门、潼关分别与北干流其他水位站水位关系

河宽由1970年的1 000 m发展到1993年的5 000 m以上；渭河与黄河由在港口附近顺交变成目前在渭拦2断面附近与黄河成正交。黄、渭河交汇点上提变化情况见表2-25。

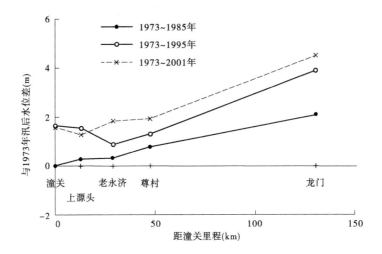

图 2-55　潼关—龙门 1 000 m³/s 水位变化

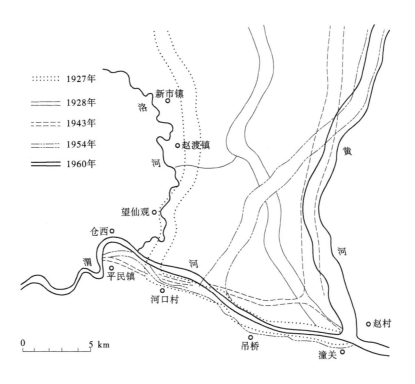

图 2-56　黄、渭河交汇处河道变迁图

表 2-25 黄、渭河交汇点上提变化情况

时段	上提距离（m）	累计距离（m）	平均上提速度（m）	时段	上提距离（m）	累计距离（m）	平均上提速度（m）
1970～1972 年	200	200	100	1989～1991 年	50	4 200	25
1972～1975 年	500	700	170	1991～1993 年	400	4 600	200
1975～1978 年	1 700	2 400	600	1993～1995 年	0	4 600	0
1978～1983 年	600	3 000	120	1995～1996 年	-2 000	2 600	-2 000
1983～1987 年	250	3 250	70	1996～1999 年	600	3 200	200
1987～1988 年	750	4 000	750	1999～2002 年	600	3 800	200
1988～1989 年	150	4 150	150				

1969 年以前,三门峡水库运用初期,潼关以下库区河漫滩大幅度淤积抬升,使汇流区也随之上升(见图 2-57)。建库后到 2002 年汛后,汇流区累积淤积泥沙 5.49 亿 m³。由于大量的泥沙淤积,汇流区黄、渭河河道泄流输沙能力降低,特别是洪水排泄受阻,洪水在汇流区形成漫流,加速了汇流区泥沙淤积,加剧了黄、渭河交汇河势的不利变化。

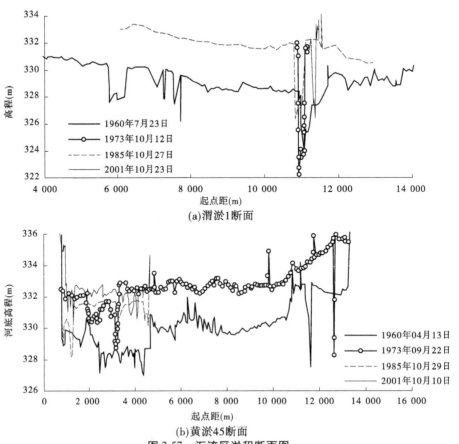

(a)渭淤1断面

(b)黄淤45断面

图 2-57 汇流区淤积断面图

汇流区河势的恶化,使黄、渭河洪水汇流后的水流动力和挟沙能力降低,河床滩槽坦化,减弱了洪水尤其是渭河洪水对潼关河床的冲刷作用。据潼关水文站和黄淤41断面实测资料,1972年以前流速和含沙量分布在黄、渭汇流后相当长的范围内仍然保持各自的输水输沙特性,测流断面上同时保留着黄河河槽和渭河河槽(见图2-58)。因此,在汛期潼关河床受到黄河和渭河洪水的交替冲刷,对潼关高程下降是有利的。黄河主流西倒、渭河口上提后,渭河在距潼关4 km多的吊桥附近入黄,潼关断面已没有渭河河槽(见图2-59),因而减弱了渭河洪水对潼关断面的冲刷作用。近年来,渭河入黄角度增大,渭河主流与黄河主流近乎正交,渭河洪水对潼关断面的冲刷作用明显减弱,对冲刷降低潼关高程极为不利。

另外,由于黄河主流变化,以及渭河入黄位置、入黄方向的变化,潼关断面主流的摆动,河槽的展宽坦化,一方面不利于洪水的冲刷,另一方面加速了洪峰后落水期河床的回淤,对降低潼关高程极为不利。

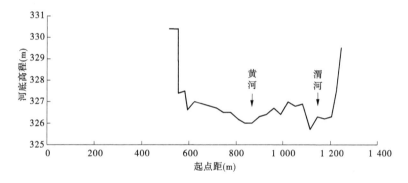

图2-58　1972年潼关断面

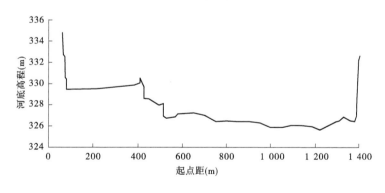

图2-59　1991年潼关断面

第六节　影响潼关高程的主要因素分析

三门峡水库投入运用以来,引起潼关高程上升的主要因素有水库运用方式、泄流规模和来水来沙条件等方面,在水库运用的不同时期,各因素所起的作用又有主次不同。

三门峡水库"蓄清排浑"运用以前,库区淤积和潼关高程抬升的原因是简单明了的。

蓄水拦沙期库区泥沙淤积和潼关高程的急剧抬升完全是由水库高水位运用造成的。滞洪排沙期库区冲淤和潼关高程升降主要受水库泄流规模和来水来沙共同影响。

由图2-60可见,三门峡水库"蓄清排浑"运用以来,潼关高程随汛期来水量的增加而下降,随汛期来水量的减少而上升,两者之间具有良好的同步性,反映出了潼关高程与来水量的密切关系。另外,水库最高运用水位是不断下调的,其变化过程与潼关高程的变化过程是向相反方向发展的。因此,三门峡水库"蓄清排浑"运用以来,潼关高程抬升的根本原因在于水沙条件的变化。

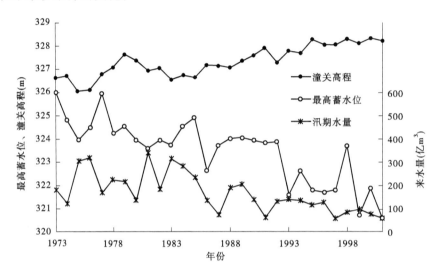

图2-60　潼关高程、汛期来水量和水库最高运用水位变化过程

"蓄清排浑"运用以来潼关高程的变化可以分为四个阶段(见表2-26)。1974～1979年,来水来沙条件比较有利,但水库运用水位较高,潼关以下淤积重心偏上,潼关高程非汛期的淤积抬升大于汛期的冲刷下降,潼关高程在这一时段保持上升,因此其主要原因在于水库非汛期运用水位过高。1980～1985年,水沙条件有利,同时开始逐步改进水库运用方案,降低非汛期水库运用水位,潼关高程非汛期的淤积抬升小于汛期的冲刷下降,潼关高程在这一时段保持下降,因此其主要原因是有利的水沙条件和合理的水库运用。1986～1995年,汛期来水量锐减,虽然水库高水位运用天数进一步减少,非汛期潼关高程上升的幅度也进一步减小,但由于汛期缺乏洪水冲刷,潼关高程在汛期的冲刷下降幅度大大减小,年内不能实现冲淤平衡,因此这一时段潼关高程上升是不利水沙条件造成的。1996～2001年,水库运用水位继续改善,潼关至坩垿河段基本不受水库回水影响,非汛期潼关高程上升的幅度更加少,同时汛期潼关河段实施清淤,尽管汛期水量更少,但潼关高程的冲刷下降值却有所增大,潼关高程在这一时段基本稳定。

表 2-26　不同时段潼关高程变化

运用年份	汛期水量（亿 m³）	非汛期坝前水位 >320 m 天数（d）	潼关高程年均变化（m）		
			非汛期	汛期	年
1974～1979	225	103	0.70	-0.53	0.17
1980～1985	248	86	0.40	-0.57	-0.17
1986～1995	132	55	0.37	-0.21	0.16
1996～2001	88	46	0.27	-0.26	0.01

1974～1985 年,潼关高程非汛期平均上升 0.55 m,汛期也平均下降 0.55 m,潼关高程保持相对稳定,显然,这一时期水库的运用与来水来沙条件是相适应的。1986～2001年潼关高程非汛期平均上升值减小为 0.33 m,汛期平均下降值则减小到 0.23 m,因而潼关高程不断上升。1986 年以来,虽然非汛期最高运用水位有较大降低,潼关高程上升幅度减小,但由于汛期来水量大幅度减少,潼关高程在汛期的冲刷下降大大减弱,不足以平衡非汛期的淤积抬升,因而潼关高程呈上升趋势。所以,汛期水动力条件减弱是近十几年来潼关高程上升的主要原因。

由图 2-61 可以看出,1986 年以来潼关高程持续上升,其与各河段冲淤量的关系和三门峡水库建库初期明显不同。建库初期,潼关高程的快速抬升与潼关以下库区的快速淤积是相呼应的,小北干流和渭河下游的淤积又是由潼关高程的抬升而产生的;但 1986 年以来,潼关以下库区的淤积量远小于小北干流和渭洛河下游的淤积量,潼关高程的抬升与小北干流和渭洛河下游的淤积呈呼应关系。

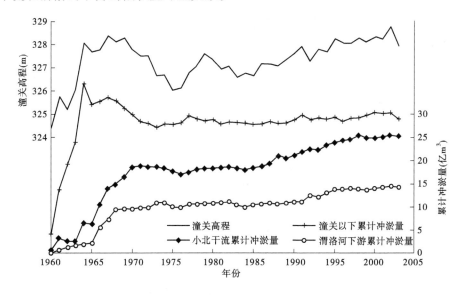

图 2-61　三门峡水库库区累计冲淤量过程与潼关高程变化

1986 年以来入库水量锐减,库区河道发生自动调整,潼关河段河槽严重萎缩(见图 2-45)。把泥沙淤积分为两部分,一是河槽萎缩造成的淤积,二是河道纵向调整引起的淤积。主河槽调整抬高部分的淤积可以认为主要是由水库运用所造成的,河槽萎缩部分的淤积可以认为主要是由水沙变化引起的。潼关以下 1986~2001 年纵向变化淤积量为 0.61 亿 m³,占同时期总淤积量 2.51 亿 m³ 的 24%。黄淤 17 断面以下纵向变化淤积量占同期总淤积量的 57%,黄淤 17—黄淤 27 断面占 17%,黄淤 30—黄淤 41 断面占 23%。因此,黄淤 17 断面以上河段的泥沙淤积主要是来水来沙的变化造成库区断面萎缩引起的。

1986 年以来潼关高程的上升是河道纵向淤积和断面横向淤积的共同结果,两者淤积的比例可以认为是对潼关高程上升贡献的比例。由上可知,纵向淤积量占总淤积量的比例是 24%,而 1986~2001 年潼关高程上升 1.59 m,因此估算出,纵向调整引起的抬升是 0.38 m。进而得出,1986~2001 年,潼关高程上升的 1.59 m 中,水库运用使潼关高程上升了 0.38 m,即水库运用的影响约占 24%;水沙变化及其他因素使潼关高程上升了 1.21 m,即水沙变化及其他因素的影响约占 76%。此估算法可能不十分准确,但可以反映出:水库运用对 1986 年以来潼关高程的上升还是有影响的,但其影响相对较小。

第七节　小　结

(1)三门峡水库建库前,潼关高程的变化是河流在天然情况下自身塑造的结果。从不同历史时期的分析结果看,小北干流河道宽阔,河床处于堆积状态,其泥沙淤积必然会向下延伸,使潼关河床抬升;小北干流的淤积厚度呈北薄南厚分布;潼关断面的淤积厚度小于小北干流的淤积厚度;时间愈接近现在,淤积强度愈大。自 1929 年潼关水文站建立,已有水文资料,尽管不太连续,应该说是比较可靠的。根据这些实测资料得出历年 1 000 m³/s 流量所对应的水位,即潼关高程。各研究者确定的每年的同流量水位不完全相同,据此分析的潼关高程年均变化值有差异,但变化趋势是基本相同的。年均上升率约为 0.07 m,上升趋势明显。

(2)三门峡水库投入运用以后,水库大量淤积,潼关高程在一年半内从建库前的 323.40 m 快速上升到 328.07 m。经改变运用方式及两次改建后,潼关高程得以下降,1973 年汛后为 326.64 m。1973 年 11 月起,三门峡水库实行"蓄清排浑"控制运用,在相当长一段时间内,潼关高程相对保持稳定。1986 年以来,潼关以下库区发生累积性淤积,潼关高程再次上升,并居高不下,1995 年汛后达到 328.28 m,2001 年汛后保持 328.23 m。"蓄清排浑"运用期间,具有非汛期淤积抬升、汛期冲刷下降的变化特点。

(3)1960~2001 年潼关站多年平均来水量为 348 亿 m³,多年平均来沙量为 10.43 亿 t;汛期平均来水量 188 亿 m³,来沙量 8.53 亿 t。1986 年以后,潼关站来水量特别是汛期来水量大幅度减少,1974~1985 年潼关站汛期平均来水量 236 亿 m³,1986~1995 汛期来水量 132 亿 m³,减少 44%;1996~2001 年汛期来水量 83 亿 m³,较 1974~1985 年汛期减少 65%。

(4)"蓄清排浑"运用以来,潼关高程随来水量的增加而下降,随来水量的减少而上升。汛期来水量越大,潼关高程下降的幅度就越大。1986 年以后来水量的大幅度减少对潼关高程的抬升产生了直接的影响。而汛期洪水的减少使潼关高程汛期的平均下降幅度由 1974~1985 年的 0.55 m 减小为 1986~1995 年 0.21 m。

（5）直接受到回水影响的临界库水位北村为 308 m 左右、大禹渡为 314～315 m、坩埒约为 320 m。

（6）"蓄清排浑"运用以来，水库非汛期运用水位的高低对潼关高程非汛期的上升幅度有着较大的影响。非汛期运用水位越高，高水位持续时间越长，库区淤积部位越偏上，潼关高程的抬升幅度越大。1980 年以来，非汛期最高运用水位不断下调，高水位持续时间缩短，潼关—坩埒河段淤积比重减少，潼关高程抬升值相应减小。1974～1985 年非汛期，潼关高程抬升值平均为 0.55 m，1993～2001 年非汛期平均为 0.29 m。

（7）当库水位在 315 m 及以上时，潼关高程升降值与大于某一级水位天数之间的关系曲线存在一个明显的转折点，转折点之后潼关高程随高水位持续天数的增加而迅速增加。具体为，当库水位高于 315 m、318 m、320 m、322 m 的天数分别超过 150 d、120 d、100 d、80 d 后，潼关高程的上升速度明显增加。

（8）潼关高程升降值随非汛期坝前平均水位变化的关系线中存在一个转折区间，相应的坝前平均水位为 315～316.5 m，转折区间之后，潼关高程随坝前平均水位的上升而明显上升。

（9）当线性叠加坝前水位为 308.5 m 时，线性叠加坝前水位与潼关以下库区累积淤积量关系线存在一个拐点，相应的淤积量为 29 亿 m³。这意味着潼关以下库区的累积淤积量要降低到小于 29 亿 m³ 是比较困难的。

（10）三门峡水库运用以来，全库区共淤积泥沙 70.45 亿 m³，其中潼关以下库区淤积 29.48 亿 m³。"蓄清排浑"运用以后，全库区共淤积泥沙 14.17 亿 m³，其中潼关以下库区淤积 3.10 亿 m³。潼关高程的抬升主要受黄淤 30 断面以上特别是黄淤 36—黄淤 41 河段累积淤积量的影响。1973 年 10 月至 1985 年 10 月，水库运用水位较高，非汛期淤积部位偏上，淤积重心在黄淤 30—黄淤 36 河段；1985 年 10 月至 2001 年 10 月，非汛期平均运用水位较上一时段有所降低，淤积重心下移至黄淤 30—黄淤 22 河段。近年来潼关—坩埒河段的淤积主要受水沙条件的影响，三门峡水库运用的影响相对较弱，小北干流的淤积下延也有一定影响。

（11）20 世纪 70 年代以后，黄河主流西倒、渭河口上提，使潼关断面失去了渭河洪水直接冲刷的作用。近年来，渭河入黄角度增大，渭河主流与黄河主流近乎正交，渭河洪水对潼关断面的冲刷作用明显减弱。

（12）蓄水拦沙期库区泥沙淤积和潼关高程的急剧抬升完全是由水库高水位运用造成的。滞洪排沙期库区冲淤和潼关高程升降主要受水库泄流规模和来水来沙共同影响。"蓄清排浑"运用期，1974～1985 年，水库运用方式与来水来沙条件比较适应，潼关高程相对保持稳定；1986 年以来，水库高水位运用天数不断减少，但由于汛期来水量大幅度减少，潼关高程在汛期的冲刷下降大大减弱，不足以平衡非汛期的淤积抬升，因而潼关高程呈上升趋势。所以，汛期水动力条件减弱是近十几年来潼关高程上升的主要原因。

第三章 渭河下游河道淤积成因分析

第一节 渭河下游天然河道特征

渭河是黄河最大的支流,发源于甘肃省渭源县西南的乌鼠山,自西向东流经甘肃的渭源、武山、甘谷、天水等地,在凤阁岭进入陕西省,然后经宝鸡、杨凌、咸阳、西安、渭南等地,在潼关注入黄河。流域面积 13.48 万 km²,其中甘肃占 44.1%,宁夏占 5.8%,陕西占 50.1%。干流全长 818 km,宝鸡以上为上游,河长 430 km;宝鸡峡至咸阳为中游,河长 180 km;咸阳至入黄口为下游,河长 208 km。渭河上游主要为黄土丘陵区,中下游北部为陕北黄土高原,中部为河谷冲积平原,南部为秦岭土石山区。

渭河支流众多,其中集水面积 1 000 km² 以上的支流有 14 条,北岸支流多发源于黄土丘陵和黄土高原,南岸支流均发源于秦岭山区。泾河是渭河最大的支流,河长 455 km,流域面积 4.54 万 km²,占渭河流域面积的 33.7%。北洛河是渭河的第二大支流,河长 680 km,流域面积 2.69 万 km²,占渭河流域面积的 20%。此两大支流分别于渭河北岸在耿镇和吊桥附近汇入渭河。

渭河下游是指咸阳至渭河口河段,全长 208 km,是三门峡水库库区的一部分。按照建库前自然河道特性可分为三段:

(1)咸阳至泾河口河段,河长约 34 km,比降为 0.5‰ ~ 0.6‰,河道宽浅,多心滩,分汊系数 1.7 ~ 1.8,枯水河宽 300 ~ 2 000 m,洪水河宽可达 500 ~ 3 000 m,河相关系 $\sqrt{B}/H > 10$,属游荡分汊性河型。河床泥沙组成为粗、中砂夹零星小砾石,河漫滩多为细砂,北岸滩地泥沙组成细,南岸滩地泥沙组成粗。灞河和泾河分别由南、北两岸在该河段末端汇入。

(2)泾河口至赤水河口河段,河长约 75 km,比降由 0.6‰ 降到 0.2‰,河道宽窄相间,枯水河宽为 200 ~ 1 000 m,洪水河宽为 500 ~ 2 000 m,河相关系 $\sqrt{B}/H$ 为 5 ~ 10,弯曲系数约为 1.2,呈微弯河型。河床物质组成自上而下由粗变细,主要为粒卵石、粗中细砂,河漫滩主要由粉砂组成。南岸有零河、犹河、赤水河等汇入,北岸有石川河汇入。

(3)赤水河口至渭河口河段,河长约 99 km,比降为 0.14‰ ~ 0.1‰,河湾发育,弯曲系数 1.6 ~ 1.7,属弯曲性河型。枯水河宽 150 ~ 500 m,洪水漫滩后,河宽达 6 000 m,$\sqrt{B}/H$ 为 5 左右。河底泥沙组成主要是细砂、粉砂,河漫滩泥沙为粉砂、亚黏土。北岸为黄土塬,南岸为现代洪积扇。北岸有北洛河在该河段末端汇入,南岸有罗敷河等多条南山支流汇入。

渭河下游冲积河道,针对不同的来水来沙条件和边界条件,具有自动调整作用,作为局部侵蚀基准面的潼关高程对其也会产生一定影响。历史上,根据调查,1959 年在咸阳附近发现秦代古井和陶器,古井井圈上口一般淤在现地面下 0.6 ~ 1.0 m,文化层厚度约 3

m。1958年在华县打井时发现地面下古坟,估计淤高3 m。据此判断2 500年以来,咸阳至西安一带滩地淤高约1 m,华县附近滩地淤高约3 m。这说明渭河下游河道在长时期内有缓慢上升趋势,是一条微淤或基本冲淤平衡的河道。一般认为,咸阳至泾河口河段,河床接近冲淤平衡;泾河口至赤水河口河段为冲淤平衡向微淤过渡的河段;赤水河口至渭河口河段为微淤性河段。

到现代,三门峡水库建库前,咸阳水文站、华县水文站已分别于1931年、1935年设立。根据水文站实测水文资料,程龙渊等分析计算了咸阳站和华县站同流量(200 m³/s)水位的变化过程,见表3-1,以此来表征河床的冲淤升降变化。

表3-1　建库前咸阳站和华县站200 m³/s水位变化压缩　　　　　　(单位:m)

年份	咸阳站		华县站	
	汛前	汛末	汛前	汛末
1934	382.69	382.95		
1935	382.97	383.08	331.77	331.97
1936	383.12	382.99	332.11	332.25
1937	382.71	382.98	332.20	332.36
1938	383.38	383.07	332.27	333.06
1939	383.25	383.26	333.00	333.11
1940	383.25	383.15	333.14	333.11
1941	383.44	383.36	332.79	332.45
1942	383.67	383.80	333.03	333.33
1943	383.65	383.48	333.85	333.61
1944	383.42	383.47		
1945	383.70	383.59		
1946	383.70	383.39		
1947	383.44	383.82		
1948	383.47	383.68		
1949	383.70	383.74		
1950	383.79	383.93	333.53	333.15
1951	384.02	383.59	333.24	333.54
1952	383.85	383.70	333.61	333.93
1953	383.89	383.96	334.02	334.49
1954	383.81	383.35	334.58	333.36
1955	383.57	383.30	333.36	333.74

年份	咸阳站		华县站	
	汛前	汛末	汛前	汛末
1956	383.70	383.78	333.79	333.22
1957	383.85	384.99	333.33	333.66
1958	385.12	384.98	333.53	333.74
1959	385.00	384.66	333.69	333.46
1960	384.54	384.97	333.39	333.34

点绘咸阳站、华县站 200 m³/s 流量水位历时变化过程(见图 3-1),可以看出,无论是咸阳还是华县,河床在三门峡水库建库前都是淤积抬升的。

上述表明,在历史时期和三门峡水库建成以前,在渭河天然水沙条件和边界环境下,渭河下游河库是淤积上升的。

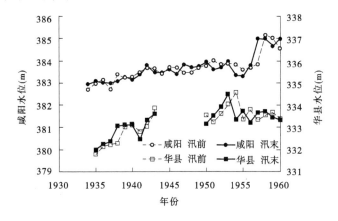

图 3-1 建库前咸阳站、华县站 200 m³/s 流量水位历时变化过程

第二节 渭河下游水沙及冲淤特点

一、渭河下游水沙基本情况

渭河下游华县水文站多年平均(1960~2001 年)水量 67.8 亿 m³,沙量 3.33 亿 t,平均含沙量 49 kg/m³;渭河干流咸阳站来水量占华县站水量的 60%,泾河张家山站的来沙量占华县站沙量的 66%,具有水沙异源、水少沙多、输沙量大、含沙量高的特点。

表 3-2 为三门峡水库运用以来华县水文站不同时段水沙量。由表 3-2 可见,1991 年以来华县站年来水量尤其是汛期来水量大幅度减少。1974~1990 年华县站汛期平均来水量 47.2 亿 m³,1991~2001 年只有 21.4 亿 m³,减少了 55%。华县水量的减少主要是因为咸阳以上来水量的减少,而沙量主要来自泾河张家山以上,减少的幅度较小,因而含沙

量大大增加。1974～1990 年华县站汛期平均含沙量 57 kg/m³,1991～2001 年增大到 100 kg/m³。

表 3-2　渭河华县站不同时段水沙量

时段	汛期			运用年		
	水量 （亿 m³）	沙量 （亿 t）	含沙量 （kg/m³）	水量 （亿 m³）	沙量 （亿 t）	含沙量 （kg/m³）
1960～2001 年	40.7	2.98	73	67.8	3.33	49
1960～1973 年	47.9	3.96	83	85.1	4.40	52
1974～1990 年	47.2	2.71	57	72.5	3.00	41
1991～2001 年	21.4	2.15	100	38.5	2.50	65
1991～2001 年与 1974～1990 年差	−25.8	−0.56	43	−34.0	−0.50	24

1991 年以来渭河来水量减少,流量大于 1 000 m³/s 水量减少的比例大。1991～2001 年与 1974～1990 年相比,华县站流量大于 1 000 m³/s 水量从 19.8 亿 m³ 减少至 3.0 亿 m³,减少 85%。而流量小于 1 000 m³/s 水量减少 33%。华县站来水来沙量,不但总量变化,而且水沙搭配也发生了剧烈的变化。1991 年以前大于和小于 1 000 m³/s 流量级的输沙量基本各占一半,而 1991～2001 年近 3/4 的泥沙由小于 1 000 m³/s 的流量级输送(见表 3-3)。

表 3-3　华县流量小于和大于 1 000 m³/s 年均水沙量统计

时段	华县流量 （m³/s）	天数 （d）	水量		沙量		含沙量 （kg/m³）
			亿 m³	占年 水量(%)	亿 t	占年 沙量(%)	
1960～1973 年	<1 000	349.9	62.7	74	2.17	49	35
1974～1990 年		351.6	52.7	73	1.62	54	31
1991～2001 年		362.9	35.4	92	1.90	76	54
1960～1973 年	>1 000	15.4	22.4	26	2.23	51	100
1974～1990 年		13.6	19.8	27	1.38	45	70
1991～2001 年		2.4	3.0	8	0.60	25	200

华县站水沙变化还表现为洪峰流量降低、大洪水发生频次减少、高含沙小洪水增多(见表 3-4)。1960～1973 年有 4 年最大洪峰流量大于 5 000 m³/s,最大洪峰流量为 5 130 m³/s;1974～1990 年有 1 年最大洪峰流量大于 5 000 m³/s,最大洪峰流量为 5 380 m³/s;1991～2001 年最大洪峰流量仅为 3 950 m³/s。大于 3 000 m³/s 的洪水 1974～1990 年平均每年发生 1 次,1991 年以后 3～4 年才发生一次,而高含沙小洪水的发生频率自 1991 年以来增加了 1 倍,输沙量占年沙量的比例升高。特别是 1994 年和 1995 年,高含沙小洪水

各发生5场,输沙量分别占年沙量的86%和83%。

表3-4 华县站洪水统计

时段	最大洪峰流量(m³/s)	洪峰流量大于3 000 m³/s		高含沙小洪水	
		场次	年均场次	年均场次	占年沙量(%)
1960~1973年	5 130	18	1.3		
1974~1990年	5 380	17	1	1.2	22
1991~2001年	3 950	3	0.27	2.5	53
1994年	2 000	0		5	86
1995年	1 500	0		5	83

二、渭河下游河道冲淤特点

三门峡水库投入运用到2001年,渭河下游共淤积13.21亿m³,其中1960~1973年淤积10.32亿m³,1974~1990年淤积0.37亿m³,1991~2001年淤积2.52亿m³(见图3-2)。

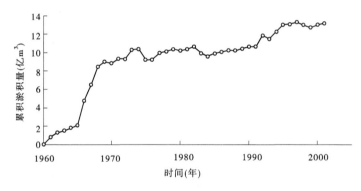

图3-2 三门峡水库运用以来渭河下游累积淤积量

(一)历时变化

1960~1973年的淤积主要发生在1966年、1967年和1968年,3年共淤积泥沙6.38亿m³(见图3-3)。1966年和1968年黄河和渭河均为丰水丰沙年,水库滞洪,渭河下游分别淤积2.66亿m³和1.95亿m³。1967年(潼关高程327.73 m)黄河龙门站大于14 000 m³/s的洪水有5次,最大洪峰流量21 000 m³/s,北洛河大于200 m³/s的洪水有4次,最大含沙量均高于700 kg/m³,北洛河高含沙洪水受黄河洪水顶托倒灌渭河,使渭河河口段主槽淤堵,渭河下游淤积1.77亿m³。

1974年以来,渭河下游的淤积主要发生在汛期(见表3-5)。1974~1990年汛期年均淤积量0.013亿m³,1991~2001年汛期则为0.28亿m³。1991~2001年的淤积主要发生在1992年、1994年和1995年汛期,3年共淤积泥沙2.77亿m³(见图3-3),占该时段总淤积量2.52亿m³的110%。

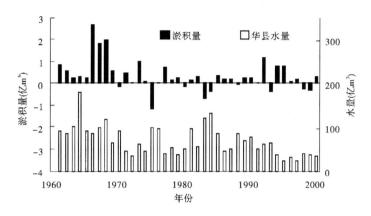

图 3-3　渭河下游年淤积量与华县水量过程

表 3-5　渭河下游冲淤量　　　　　　　　　　　　　　　（单位：亿 m³）

时段		华县以下	华县至临潼	咸阳至临潼	合计
1974~2001 年	非汛期	-0.12	-0.51	0.22	-0.41
	汛期	2.04	1.17	0.086	3.296
	合计	1.92	0.66	0.31	2.89
1974~1990 年	非汛期	0.021	-0.078	0.21	0.15
	汛期	0.38	-0.13	-0.034	0.22
	合计	0.40	-0.21	0.18	0.37
1991~2001 年	非汛期	-0.14	-0.43	0.01	-0.56
	汛期	1.66	1.30	0.12	3.08
	合计	1.52	0.87	0.13	2.52

　　汛期多数年份发生淤积,淤积量较大的年份有 1977 年、1992 年、1994 年和 1995 年(见图 3-3),这些年份多发生高含沙洪水。1975 年、1983 年和 1984 年华县汛期的水量分别为 78 亿 m³、87 亿 m³ 和 87 亿 m³,沙量分别为 3.7 亿 t、3.6 亿 t 和 2.2 亿 t,为大水中沙或少沙年份,并且华县站洪水洪峰流量都在 4 000 m³/s 左右,大流量持续时间长,输沙水量充足,河道发生大量冲刷,3 年冲刷量达 2.2 亿 m³。

　　1974~1990 年有淤积量较大的年份,也有冲刷量较大的年份,这一时段累积淤积量只有 0.37 亿 m³。1991~2001 年只有淤积量较大的年份,没有冲刷量较大的年份,河道发生累积性淤积(见图 3-2),河槽萎缩严重。

　　(二)沿程分布

　　图 3-4 是渭河下游不同时段断面间单位长度沿程冲淤分布。由图 3-4 可见,1960~1973 年,淤积量从下游向上逐渐减少,是典型的溯源淤积。1974~1990 年沿程冲淤量都

较小,溯源淤积已不明显。1991～2001年华县以下河段年均单位长度淤积量较多,临潼以上河段年均单位长度冲淤量很少。

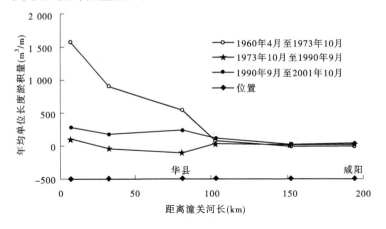

图3-4　渭河下游沿程淤积分布

(三)滩槽分布

主槽体积变化反映主槽冲淤变化,不同时期平滩主槽体积变化见表3-6。1960～1973年泥沙主要淤积在滩地,平滩主槽体积变化不大,减小量占总淤积量的7.5%,1990～2001年主槽淤积量占总淤积量的78%,淤积主要发生在主槽。

表3-6　临潼以下河段主槽体积变化

时段	总冲淤量 ΔW_s (亿 m³)	平滩主槽体积变化量 ΔV(亿 m³)	$\Delta V/\Delta W_s$ (%)
1960～1973年	10.34	-0.78	7.5
1991～2001年	2.40	-1.87	78
1973年汛期	1.00	0.71	
1977年汛期	0.73	-0.11	15
1994年汛期	0.80	-0.77	96
1995年汛期	0.78	-0.46	59

高含沙洪水年份,大流量洪水和小流量洪水造成的主槽淤积明显不同。高含沙大流量的1973年和1977年,主槽冲刷或稍有淤积,高含沙小流量洪水的1994年和1995年,大部分或几乎全部泥沙淤积在主槽内。

由图3-5可见,主槽抬高、萎缩,滩地不断淤积升高,1973年渭河下游滩面高程已高于大堤外地面,显示出悬河状态,到2001年表现得更加严峻。

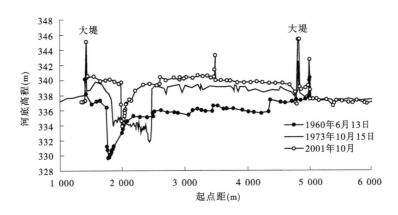

图 3-5　渭河下游渭淤 9 断面(华县下)形态

第三节　渭河水沙条件和潼关高程
对渭河下游冲淤变化影响

一、渭河水沙条件对渭河下游冲淤变化影响

渭河下游的来水来沙条件对渭河下游的冲淤起着重要的作用。从表 3-7 可以看出,
1974 ~ 1990 年渭河下游河道维持平衡微淤,主要是由于大水年份的冲刷,特别是 1975
年、1983 ~ 1985 年及 1988 年,年均水量达到 116. 79 亿 m^3,渭河下游年均冲刷 0. 49 亿 m^3,
5 年冲刷 2. 45 亿 m^3,消除了枯水年份的淤积。而在 1991 ~ 2001 年阶段,渭河下游来水量
大幅度减少,洪水场次减少,洪峰流量降低,高含沙小洪水场增多,河道严重萎缩。尤其是
1994 ~ 1997 年期间,高含沙小洪水频繁出现,年均来水量只有 26. 97 亿 m^3,年均含沙量达
到 116. 1 kg/m^3,4 年淤积 1. 81 亿 m^3,占 11 年总淤积量的 72%。所以,枯水多沙,特别是
高含沙小洪水年份的大量淤积,又缺少丰水年大洪峰流量的冲刷,造成了渭河下游近年来
的淤积萎缩。

表 3-7　不同年组渭河下游年均淤积量与华县站来水来沙量关系

年组	年均水量 (亿 m^3)	年均沙量 (亿 t)	含沙量 (kg/m^3)	年均淤积量 (亿 m^3)
1974 ~ 1990	72. 50	3. 00	41. 00	0. 01
1991 ~ 2001	38. 50	2. 50	65. 00	0. 23
1974 ~ 1979 + 1985 ~ 1990	62. 82	3. 04	48. 34	0. 05
1979 ~ 1985	90. 00	2. 90	32. 00	− 0. 07
1975 ~ 1976 + 1981 ~ 1985	99. 33	3. 12	31. 42	− 0. 20
1975 ~ 1983 ~ 1985 ~ 1988	116. 79	3. 89	33. 31	− 0. 49
1994 ~ 1997	26. 97	3. 13	116. 05	0. 45
1994、1995、1997	22. 45	2. 80	124. 72	0. 59

图 3-6 为 1974 ~ 2000 年渭河下游年冲淤量与华县站年水量关系。可以看出,年淤积

量随年水量增大而减少的趋势明显。当华县站年水量大于 75 亿 m³ 左右时,渭河下游发生冲刷。

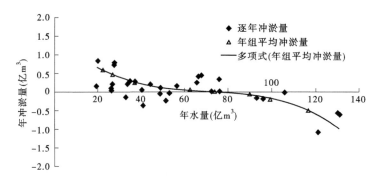

图 3-6　渭河下游年冲淤量与华县站年来水量关系

图 3-7 为渭河下游汛期冲淤量与华县站汛期来水量关系。可见,当汛期水量大于 50 亿 m³ 左右时,渭河下游发生冲刷,而且随着水量增多,冲刷量增加较快,说明大水年流量大,冲刷作用强。

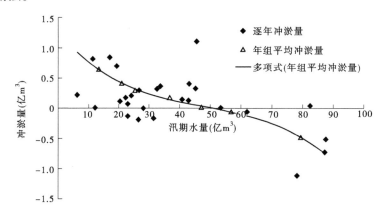

图 3-7　渭河下游汛期冲淤量与华县站汛期水量关系

以上表明,维持渭河下游年冲淤平衡的输沙用水量为 75 亿 m³ 左右,维持渭河下游汛期冲淤平衡的输沙用水量为 50 亿 m³ 左右。1974～1990 年,渭河下游的来水是基本满足这一条件的,因此该阶段渭河下游平衡微淤。1991 年以来,渭河来水量大幅度减少,输沙水量严重不足,河道发生严重萎缩。

(一)断面河相关系调整

渭河下游淤积主要集中在几个典型汛期,根据这几个典型年泥沙淤积横向分布,可分为三种情况:第一种情况是主槽冲刷、滩地淤积,如 1973 年;第二种情况是主槽和滩地都有淤积,如 1977 年、1992 年;第三种情况是淤积泥沙主要分布在主槽,如 1994 年和 1995 年,主槽淤积主要是贴边淤积(见图 3-8)。

冲刷量较大的年份,冲刷主要体现在河槽的展宽,垂向的冲深也有小幅度的发展,由垂向的冲深而增大的过水面积,在整个断面的变化中所占的比例较小。如渭淤 6 断面和 12 断面,1975 年、1983 年和 1984 年由断面冲深增大的过流面积占断面展宽增大的过流

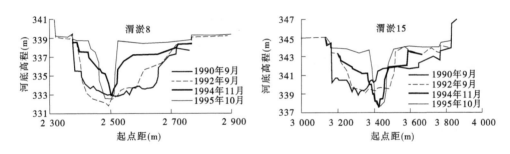

图 3-8   渭河下游淤积断面图(渭淤 8、渭淤 15)

面积的 1/3 ~ 1/4(见图 3-9)。

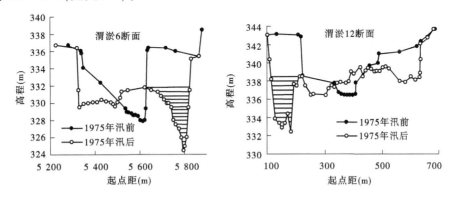

图 3-9   1975 年汛前、汛后断面

图 3-10 是华县站年水量和主槽面积变化过程,反映出 20 世纪 90 年代以来,随着来水量的大幅度减少,主槽面积大幅度减小。

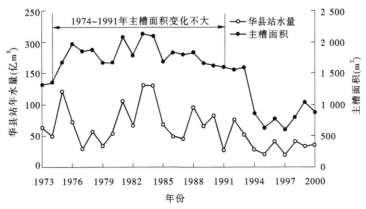

图 3-10   华县站年水量和主槽面积变化过程

河床自动调整以适应来水来沙的条件,渭河水沙异源,有清水来源区,有高含沙洪水来源区,不同地区的来水使同样的流量,含沙量相差甚远,一般含沙量洪水和高含沙洪水输沙能力的差异造成河床不同的调整与变化。

高含沙水流稳定输送必须要有足够的水流强度,渭河高含沙小流量洪水,泥沙大量淤积,主要是水流强度不够造成的。1994 年和 1995 年汛期华县站流量和含沙量过程见

图 3-11,这两年发生多场流量在 400 m³/s 左右、含沙量在 400 kg/m³ 左右的小洪水。1994年 7 月 9 日是一场最大流量 2 000 m³/s、最大含沙量接近 800 kg/m³ 洪水的落峰期,从华县水文站断面的冲淤变化(见图 3-12)可以看出,7 月 9 日断面与 4 月 27 日断面相比,主槽底部冲刷扩宽。经过一场最大流量 640 m³/s、最大含沙量 649 kg/m³ 的洪水,至 8 月 8日(华县日均流量 441 m³/s、日均含沙量 558 kg/m³),主槽缩窄,发生贴边淤积。经过两场高含沙洪水,特别是 9 月 2~5 日洪水最大流量 612 m³/s、最大含沙量 883 kg/m³,至 10月 10 日,发生严重贴边淤积。经过 1994 年几场高含沙小流量洪水的调整,主槽大幅度缩窄和萎缩,形成较宽的嫩滩。1995 年发生的几场高含沙小流量洪水,泥沙主要淤积在嫩滩,形成了这种窄深的河槽,平滩河宽大幅度减小。

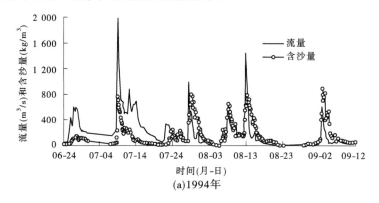

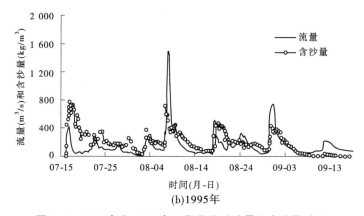

图 3-11 1994 年和 1995 年汛期华县站流量和含沙量过程

费祥俊提出黄河下游高含沙洪水断面的冲淤变化模式,其分为两个阶段,一是高滩深槽的塑造阶段,二是主槽强烈冲刷阶段。在洪水涨水初期、洪水漫滩之前,河槽发生大量冲淤,嫩滩淤积较多,主槽淤积较少;水流平滩或漫滩以后,滩地和嫩滩水流流速明显小于主槽的水流速度,使泥沙大量淤积;滩地的淤积特别是嫩滩的淤积使主槽水流强度明显加大,主槽冲刷。渭河下游高含沙洪水的冲淤也具有这种变化模式,从图 3-12 的断面变化可以明显看出 1995 年这种嫩滩的大量淤积。

经过 1994 年、1995 年的洪水泥沙大量淤积和塑造,断面形态发生调整。河床演变学的平衡理论表明,这种断面形态的调整以求达到能适应类似于 1994 年、1995 年的来水来

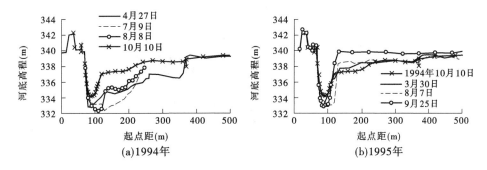

图 3-12　华县水文站断面

沙条件,而不再发生淤积。1996～2002 年也发生了多场高含沙小流量洪水,没有发生像 1994 年、1995 年的这种大幅度淤积调整,就证明了这一点。

图 3-13 和图 3-14 是华县站河宽、水深与流量的关系。可以看出,河宽和水深与流量的关系主要是 1994 年汛期逐渐发生变化,至 1995 年基本稳定。1994 年 1～6 月的点子呈带状(带 A),7～9 月接连发生 5 场高含沙小洪水,点群发生变化,特别是经过 9 月初来自泾河的一场高含沙小洪水,华县站平均流量 174 m³/s,平均含沙量 556 kg/m³,来沙系数达到 3.2 kg·s/m⁶,河宽与流量关系达到另一种关系带上(带 B),之后渭河没有发生较大的来水,1995 年在汛期接连发生 5 场高含沙小洪水,1995 年基本维持在这一关系带上。图中也给出 1992 年的点据和三门峡水库建库前 1953 年(潼关高程 323 m 左右)的点据。1992 年与 1995 年一样,关系比较稳定。1953 年的点群与 1994 年点群一样,散乱变化。这也是高含沙小洪水,即来水来沙造成的。渭河下游这种河相关系的存在和变化,主要取决于来水来沙条件,与侵蚀基准面的高低关系不明显。

1995～2001 年渭河来水来沙没有发生明显的变化,华县站的断面河相关系也基本维持。随着来水来沙条件的变化,河槽也发生变化,2003 年汛期水量较丰,连续 6 场洪水,渭河下游河槽迅速调整扩宽,华县站断面 1 000 m³/s 河宽扩展到近 300 m。

冲积河道通过断面调整适应来水来沙条件,1994 年和 1995 年渭河下游断面调整增大水流的输沙能力。费祥俊在分析黄河下游河道高含沙水流的输沙能力时,为了反映断

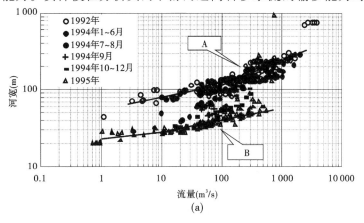

图 3-13　华县站河宽与流量的关系

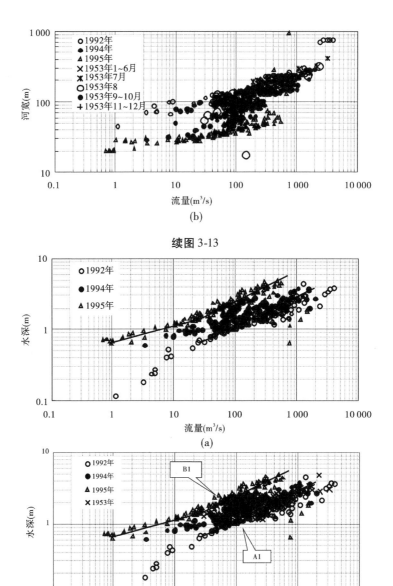

(b)

续图 3-13

(a)

(b)

图 3-14 华县站平均水深与流量的关系

面形态对输沙能力的影响,定义了河槽断面形态系数 M 为

$$M = P/R \tag{3-1}$$

式中:P 为断面湿周;R 为水力半径。

经过整理和转换,高含沙水流的输沙能力关系为

$$S = 33(1/w_{90})^{1.5}(nQ/M)^{0.28}(J_m - J_s)^{0.61} \tag{3-2}$$

式中:S 为挟沙能力;w_{90} 为小于某一粒径的沙重占 90% 的悬沙沉速;n 为糙率系数;J_m 为水面比降;J_s 为推移运动的附加阻力比降。

在相同的流量下,1994年、1995年的断面调整前后,悬沙w_{90}、糙率n和水面比降及推移运动的附加阻力比降变化不大,断面形态改变前后的输沙能力分别为S_1和S_2,河槽断面形态系数分别为M_1和M_2,则有

$$S_2/S_1 = (M_1/M_2)^{0.28} \qquad (3\text{-}3)$$

1994年、1995年华县站前后断面水力系数(见表3-8)在流量为300 m³/s、500 m³/s和1 000 m³/s左右时,M_1在110上下,M_2在20上下。将M_1和M_2代入式(3-3),得到$S_2/S_1 = 1.61$,即断面形态改变后,河槽输沙能力提高1.61倍。

表3-8 华县站断面水力参数

年份	月-日	流量(m³/s)	水面宽(m)	平均水深(m)	M
1992	06-15	305	130	1.64	83
	06-22	317	190	1.34	146
	07-31	306	130	1.54	88
	10-30	299	229	1.74	136
	07-16	532	185	1.45	132
	08-20	526	201	2.34	90
	08-21	507	203	2.41	88
	09-15	514	223	1.95	118
	08-11	1 060	278	1.91	150
	09-22	1 120	240	2.86	88
1996	07-11	291	55	3.65	19
	07-19	302	58	3.72	20
	09-08	302	81	3.59	27
	06-07	503	55	5	15
	07-17	512	61	5	16.5
	07-17	507	61	5.3	16
	08-02	1 100	68	6.8	14
	08-11	1 090	83	5.8	19
1997	08-15	314	88	3.94	26.5
	07-30	497	82	3.09	31
	08-02	513	90	4.86	23
	08-22	1 070	102	5.3	23

尽管通过断面缩窄、断面调整提高了主河槽高含沙水流的输沙能力,但是主槽萎缩导致过流能力降低,在这种状况下,若遇见较大洪水,仍要发生漫滩,产生淤积。

陕西省水利厅通过点绘1973年以来渭淤典型断面典型年宽深比与咸阳、临潼、华县站年水量变化图,发现渭淤典型断面宽深比(B/h)与年水量变化趋势有一定关系,相应于20世纪90年代初以来渭河水量的大幅度减小,各断面宽深比明显减小。渭河下游断面的贴边淤积主要是由水沙条件影响的主槽宽深关系调整引起的。

(二)平滩河宽和平滩流量变化

图3-15是典型断面平滩宽度变化。可见渭淤20断面以下,1970~1997年河宽从上

游到下游逐渐缩窄,表现出沿程淤积的特征;1994年、1995年各断面河宽都有较大幅度的缩窄,这与这两年频发高含沙小洪水造成严重贴边淤积有关;1998~2002年基本在200 m左右变化,河宽调整已经适应近一时期的来水来沙条件。

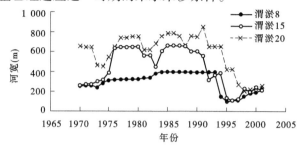

图 3-15　典型断面平滩宽度变化

渭河在高含沙小流量洪水时,断面调整迅速,经过一场洪水,断面发生较大变化,这种变化不但发生在20世纪90年代(潼关高程在328 m以上),三门峡水库建库前也有(潼关高程在323 m左右)。1953年8月20~23日发生含沙量为500 kg/m³、流量为400 m³/s的高含沙小流量洪水,断面发生淤积,河槽缩窄(见图3-16)。

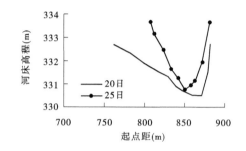

图 3-16　1953年8月华县站断面

图 3-17是临潼站和华县站平滩流量变化过程。1994年以前华县站平滩流量一直在4 000~5 000 m³/s,1995年减小到1 400 m³/s左右,其变化过程与来水量变化过程在趋势上是一致的。

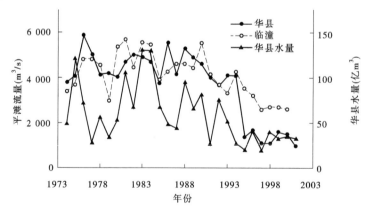

图 3-17　临潼站和华县站平滩流量变化过程

(三)洪水位变化

图 3-18是临潼站和华县站3 000 m³/s洪水水位变化,1996年表现出明显上升,其主要就是主槽萎缩、平滩流量大幅度下降造成的。

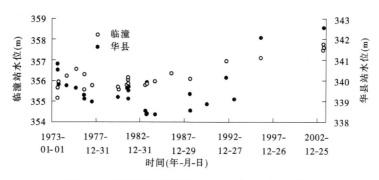

图 3-18 临潼站和华县站 3 000 m³/s 水位变化

2003 年汛期渭河下游发生了 6 次洪水，华县站汛期来水量 75 亿 m³、来沙量 2.94 亿 t。汛期渭河下游共冲刷泥沙 0.169 3 亿 m³，且冲刷主要发生在华县以下，见图 3-19。经过洪水冲刷，渭河下游主槽普遍拓宽，一般较汛前展宽 50～100 m，局部河段展宽 100～150 m；河底最深点普遍刷深，一般较汛前下降 0.5～1.0 m，局部河段刷深达 2 m 以上。由于河槽展宽、刷深，主槽断面扩大，过洪能力增大，华县站洪水前主槽过洪能力仅 1 200 m³/s 左右，汛后扩大到 2 500 m³/s 左右。潼关高程也因渭河洪水的冲刷下降了 0.88 m。显然，有利的水沙条件是渭河下游和潼关高程冲刷下降的重要原因。同时也说明，遇有利的水沙条件潼关高程是可以降下来的。

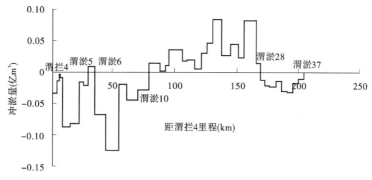

图 3-19 2003 年汛期渭河下游冲淤量沿程分布

二、潼关高程对渭河下游冲淤变化影响

渭河冲刷和潼关高程下降在一定程度上互为因果，渭河来水量超过长期平均来水量时渭河冲刷能使潼关高程下降，潼关高程在场次洪水中的大幅度下降基本是由渭河洪水引起的。同时，潼关高程的下降也会引起渭河下游溯源冲刷，潼关高程的上升要引起渭河下游的溯源淤积，渭河来水量的减少特别是洪水场次减少、洪峰流量降低也引起潼关高程的上升。因此，潼关高程的变化与渭河下游调整是相互影响、相互制约的。

渭河下游的泥沙淤积受到多种因素的影响，其中主要因素是潼关高程的抬升和渭河自身的水沙变化，同时渭河来水来沙和河床淤积也在一定程度上影响着潼关高程的升降变化。由图 3-20 可见，潼关高程与渭河下游淤积具有较好的相关性。三门峡水库运用初期，渭河下游的淤积主要是由潼关高程的大幅度抬升所造成的；蓄清排浑运用以后，渭河下游的冲淤受到潼关高程和渭河水沙条件的共同影响,而近几年来,渭河下游的淤积主要是由自身水沙条件的严重恶化,河道萎缩所造成的。

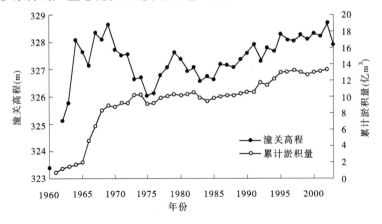

图 3-20　潼关高程与渭河下游淤积量变化过程

由表 3-9 可见,1974 ~ 1979 年,潼关高程上升 0.98 m,华县站年平均水量为 61 亿 m³、沙量为 3.4 亿 t,渭河下游淤积了 0.06 亿 m³,主要是由于该时段内 1975 年有特别有利的水沙条件,汛期水量 78 亿 m³、沙量 3.67 亿 m³,日均流量 >1 000 m³/s 的水量达 48 亿 m³。汛期冲刷量达 1.12 亿 m³,使整个时段淤积量小;1980 ~ 1985 年,潼关高程下降 0.98 m,华县站年平均水量 90 亿 m³、沙量 2.9 亿 t,渭河下游冲刷了 0.45 亿 m³;1986 ~ 1990 年潼关高程上升 0.96 m,华县站年平均水量 65 亿 m³、沙量为 2.6 亿 t,该时段没有大冲年份发生,即没有特别有利的水沙条件出现,这一时段中每一年都有淤积,渭河下游总共淤积了0.76 亿 m³;而 1991 ~ 2001 年,潼关高程上升 0.63 m,华县站年平均来水量减少到 38亿 m³、沙量 2.6 亿 t,渭河下游淤积了 2.53 亿 m³。

表 3-9　华县站年平均水沙量、渭河下游淤积量和潼关高程变化统计

时段	水量 （亿 m³）	沙量 （亿 t）	含沙量 （kg/m³）	潼关高程 变化值（m）	咸阳以下淤积量 （亿 m³）
1974 ~ 1979 年	61	3.4	56	0.98	0.06
1980 ~ 1985 年	90	2.9	32	-0.98	-0.45
1986 ~ 1990 年	65	2.6	40	0.96	0.76
1991 ~ 2001 年	38	2.6	68	0.63	2.53

1974 ~ 1990 年和 1991 ~ 2001 年两个时段,潼关高程分别抬升 0.96 m 和 0.63 m。前一时段华县站年均来水量 72.5 亿 m³、来沙量 3.0 亿 t,含沙量 41 kg/m³,渭河下游平衡微淤,共淤积 0.37 亿 m³;后一时段来水量急剧减少到 38 亿 m³、来沙量 2.6 亿 t,含沙量提高到 68 kg/m³,渭河下游产生了明显的淤积,共淤积 2.53 亿 m³,而且造成河槽萎缩,行洪能力明显降低。显然,近期渭河下游淤积受水沙变化的影响大于潼关高程的影响。

为了分析潼关高程 Z_t、年水量 W_a、含沙量 S 三者对渭河下游不同河段的影响,取渭拦河段、渭淤 1—渭淤 10、渭淤 10—渭淤 26、渭淤 26—渭淤 35 四个河段上平均每年每千米的淤积率 V_s,分别计算其与潼关高程 Z_t、河段上游最近水文站各年来水量 W_a、各年来沙

系数 C（定义为年均含沙量与年均流量之比，$C = S/Q$）三者的相关系数，见图 3-21。

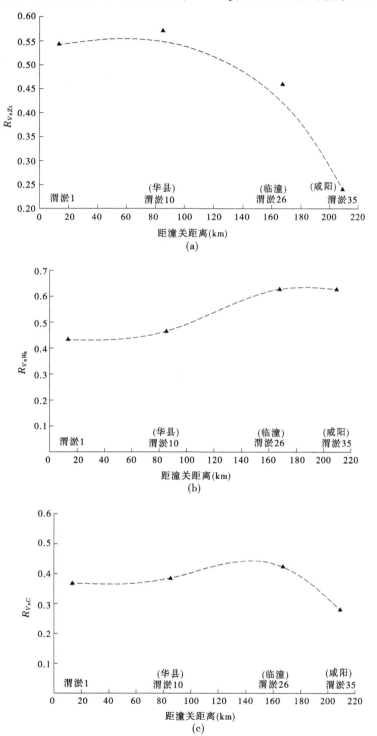

图 3-21 渭河每年每千米泥沙淤积率 V_s 与潼关高程 Z_t、年来水量 W_a、来沙系数 C 的相关系数沿程分布

由图 3-21(a)可见,渭河淤积率与潼关高程呈正相关,并且相关系数较大,说明潼关高程对渭河淤积的影响较大。在潼关附近,渭拦河段和渭淤 1—渭淤 10 河段,淤积受潼关高程的影响较大,相关系数在 0.5 以上。从临潼到咸阳,潼关高程的影响逐渐削弱,相关系数显著下降。大约在咸阳以上,潼关高程的影响减弱到零,相关系数降到零。

图 3-21(b)给出了渭河每年每千米泥沙淤积率 V_s 与年水量 W_a 的相关系数沿程分布。二者呈负相关,来水量愈大,渭河下游淤积量愈少,冲刷量愈大。从河口向上游,相关系数绝对值逐渐增大,说明来水对上游的冲刷作用更显著些。

图 3-21(c)给出了渭河每年每千米泥沙淤积率 V_s 与来沙系数 C 的相关系数沿程分布。二者呈正相关,来沙系数愈大,渭河下游淤积量愈大。二者的相关系数沿程变化不大,潼关附近和咸阳相关系数略小,而在两地中间相关系数较大。

由以上可见,潼关高程与渭河淤积率的相关系数在华县以下最大,随着向上游延伸而迅速下降。来水对冲刷减淤起了很大作用,来水量的相关系数在咸阳、临潼河段最大,在华县以下有所减小。来沙系数影响略小,而且对上下游河段的影响都差不多。

点绘 1969～2001 年汛后潼关高程与渭河下游华阴(距潼关 21 km)、华县(距潼关 76 km)、詹家(距潼关 94 km)、渭南(距潼关 112 km)等站流量为 200 m³/s 时的水位关系(见图 3-22),华阴等站水位与潼关高程关系最为密切,华县次之,詹家较差,渭南最差,它们与潼关高程的相关系数分别为 0.89、0.64、0.27 和 0.12。因此,1969 年以来潼关高程对渭河的影响在华县以下。

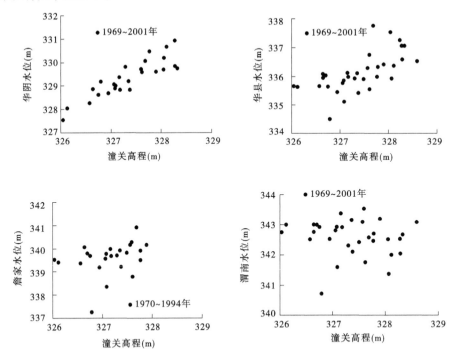

图 3-22 潼关高程与渭河下游各水位站 200 m³/s 水位关系

潼关高程变化对渭河纵向调整的影响主要体现为主槽的纵向调整。三门峡水库建库以来,渭河下游纵剖面受到潼关高程的变化和来水来沙的影响,当渭河淤积抬高与潼关水位初步相适应后,上游来水来沙对渭河的淤积和冲刷的影响比重加大。1960～1973年潼关高程大幅度抬升,汇流区壅水滞沙和渭河河口拦门沙的增加,致使渭河下游发生了严重的溯源淤积,渭河下游渭淤23断面以下纵断面调整明显。1974～1995年华县以下河段调整、比降变缓较为明显(见图3-23),目前华县以下河段水面比降在1‰左右。

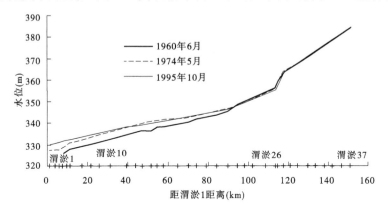

图 3-23　渭河下游渭淤断面枯水期水位变化

点绘1974～2001年咸阳—道口、临潼—华县汛后常水位比降与潼关高程的关系(见图3-24)可以看出,咸阳—道口常水位比降与潼关高程关系不明显,临潼—华县常水位比降随潼关高程的抬升而减小,认为潼关高程的抬升对渭河下游中下段影响明显。

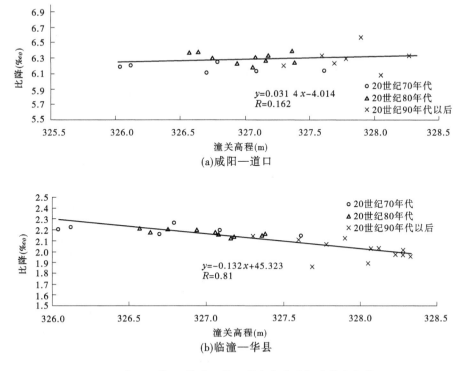

图 3-24　咸阳—道口、临潼—华县常水位比降与潼关高程关系

为了分析渭河下游纵向调整引起的淤积量，计算了 1985 年汛后与 2001 年汛后平均河底高程升高的垂向淤积量，临潼以下淤积量是 0.71 亿 m³，占 1985～2001 年总淤积量的 23%。渭河下游纵向调整，既受到潼关高程上升的影响，也受来水来沙变化的影响，还受黄、洛、渭河不利水沙不遭遇的影响。因此，近年来，潼关高程的上升引起的渭河下游淤积量占总淤积量的 23% 以下。

第四节　汇流区水沙组合对渭河下游河道冲淤演变影响

潼关站各级洪水主要由小北干流龙门站洪水组成，在潼关站洪峰流量 $Q \geqslant 2\ 000\ \mathrm{m^3/s}$ 洪水中占 60.1%，在洪峰流量 $Q \geqslant 6\ 000\ \mathrm{m^3/s}$ 洪水时小北干流龙门站来水所占百分比增大为 76.2%。

一、黄、渭、洛河不利水沙组合的分析归类

黄河流量大、比降大，而渭河、北洛河洪峰流量小、比降小，渭河和北洛河则经常受黄河大洪水的顶托倒灌影响。

从对渭河尾闾段的淤积影响看，汇流区不利的水沙组合主要有三种情况：一是黄河洪水顶托倒灌渭河，其间渭河无水或出现高含沙小洪水过程；二是黄河洪水顶托倒灌北洛河，其间渭河无水、北洛河出现高含沙小洪水过程；三是北洛河洪水顶托倒灌渭河，其间渭河无水或出现高含沙小洪水过程。这些不利的水沙组合往往对渭河尾闾段和汇流区造成严重淤积，进而影响上游河道的冲淤。

1960～2001 年黄河洪水倒灌顶托渭河情况见表 3-10。可以看出，在渭河华县站出现的含沙量 200 kg/m³ 以上的 155 次高含沙洪水中，有 80 次洪水受到黄河洪水的顶托，占 51.6%；其中洪峰流量 1 000 m³/s 以上的 72 次洪水中，有 42 次洪水受到黄河洪水的顶托，占 58.3%；洪峰流量 1 000 m³/s 以下的 83 次小水大沙中，有 38 次洪水受到黄河洪水顶托，占 45.8%；其间黄河洪水倒灌渭河达华阴站以上 24 次，遭遇渭河高含沙小洪水 15 次，占 62.5%。

表 3-10　黄河洪水倒灌顶托渭河情况统计

时段	渭河高含沙洪水（$S \geqslant 200\ \mathrm{kg/m^3}$）								倒灌超过华阴场次
	年均场次	黄河顶托场次	$Q_峰 \geqslant 1\ 000\ \mathrm{m^3/s}$		$\begin{array}{c}1\ 000\ \mathrm{m^3/s} >\\ Q_峰 \geqslant 400\ \mathrm{m^3/s}\end{array}$		$Q < 400\ \mathrm{m^3/s}$		
			年均场次	黄河顶托场次	年均场次	黄河顶托场次	年均场次	黄河顶托场次	
1960～1969 年	3.30	2.20	1.80	1.10	1.10	0.90	0.40	0.20	2.00
1970～1974 年	3.80	2.40	2.00	1.40	1.20	0.80	0.60	0.20	0.00
1975－1990 年	3.50	1.50	1.63	0.88	1.31	0.50	0.56	0.13	2.43
1991－2001 年	4.27	2.00	1.64	0.91	1.55	0.73	1.09	0.36	3.00
1960－2001 年	3.69	1.90	1.71	1.00	1.31	0.69	0.67	0.21	2.40

注：当 $Q_{m华} \geqslant 1\ 000\ \mathrm{m^3/s}$ 洪水时，$Q_{m潼} \geqslant \frac{3}{2} Q_{m华}$ 为受黄河洪水顶托；当 $Q_{m华} < 1\ 000\ \mathrm{m^3/s}$ 洪水时，$Q_{m潼} \geqslant 2\ 000\ \mathrm{m^3/s}$
　　为受黄河洪水顶托；倒灌超过华阴场次为华阴水文站 1962～1967 年、1975～1991 年实测倒灌流量场次。

1960～2001 年黄河洪水倒灌顶托北洛河洪水情况见表 3-11。可以看出,在北洛河朝邑站出现的含沙量 200 kg/m³ 以上的 164 次高含沙洪水中,有 99 次洪水受到黄河洪水顶托,占 60.4%;其中洪峰流量 500 m³/s 以上的 19 次洪水中,有 16 次洪水受到黄河洪水顶托,占 84.2%;洪峰流量 500 m³/s 以下的 145 次小水大沙过程中,有 83 次洪水受到顶托,占 57.2%;其间多场洪水倒灌北洛河,1979 年 8 月曾倒灌到朝邑站以上。

表 3-11　黄河洪水倒灌顶托北洛河情况统计

时段	年均场次	黄河顶托场次	北洛河高含沙洪水($S \geqslant 200$ kg/m³)					
			$Q_峰 \geqslant 500$ m³/s		500 m³/s > $Q_峰 \geqslant 100$ m³/s		$Q < 100$ m³/s	
			年均场次	黄河顶托场次	年均场次	黄河顶托场次	年均场次	黄河顶托场次
1960～1969 年	5.00	3.80	0.70	0.70	4.10	3.10	0.20	0.00
1970～1974 年	3.20	2.20	0.40	0.40	2.20	1.40	0.60	0.40
1975～1990 年	3.50	1.69	0.31	0.13	2.56	1.31	0.63	0.25
1991～2001 年	3.82	2.09	0.45	0.45	2.45	1.36	0.91	0.27
1960～2001 年	3.90	2.36	0.45	0.38	2.86	1.76	0.60	0.21

注:当 $Q_{m朝} \geqslant 500$ m³/s 时,$Q_{m潼} \geqslant \frac{3}{2} Q_{m朝}$ 为受黄河洪水顶托;当 $Q_{m朝} < 500$ m³/s 时,$Q_{m潼} \geqslant 2\,000$ m³/s 为受黄河洪水顶托。

北洛河洪水顶托倒灌河口以上渭河的情况相对较少,但也存在如"66·7""88·8""92·8""94·9"等洪水的顶托倒灌现象。

二、汇流区不利水沙组合对渭河下游冲淤的影响

上述三种不利水沙组合的结果均表现为渭河尾闾段的淤积。统计 1960～2001 年黄河、洛河和渭河不同遭遇洪水 67 次,其中潼关洪峰流量大于 5 000 m³/s 的 52 次,5 000 m³/s 以下的 15 次,渭河华县站洪峰流量大于 250 m³/s、北洛河洪峰流量大于 150 m³/s 称之为洪峰。根据黄、洛、渭河洪峰流量大小顺序划分为七种类型,即黄单型、黄洛型、黄渭型、渭黄型、黄渭洛型、渭黄洛型和黄洛渭型,由于黄洛渭型仅有 1 次,渭黄型仅有 2 次,分别并入黄洛型和黄渭型。利用华阴断面水位变化反映拦门沙的影响,统计了各场次不同遭遇洪水华阴 200 m³/s 水位的变化(见表 3-12),从总体上看,黄洛型(黄洛渭型)和黄单型洪水对华阴断面的淤积上升影响大,渭黄洛型洪水组合时华阴水位冲刷下降,黄渭型和黄渭洛型洪水时华阴水位也降低,但降低的幅度比渭黄洛型洪水小。

以上资料表明,不管是渭黄洛型组合洪水,还是黄渭型、黄渭洛型组合洪水,华阴站水位下降,都是渭河有洪水发生,表明渭河洪水对拦门沙的冲刷起到重要作用。黄河洪水倒

灌顶托造成渭河口的淤积,一般年份比较容易被渭河洪水冲走,对渭河口的影响相对较小,但特殊水沙年份的影响还是很严重的。

表 3-12　黄、洛、渭不同洪水组合对渭河华阴 200 m³/s 水位的影响

洪水组合	场次	华阴断面水位变化			变化值（m）	
		上升	下降	稳定	总量	场次均值
一、黄洛型	9	8	0	1	8.19	0.91
二、黄单型	18	11	2	5	5.95	0.33
三、黄渭型	16	4	3	9	−0.93	−0.06
四、黄渭洛型	18	5	9	4	−4.32	−0.24
五、渭黄洛型	6	0	4	2	−3.85	−0.64
合计	67	28	17	22	−5.04	−0.075

对于黄洛（黄洛渭）型组合洪水,特别是当黄河倒灌渭河时,若正值北洛河加入大量泥沙,在北洛河口附近大量淤积,同时遭遇渭河小水大沙,对渭河造成严重淤积,即形成拦门沙后又没有冲开的条件,这样的拦门沙对渭河下游淤积的影响是十分严重的。分析表明,1967 年黄河和北洛河洪水组合、黄渭洛河洪水组合对造成渭河河口段淤塞起了最主要的作用。1990 年以来淤积量最多的 1992 年和 1994 年,除渭河自身来水来沙条件不利造成淤积外,主要原因是三河的不利洪水遭遇:当黄河倒灌渭河时,正值北洛河加入大量泥沙,在北洛河口附近大量淤积,同时遭遇渭河小水大沙,对渭河造成严重淤积。

一般当黄河洪水较大且含沙量较大时,对渭河口淤积的影响就比较明显;若同时遭遇渭河或北洛河小水大沙,则渭河口的泥沙淤积就更为严重;若渭洛河未能及时出现较大洪水冲刷,就可能出现渭河口淤塞的情况。黄河洪水倒灌顶托造成渭河口的淤积,一般年份比较容易被渭河洪水冲走,对渭河口的影响相对较小,但特殊水沙年份的影响还是很严重的。如 1964 年、1967 年、1977 年、1994 年、1995 年等年份不利的水沙组合造成了汇流区和渭河口大量的淤堵。

20 世纪 90 年代以来黄河大洪水出现次数明显减少,但由于潼关高程抬升和汇流区情势恶化,一般潼关站出现 2 000 m³/s 洪水就倒灌渭河,致使黄河洪水倒灌渭河的次数不减反增,倒灌程度也有所加重。

第五节　小　结

（1）华县站多年平均水量 67.8 亿 m³、沙量 3.33 亿 t。20 世纪 90 年代以来华县站年来水量尤其是汛期来水量大幅度减少。1974 ~ 1990 年华县站汛期平均来水量 47.2 亿 m³,1991 ~ 2001 年只有 21.4 亿 m³,减少了 55%。汛期含沙量大大提高,1974 ~ 1990 年华县站汛期平均含沙量 57 kg/m³,1991 ~ 2001 年增大到 100 kg/m³。

（2）三门峡水库投入运用到 2001 年,渭河下游共淤积 13.05 亿 m³,其中 1960 ~ 1973 年淤积 10.32 亿 m³,1974 ~ 1990 年淤积 0.37 亿 m³,1991 ~ 2001 年淤积 2.52 亿 m³。三门

峡水库运用初期,渭河下游的淤积主要是由潼关高程的大幅度抬升所造成的;"蓄清排浑"运用以后,渭河下游的冲淤受到潼关高程和渭河水沙条件的共同影响,而近几年来,渭河下游的淤积主要是由自身水沙条件的严重恶化所造成的。

（3）维持渭河下游年冲淤平衡的输沙用水量为 75 亿 m^3 左右,维持渭河下游汛期冲淤平衡的输沙用水量为 50 亿 m^3 左右。

（4）20 世纪 90 年代以来,随着来水量的大幅度减少,渭河下游主槽面积大幅度减小;河宽从上游到下游逐渐缩窄;华县站平滩流量由 4 000 ~ 5 000 m^3/s 减小到 1995 年的 1 400 m^3/s 左右。

（5）2003 年秋汛以后,渭河下游主槽普遍拓宽,河底刷深,主槽断面扩大,过洪能力增大,华县站洪水前主槽过洪能力仅 1 200 m^3/s 左右,汛后扩大到 2 500 m^3/s 左右。潼关高程也因渭河洪水的冲刷下降了 0.88 m。

（6）20 世纪 90 年代以来渭河下游河道的淤积是冲积河流自动调整作用的结果,潼关高程的上升对渭河下游纵向调整及淤积也有影响。近年来潼关高程对渭河的影响在华县以下,由潼关高程上升而引起的渭河下游淤积量占总淤积量的 23% 以下。

（7）汇流区不利的水沙组合主要有三种情况:一是黄河洪水倒灌顶托渭河,其间渭河无水或出现高含沙小洪水过程;二是黄河洪水倒灌顶托北洛河,其间渭河无水、北洛河出现高含沙小洪水过程;三是北洛河洪水倒灌顶托渭河,其间渭河无水或出现高含沙小洪水过程。这些不利的水沙组合往往对渭河尾闾段和汇流区造成严重淤积,进而影响上游河道的冲淤。

第四章　三门峡水库不同运用方式降低潼关高程研究

三门峡水利枢纽自 1960 年 9 月开始蓄水运用,在水库运用初期库区发生了严重淤积,潼关高程急剧抬升,渭河下游河床不断淤积抬高,防洪形势日趋严重。为减轻水库泥沙淤积带来的不利影响,水库被迫进行了两次改建和两次改变运行方式。第二次改建于 1973 年完成,改建后三门峡水库采取"蓄清排浑"控制运用方式。1974~1985 年由于入库水沙条件相对有利,水库基本处于冲淤平衡状态,潼关高程相对较为稳定;1985 年汛末至今,来水持续偏枯,潼关高程缓慢抬升,20 世纪 90 年代后期一直处于 328 m 以上,居高不下。

潼关高程是渭河下游的侵蚀基准面,潼关高程的抬升给三门峡库区,特别是渭河下游泥沙淤积、防洪、社会经济和生态环境带来了一系列的问题。因此,长期以来,潼关高程一直为世人所关注。降低潼关高程不仅非常必要,而且十分迫切。寻求降低潼关高程的有效途径已成为一项十分重要的任务。影响潼关高程升降的两大主要因素是上游来水来沙和三门峡水库运用方式,目前上游来水来沙偏枯趋势难以逆转,因此减少水库淤积、降低潼关高程可行的有效措施之一,就是改变三门峡水库的运用方式。本项研究将利用泥沙数学模型和物理实体模型对不同水沙系列下不同的三门峡水库运用方案进行计算和试验,分析研究其对水库减淤和降低潼关高程的作用。

第一节　泥沙数学模型计算

以往在有关此类数学模型研究中,由于研究思想、研究方法有所不同,采用的水沙条件、地形边界条件不一致,各单位的研究成果存在一定的差异,难以统一认识。本次研究,中国水科院、黄河水利科学研究院、清华大学、西安理工大学利用各自的泥沙数学模型,按统一的计算范围、起始地形、水沙系列和水库运用方式进行平行计算,经过合理性研讨,综合确定计算结果。

一、泥沙数学模型基本方程

水动力学泥沙数学模型是以水流、泥沙运动力学和河床演变基本规律为基础建立的。由质量守恒定律和动量守恒定律推导出水流连续方程、水流运动方程、泥沙连续方程和河床变形方程。泥沙数学模型是将来水、来沙过程划分为若干时段,使每一时段的水流接近恒定流,根据河道形态划分为若干河段,使每一河段内的水流接近于均匀流。一维恒定均匀流基本方程主要由水流连续方程、水流运动方程、泥沙连续方程和不平衡输沙方程组成。四家泥沙数学模型在应用中基本方程的表达形式及对其中某些项的取舍有所不同,但实质上都是相同的,可用下列方程表达:

水流连续方程

$$\frac{\partial Q}{\partial x} - q_1 = 0 \tag{4-1}$$

水流运动方程

$$\frac{\partial}{\partial x}\left(\alpha_1 \frac{Q^2}{A}\right) + u_1 q_1 + gA\left(\frac{\partial Z}{\partial x} + J\right) = 0 \tag{4-2}$$

泥沙连续方程

$$\frac{\partial Q_s}{\partial x} + \gamma_s \frac{\partial A_d}{\partial t} - q_{sl} = 0 \tag{4-3}$$

不平衡输沙方程

$$\frac{\mathrm{d}(QS)}{\mathrm{d}x} = -B\alpha\omega(S - S_{x*}) \tag{4-4}$$

式中:Q 为流量;x 为流程;A 为过水面积;Z 为水位;J 为能坡;q_1 为两岸单位长度汇入或溢出的流量;u_1 为侧向汇(溢)流的流速在主流方向的分量;α_1 为修正系数;Q_s 为输沙率;A_d 为冲淤面积;q_{sl} 为单位长度内侧向输沙率;B 为河宽;ω 为泥沙颗粒沉速;S 为含沙量;S_* 为挟沙力;α 为泥沙恢复饱和系数;γ_s 为淤积物干容重;g 为重力加速度。

二、四家泥沙数学模型关键技术处理简介

四家泥沙数学模型主要用于长河段、长时段计算,均为一维恒定非均匀流不平衡输沙的数学模型,都考虑了黄河的特点。由于现在泥沙数学模型的基本方程不封闭,以及黄河中游河道演变的复杂性,不得不建立一些补充关系式来满足方程组求解的需要,这也是四家模型之间的主要差异点。下面主要介绍四家泥沙数学模型的一些关键技术处理。

(一)中国水科院模型

中国水科院模型是基于非均匀沙不平衡输沙理论建立起来的一维泥沙数学模型。模型中仅有的几个参数具有稳定的取值范围并可通过实测资料确定,避免了参数选择的不确定性,便于推广应用。该模型在水力因子计算方面,考虑了支流入汇和区间耗水对水流的影响,改进了水流动量方程,增加了由水流沿程变化而引起的附加比降项。

在水流挟沙力计算方面,采用了高含沙和低含沙统一的挟沙能力公式:

$$S^* = k_0 \left[1 + \left(\frac{\rho_s - \rho_0}{\rho_0 \rho_s}\right)\frac{S}{\beta}\right]^m \frac{1}{\left(1 - \frac{S}{\beta \rho_s}\right)^{(k+1)m}} \left(\frac{v^3}{h\omega_0}\right)^m \tag{4-5}$$

式中:S^* 为水流挟沙能力;ρ_0 和 ρ_s 分别为清水和泥沙密度;S 为上游来流含沙量;v 和 h 分别为断面平均流速和平均水深;ω_0 为泥沙在清水中的沉降速度;k_0 和 m 分别为挟沙能力系数和指数;k 为浑水时泥沙沉降速度修正指数;β 为高含沙时泥沙颗粒周围的一层难以分离薄膜水对颗粒体积影响的修正系数。

挟沙能力公式中的有关参数可以通过实测资料分析确定。图 4-1 和图 4-2 分别给出了三门峡库区潼关站和渭河下游咸阳站的实测含沙量与水流和泥沙因子 $v^3/h\omega_0$ 在双对数坐标上的关系。从图中所示的关系可以看出,当含沙量较高时(如大于 50 kg/m³),随含沙量的增加,水沙综合因子 $v^3/h\omega_0$ 非但不增加,反而减小,这说明当含沙量较高时流体和

泥沙的运动特性发生了较大的变化,出现多来多排的现象。通过对实测资料的回归分析,三门峡库区潼关站的挟沙能力系数 k_0 和指数 m 可分别取为 0.04 和 0.92,而渭河下游咸阳站的 k_0 和 m 则可分别取为 0.035 和 0.92。在这样的取值条件下,式(4-5)计算的挟沙能力与实测资料符合良好。

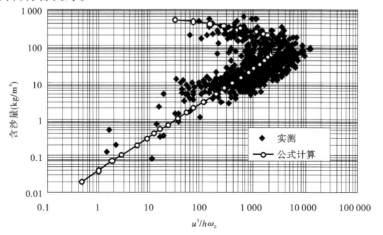

图 4-1　潼关站的实测含沙量与公式计算成果比较

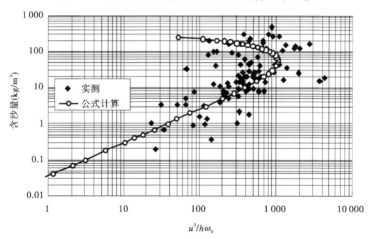

图 4-2　咸阳站的实测含沙量与公式计算成果比较

在河道变形修正方面,淤积时,淤积物等厚沿湿周分布;冲刷时,分两种情况修正:当水面河宽小于稳定河宽时,断面按沿湿周等深冲刷进行修正;当水面宽度大于稳定河宽时,只对稳定河宽以下的河床进行等深冲刷修正,稳定河宽以上河床按不冲处理。

(二)黄河水利科学研究院模型

黄河水利科学研究院模型是以水流、泥沙运动力学和河床演变基本规律为基础建立的一维泥沙数学模型,由质量守恒定律和动量守恒定律推导出水流连续方程、水流运动方程、泥沙连续方程和河床变形方程。

该模型在水力因子计算方面,考虑了水流内边界交汇对水面线的影响,如水沙的汇入或汇出、支流从干流分流、支流汇入干流等。在挟沙能力方面,从理论上做了进一步的研究,引进了床沙质和冲泻质粒径划分的判别式。

该模型中的水流挟沙力公式用下式表达:

$$S^* = k \left(\frac{v^3}{gh\omega} \right)^m \tag{4-6}$$

式中:k 和 m 分别为经验系数和指数;ω 为非均匀沙平均沉速;v 和 h 分别为断面平均流速和平均水深。

利用三门峡水库挟沙力基本资料,用全沙床沙质进行线性拟合,k 和 m 分别取为 0.52 和 0.81,相关系数为 0.91。拟合计算的含沙量和实测含沙量点绘于图 4-3 中,从图中可以看出,计算值与实测值分布在 45°线两边。

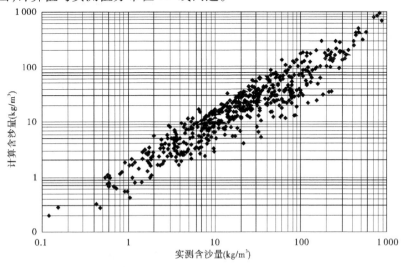

图 4-3　三门峡水库挟沙力实测值与计算值比较

模型考虑了动床阻力变化,即建立了河床糙率与冲淤量和冲淤时间的经验关系。在河宽变化模拟上,选用了河宽、流量和比降的河相关系:$B = \alpha Q^\beta J^\gamma$。在横断面变形计算上,将冲淤变形厚度与有效拖曳力建立了关系,并引进能反映冲淤体是否沿湿周均匀分布的指数 β。

(三)清华大学模型

清华大学的模型也同样是基于非均匀不平衡输沙理论建立的一维泥沙数学模型。该模型的悬移质挟沙能力计算公式仍采用武汉大学公式的基本形式:

$$S^* = k \left(\frac{\gamma_m}{\gamma_s - \gamma_m} \cdot \frac{v^3}{gh\omega_m} \right)^m \tag{4-7}$$

式中:γ_m 和 γ_s 分别为浑水和泥沙比重;v 和 h 分别为断面平均流速和平均水深。

根据大量实测资料回归得到 $k = 0.4515$,$m = 0.7414$。

床沙级配的调整计算:已知某断面各粒径组的冲淤厚度 ΔHs_k 及总的冲淤厚度 ΔHs,则床沙级配的调整计算通常可分为冲刷与淤积两种情况进行。为模拟河床在冲淤过程中的床沙粗化或细化现象,本模型将床沙分为两大层,最上层为床沙活动层(或称床面交换层),该层以下的为分层记忆层。

断面概化处理:黄河中游干支流的滩槽阻力和泥沙冲淤横向分布很复杂。本模型采用复合断面的处理方式,将各个大断面概化为若干个子断面,各个子断面的糙率和冲淤厚度不同。假定能坡沿断面变化不大,曼宁公式适用于各个子断面。

复式断面水力要素计算:近年来黄河干支流部分河段的主槽淤积严重,导致部分断面主槽高程大于生产堤后滩地高程。若不考虑这一差别,就会出现当主槽内水位较低时,滩地已经过流。因此,计算中必须优先满足主槽区域过流,只有在满足主槽过流,且水位大于主槽两侧滩顶高程的情况下,才能使两侧滩地过水。

糙率计算:根据经验,给出各大河段不同流量级下糙率的基本值,再通过水面线验证计算进行适当地调整。一般情况下,床面冲刷,床沙粗化,糙率增大;床面淤积,床沙细化,糙率减小。因此,还应根据河床的冲淤状况,适当调整糙率的大小。

冲淤面积的横向分配模式为:淤积时,淤积物等厚沿湿周分布。冲刷时,分两种情况修正:如水面河宽小于稳定河宽,断面按沿湿周等深冲刷进行修正;如水面宽度大于稳定河宽,只对稳定河宽以下的河床进行等深冲刷修正,稳定河宽以上河床按不冲处理。

(四)西安理工大学模型

西安理工大学模型属于一维恒定非均匀不平衡输沙数学模型,可用来模拟水深、流速、水面比降、悬移质含沙量及其级配、床沙级配等水力泥沙要素随时间和沿流程的变化。模型所依据的基本控制方程有水流连续方程、水流运动方程、泥沙连续方程、悬移质扩散方程、水流阻力计算公式和水流挟沙力计算公式。

该模型计算方法采用非耦合解法。具体做法是先解水流方程——水力计算,利用明渠恒定渐变流运动方程,推求库区水面线,从而得到各断面的水力要素。其次求解泥沙方程——泥沙计算,利用含沙量沿程变化方程式自上游向下游求得各断面的输沙率及级配,从而推求出河床冲淤变化。最后修正河道断面型态,并进入下一时段的水力计算。如此水力计算和泥沙计算交替进行,直到计算完所有的时段。

该模型采用如下形式的公式计算水流挟沙力:

$$S_{*i} = K \left(\frac{\gamma_m}{\gamma_s - \gamma_m} \frac{v_i^3}{g R_i \omega_m} \right)^m \tag{4-8}$$

式中:S_{*i}为i断面上混合沙(包括床沙质和冲泻质)的总挟沙力;K、m分别为待定系数和指数(根据实测资料取值为:黄河$K=1.1$、$m=0.76$;渭河$K=1.3$、$m=0.76$);γ_m、γ_s分别为浑水和泥沙的容重;v_i、R_i分别为断面的平均流速和水力半径;ω_m为混合沙挟沙力的代表沉速。

在断面处理上,将实测断面概化为左右对称的断面形态,各子断面的宽度固定不变,各节点的高程根据冲淤随时调整。在断面变形修正上,采用断面河相关系$B_0 = kQ^m$。

由以上介绍可见,各家泥沙数学模型在基本原理上是一致的,但在一些具体问题处理上有各自的特点。四家模型都是基于一维恒定非均匀不平衡输沙的理论,挟沙能力的基本形式都是$S^* = k(u^3/gh\omega)^m$,对糙率变化都有适当考虑,根据泥沙冲淤情况对悬移质和床沙质的级配进行随时调整等。各家模型都具备用于河床演变计算的基本功能。需要指出的是,由于在一些具体问题的处理上各家数学模型不尽相同,在方案计算中必然会使各家数学模型的计算结果有所差异。

三、模型率定和验证

四家研究单位均采用1969～1995年实测资料分别对各自的泥沙数学模型中的有关参数和系数进行了率定,对各自的模型进行了进一步的改进与完善。在此基础上,利用1997～2001年实测资料对数学模型的模拟能力进行了验证。率定和验证的范围以黄河的龙门和渭河的华县为进口断面,三门峡大坝(史家滩)为出口断面,区间考虑支流汇入,验证的内容包括泥沙冲淤量和潼关高程等。

各家数学模型验证的具体结果见图4-4～图4-7。从验证结果来看,各家数学模型均能比较好地模拟黄河小北干流、渭河下游以及潼关以下河道和水库的泥沙冲淤特性,计算的冲淤量与实测值符合良好。对潼关高程的变化过程,各家数学模型能够比较好地模拟,计算的潼关高程误差也在合理范围之内。因此,四家数学模型均具备了模拟三门峡水库库区、黄河小北干流和渭河下游河道泥沙冲淤以及潼关高程变化的功能,可以用于三门峡水库运用方式及其对潼关高程影响的研究。

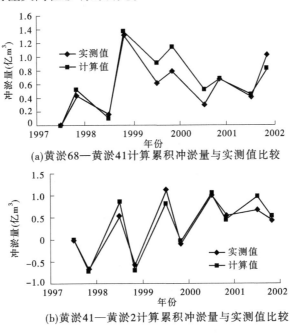

(a)黄淤68—黄淤41计算累积冲淤量与实测值比较

(b)黄淤41—黄淤2计算累积冲淤量与实测值比较

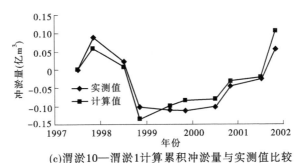

(c)渭淤10—渭淤1计算累积冲淤量与实测值比较

图4-4 中国水科院泥沙数学模型验证结果

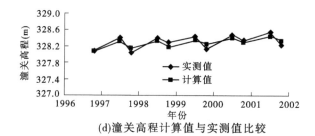

(d)潼关高程计算值与实测值比较

续图4-4

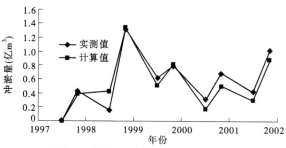

(a)黄淤68—黄淤41计算累积冲淤量与实测值比较

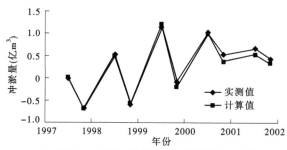

(b)黄淤41—黄淤2计算累积冲淤量与实测值比较

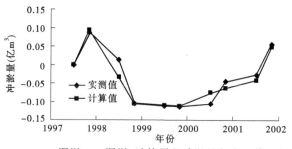

(c)渭淤10—渭淤1计算累积冲淤量与实测值比较

图4-5 黄河水利科学研究院泥沙数学模型验证结果

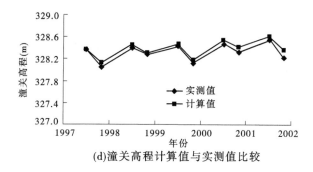

(d)潼关高程计算值与实测值比较

续图4-5

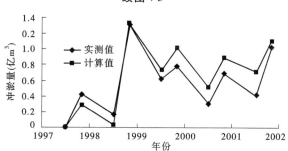

(a)黄淤68—黄淤41计算累积冲淤量与实测值比较

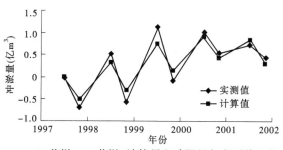

(b)黄淤41—黄淤2计算累积冲淤量与实测值比较

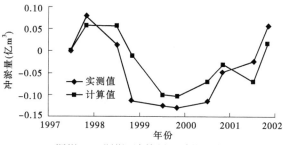

(c)渭淤10—渭淤1计算累积冲淤量与实测值比较

图4-6 清华大学泥沙数学模型验证结果

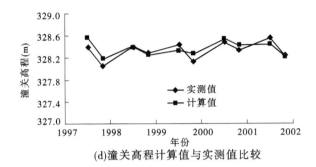

(d)潼关高程计算值与实测值比较

续图4-6

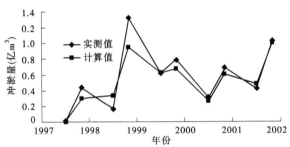

(a)黄淤68—黄淤41计算累积冲淤量与实测值比较

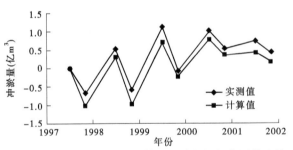

(b)黄淤41—黄淤2计算累积冲淤量与实测值比较

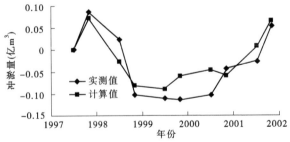

(c)渭淤10—渭淤1计算累积冲淤量与实测值比较

图4-7　西安理工大学泥沙数学模型验证结果

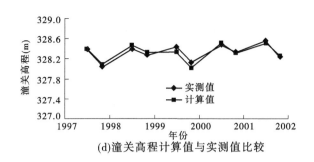

(d)潼关高程计算值与实测值比较

续图 4-7

需要指出的是,从四家泥沙数学模型验证的成果来看,尽管在总体上计算值与实测资料符合较好,但在局部河段和时段还存在一定误差。正是由于四家数学模型之间存在一定差异,导致了验证计算的差异,因此在后面计算潼关高程和河道冲淤时存在差异也是可以理解的。

四、计算条件及计算方案

在率定和验证计算的基础上,四家采用各自的泥沙数学模型就三门峡水库不同运用方式对潼关高程的影响进行了各种方案的平行计算。在计算中,四家采用了统一的计算范围、水沙系列、初始条件和边界条件等。

计算选取了两组水沙系列和八种水库运用方案,初始条件采用 2001 年汛后实测大断面和床沙级配,计算范围与模型的率定和验证的范围相同。

两组水沙系列时间长度均为 14 年。系列 I 由 1978 年 11 月 1 日至 1983 年 6 月 30 日和 1987 年 7 月 1 日至 1996 年 10 月 31 日实际发生来水来沙过程组合而成,其中对龙羊峡水库投入运用前的实测水沙过程进行了龙羊峡和刘家峡水库的调节影响计算。系列 II 是 1987 年 11 月 1 日至 2001 年 10 月 31 日实际发生的水沙过程。从年均水量来看,系列 I 属于平水系列,年均来水、来沙量分别为 303.7 亿 m³ 和 9.502 亿 t;系列 II 为枯水系列,年均来水、来沙量分别为 259.6 亿 m³ 和 8.617 亿 t。两个水沙系列的来水来沙特征值见表 4-1。

表 4-1　方案计算的水沙系列 I 和水沙系列 II 的特征值统计

系列		龙门	河津	华县	洑头	四站合计	百分比(%)	
							北干流	渭河
系列 I	年均来水 (亿 m³)	235.1	6.286	55.94	6.375	303.7	79.5	20.5
	年均来沙 (亿 t)	5.795	0.049	2.904	0.754	9.502	61.5	38.5

系列		龙门	河津	华县	洑头	四站合计	百分比(%)	
							北干流	渭河
系列Ⅱ	年均来水（亿m³）	201.1	5.221	46.65	6.675	259.6	79.5	20.5
	年均来沙（亿t）	5.063	0.034	2.697	0.823	8.617	59.2	40.8

从表4-1所列资料可知,小北干流来水来沙分别约占三门峡水库入库来水、来沙量的79.5%和61.5%,而渭河却要用占20.5%的来水挟带占38.5%的来沙,可见渭河下游的泥沙问题是比较突出的。

图4-8和图4-9分别给出了两个水沙系列的年来水来沙过程,从图中可以看出,水沙系列Ⅰ来水比较均匀,变幅较小,水沙系列Ⅱ的前几年来水较丰,而后几年为年来水连续小于200亿m³的枯水。

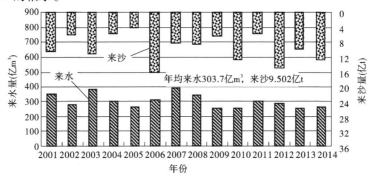

图4-8 水沙系列Ⅰ的年来水来沙量过程

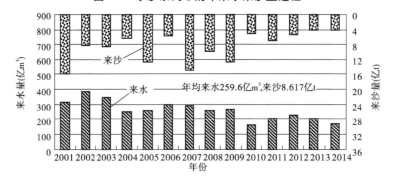

图4-9 水沙系列Ⅱ的年来水来沙量过程

为了反映三门峡水库不同运用方式对潼关高程的影响,在本次计算中考虑了包括现状运用、全年敞泄运用、非汛期分别控制最高运用水位318 m、315 m、310 m配合汛期敞泄或流量大于1 500 m³/s时洪水敞泄八种运用方案,详见表4-2。

表 4-2　三门峡水库运用方案

计算方案	三门峡水库运用方式
方案 1	现状运用(非汛期最高水位 321 m,汛期 $Q>2\,500$ m³/s 时敞泄,否则按 305 m 控制)
方案 2	全年敞泄运用
方案 3-1	非汛期最高运用水位 318 m;汛期敞泄
方案 3-2	非汛期最高运用水位 318 m;汛期 $Q>1\,500$ m³/s 时敞泄,否则按 305 m 控制
方案 4-1	非汛期最高运用水位 315 m;汛期敞泄
方案 4-2	非汛期最高运用水位 315 m;汛期 $Q>1\,500$ m³/s 时敞泄,否则按 305 m 控制
方案 5-1	非汛期最高运用水位 310 m;汛期敞泄
方案 5-2	非汛期最高水位运用 310 m;汛期 $Q>1\,500$ m³/s 时敞泄,否则按 305 m 控制

五、各方案潼关高程计算成果与分析

(一)计算成果

表 4-3 和表 4-4 分别给出了两个水沙系列和在三门峡水库八种不同运用方式下四家计算的潼关高程特征值。图 4-10 和图 4-11 为两个水沙系列潼关高程升降值。

表 4-3　水沙系列Ⅰ条件下四家计算的各方案潼关高程特征值统计　　　(单位:m)

完成单位	特征潼关高程	方案 1 现状	方案 2 全年敞	方案 3-1 318+敞	方案 3-2 318+305	方案 4-1 315+敞	方案 4-2 315+305	方案 5-1 310+敞	方案 5-2 310+305
中国水科院	最低值	327.35	325.82	326.01	326.07	325.95	326.03	325.89	325.98
	结束值	328.12	326.59	326.86	326.97	326.75	326.85	326.63	326.74
	升降值	-0.11	-1.64	-1.37	-1.26	-1.48	-1.38	-1.6	-1.49
	现状差	0	-1.54	-1.26	-1.16	-1.38	-1.28	-1.5	-1.38
黄河水利科学研究院	最低值	326.13	325.42	325.57	325.60	325.55	325.57	325.49	325.51
	结束值	327.97	326.70	326.97	327.01	326.91	326.94	326.83	326.87
	升降值	-0.26	-1.53	-1.26	-1.22	-1.32	-1.29	-1.4	-1.36
	现状差	0	-1.27	-1.00	-0.96	-1.06	-1.03	-1.14	-1.1
清华大学	最低值	326.42	325.78	326.27	326.34	326.09	326.23	325.88	325.99
	结束值	328.06	326.76	327.42	327.53	327.22	327.33	326.89	327.11
	升降值	-0.17	-1.47	-0.81	-0.70	-1.01	-0.90	-1.34	-1.12
	现状差	0	-1.30	-0.64	-0.53	-0.84	-0.73	-1.17	-0.95

完成单位	特征潼关高程	方案1 现状	方案2 全年敞	方案3-1 318+敞	方案3-2 318+305	方案4-1 315+敞	方案4-2 315+305	方案5-1 310+敞	方案5-2 310+305
西安理工大学	最低值	326.43	325.28	325.98	326.20	325.76	326.10	325.65	326.01
	结束值	328.08	326.12	327.24	327.60	326.89	327.44	326.70	327.29
	升降值	-0.15	-2.11	-0.99	-0.63	-1.34	-0.79	-1.53	-0.94
	现状差	0	-1.96	-0.84	-0.48	-1.19	-0.64	-1.38	-0.79

注:最低值指的是 14 年系列中汛后最低潼关高程;结束值是指第 14 年汛后的潼关高程;升降值指的是结束值与初始值(2001 年汛后潼关高程 328.23 m)的差值;现状差指的是各方案结束值与现状运用方案结束值的差值。

表 4-4　水沙系列Ⅱ条件下四家计算的各方案潼关高程特征值统计　　　　（单位:m）

完成单位	特征潼关高程	方案1 现状	方案2 全年敞	方案3-1 318+敞	方案3-2 318+305	方案4-1 315+敞	方案4-2 315+305	方案5-1 310+敞	方案5-2 310+305
中国水科院	最低值	327.65	325.90	326.06	326.11	326.00	326.08	325.95	326.04
	结束值	328.33	327.14	327.44	327.53	327.34	327.45	327.22	327.35
	升降值	0.10	-1.09	-0.79	-0.70	-0.89	-0.78	-1.01	-0.88
	现状差	0	-1.19	-0.89	-0.80	-0.99	-0.88	-1.11	-0.98
黄河水利科学研究院	最低值	327.29	326.42	327.17	327.21	327.18	327.22	327	327.15
	结束值	328.39	327.34	327.68	327.75	327.62	327.71	327.53	327.58
	升降值	0.16	-0.89	-0.55	-0.48	-0.61	-0.52	-0.7	-0.65
	现状差	0	-1.05	-0.71	-0.64	-0.77	-0.68	-0.86	-0.81
清华大学	最低值	327.47	327.01	327.37	327.42	327.27	327.31	327.15	327.21
	结束值	328.37	327.16	327.97	328.05	327.79	327.92	327.59	327.71
	升降值	0.14	-1.07	-0.26	-0.18	-0.44	-0.31	-0.64	-0.52
	现状差	0	-1.21	-0.40	-0.32	-0.58	-0.45	-0.78	-0.66
西安理工大学	最低值	327.06	326.08	326.77	326.90	326.63	326.85	326.50	326.79
	结束值	328.39	326.54	327.63	327.97	327.33	327.83	327.14	327.69
	升降值	0.16	-1.69	-0.60	-0.26	-0.90	-0.40	-1.09	-0.54
	现状差	0	-1.85	-0.76	-0.42	-1.06	-0.56	-1.25	-0.7

注:最低值指的是 14 年系列中汛后最低潼关高程;结束值是指第 14 年汛后的潼关高程;升降值指的是结束值与初始值(2001 年汛后潼关高程 328.23 m)的差值;现状差指的是各方案结束值与现状运用方案结束值的差值。

（二）三门峡水库不同运用方案降低潼关高程作用分析

表 4-5 是根据表 4-3 和表 4-4 整理的四家计算各方案、两个水沙系列 14 年后潼关高程下降范围和平均下降值。

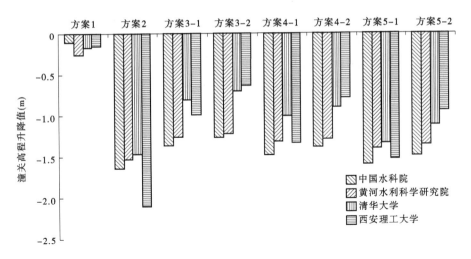

图 4-10　水沙系列 I 四家计算的潼关高程升降值比较

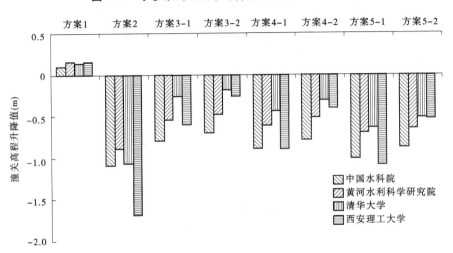

图 4-11　水沙系列 II 四家计算的潼关高程升降值比较

表 4-5　四家计算各方案潼关高程下降值　　　　　　　　　（单位:m）

系列	潼关高程	方案 1 现状	方案 2 全年敞泄	方案 3-1 318+汛敞	方案 3-2 318+305	方案 4-1 315+汛敞	方案 4-2 315+305	方案 5-1 310+汛敞	方案 5-2 310+305
系列 I	下降范围	0.11 ~ 0.26	1.47 ~ 2.11	0.81 ~ 1.37	0.63 ~ 1.27	1.01 ~ 1.48	0.79 ~ 1.38	1.34 ~ 1.60	0.94 ~ 1.49
系列 I	平均下降	0.17	1.69	1.11	0.96	1.29	1.09	1.47	1.23
系列 II	下降范围	−0.16 ~ −0.10	0.89 ~ 1.69	0.26 ~ 0.79	0.18 ~ 0.70	0.44 ~ 0.90	0.31 ~ 0.78	0.64 ~ 1.09	0.52 ~ 0.88
系列 II	平均下降	−0.14	1.19	0.55	0.41	0.71	0.50	0.86	0.65

注:负值为潼关高程上升值。

对方案 1 现状运用:平水系列 I 时,四家计算结果 14 年后潼关高程均略有下降,下降范围为 0.11 ~ 0.26 m,平均下降 0.17 m;枯水系列 II 时,四家计算结果 14 年后潼关高程均略有上升,上升范围为 0.10 ~ 0.16 m,平均上升 0.14 m。反映出:如按现状运用,对来水较枯系列,潼关高程还会继续升高;对来水较丰系列,潼关高程恶化的局面将会有所改善。

对方案 2 全年敞泄运用:四家计算结果两个水沙系列 14 年后潼关高程均有较大下降。平水系列 I 时,下降范围为 1.47 ~ 2.11 m,平均下降 1.69 m;枯水系列 II 时,下降范围为 0.89 ~ 1.69 m,平均下降 1.19 m。平水系列时比枯水系列时多下降 0.5 m。

对方案 3 - 1 非汛期最高运用水位 318 m、汛期敞泄运用:平水系列 I 时,四家计算结果 14 年后潼关高程也有较大下降,下降范围为 0.81 ~ 1.37 m,平均下降 1.11 m,与枯水系列全年敞泄运用相当;枯水系列 II 时,潼关高程也有下降,但下降幅度减小,下降范围为 0.26 ~ 0.79 m,平均下降 0.55 m。对比现状运用,平水系列时,潼关高程平均多下降 0.94 m;枯水系列时,平均多下降 0.69 m。

对方案 3 - 2 非汛期最高运用水位 318 m、汛期洪水敞泄运用:平水系列 I 时,四家计算潼关高程下降范围为 0.63 ~ 1.27 m,平均下降 0.96 m,与枯水系列全年敞泄运用只相差 0.23 m;枯水系列 II 时,下降范围为 0.18 ~ 0.70 m,平均下降 0.41 m。对比现状运用,平水系列时,潼关高程平均多下降 0.79 m;枯水系列时,平均多下降 0.55 m。对比方案 3 - 1 非汛期同样 318 m 控制,平水系列时,汛期敞泄比汛期洪水敞泄多下降 0.15 m;枯水系列时,平均多下降 0.14 m。

对方案 4 - 1 非汛期最高运用水位 315 m、汛期敞泄运用:平水系列 I 时,下降范围为 1.01 ~ 1.48 m,平均下降 1.29 m,超过枯水系列全年敞泄;枯水系列 II 时,下降范围为 0.44 ~ 0.90 m,平均下降 0.71 m。对比现状运用,平水系列时,潼关高程平均多下降 1.12 m;枯水系列时,平均多下降 0.85 m。对比方案 3 - 1 非汛期 318 m 控制、汛期同样敞泄运用,平水系列时,潼关高程平均多下降 0.18 m;枯水系列时,平均多下降 0.16 m。

对方案 4 - 2 非汛期最高运用水位 315 m、汛期洪水敞泄运用:平水系列 I 时,下降范围为 0.79 ~ 1.38 m,平均下降 1.09 m,与枯水系列全年敞泄运用只相差 0.10 m;枯水系列 II 时,下降范围为 0.31 ~ 0.78 m,平均下降 0.50 m。对比现状运用,平水系列时,潼关高程平均多下降 0.92 m;枯水系列时,平均多下降 0.64 m。对比方案 4 - 1 非汛期同样 315 m 控制,平水系列时,汛期敞泄比汛期洪水敞泄多下降 0.20 m;枯水系列时,平均多下降 0.21 m。对比方案 3 - 2 非汛期 318 m 控制、汛期同洪水样敞泄运用,平水系列时,潼关高程平均多下降 0.13 m;枯水系列时,平均多下降 0.09 m。

对方案 5 - 1 非汛期最高运用水位 310 m、汛期敞泄运用:平水系列 I 时,下降范围为 1.34 ~ 1.60 m,平均下降 1.47 m;枯水系列 II 时,下降范围为 0.64 ~ 1.09 m,平均下降 0.86 m。对比方案 3 - 1 非汛期 318 m 控制、汛期同样敞泄运用,平水系列时,潼关高程平均多下降 0.36 m;枯水系列时,平均多下降 0.31 m。对比方案 4 - 1 非汛期 315 m 控制、汛期同样敞泄运用,平水系列时,潼关高程平均多下降 0.18 m;枯水系列时,平均多下降

0.15 m。

对方案 5 - 2 非汛期最高运用水位 310 m、汛期洪水敞泄运用:平水系列 I 时,下降范围为 0.94 ~ 1.49 m,平均下降 1.23 m;枯水系列 II 时,下降范围为 0.52 ~ 0.88 m,平均下降 0.65 m。对比方案 5 - 1 非汛期同样 310 m 控制,平水系列时,汛期敞泄比汛期洪水敞泄多下降 0.24 m;枯水系列时,平均多下降 0.21 m。对比方案 3 - 2 非汛期 318 m 控制、汛期同样洪水敞泄运用,平水系列时,潼关高程平均多下降 0.27 m;枯水系列时,平均多下降 0.24 m。对比方案 4 - 2 非汛期 315 m 控制、汛期同样洪水敞泄运用,平水系列时,潼关高程平均多下降 0.14 m;枯水系列时,平均多下降 0.15 m。

(三)汛期敞泄与洪水期敞泄降低潼关高程作用

由表 4-6 可见,在反映汛期敞泄与洪水期敞泄降低潼关高程作用上,各家各级控制水位(318 m、315 m、310 m)的计算结果自我比较一致,其中西安理工大学的计算结果显示汛期敞泄与洪水期敞泄差异较大,无论是平水系列还是枯水系列,汛期敞泄比洪水期敞泄多降低潼关高程 0.5 m 左右;其他三家的计算结果显示汛期敞泄与洪水期敞泄差异较小,无论是平水系列还是枯水系列,汛期敞泄比洪水期敞泄只多降低潼关高程 0.1 m 左右。四家平均值结果显示,汛期敞泄比洪水期敞泄多降低潼关高程 0.19 m 左右。

表 4-6　不同方案降低潼关高程差值　　　　　　　（单位:m）

系列	单位	汛期敞泄与洪水期敞泄差			318 m 和 315 m 差值		315 m 和 310 m 差值	
		318 m	315 m	310 m	汛期敞泄	洪水期敞泄	汛期敞泄	洪水期敞泄
系列 I	中国水科院	0.10	0.10	0.11	-0.11	-0.12	-0.12	-0.11
	黄河水利科学研究院	0.04	0.03	0.04	-0.06	-0.07	-0.08	-0.07
	清华大学	0.11	0.11	0.22	-0.20	-0.20	-0.33	-0.22
	西安理工大学	0.36	0.55	0.59	-0.35	-0.16	-0.19	-0.15
	四家平均	0.15	0.20	0.24	-0.18	-0.14	-0.18	-0.14
系列 II	中国水科院	0.09	0.11	0.13	-0.10	-0.08	-0.12	-0.10
	黄河水利科学研究院	0.07	0.09	0.05	-0.06	-0.04	-0.09	-0.13
	清华大学	0.08	0.13	0.12	-0.18	-0.13	-0.20	-0.21
	西安理工大学	0.34	0.50	0.55	-0.30	-0.14	-0.19	-0.14
	四家平均	0.14	0.21	0.21	-0.16	-0.10	-0.15	-0.14

注:表中正值为多降,负值为少降。

(四)不同控制水位降低潼关高程作用

由表 4-6 可见,在反映非汛期不同控制水位(318 m、315 m、310 m)降低潼关高程作用的差异程度上,各家的计算结果相对比较接近。计算结果显示,在反映非汛期不同控制水位(318 m、315 m、310 m)降低潼关高程作用的差异程度上,平水系列与枯水系列之间差异不大,汛期敞泄与洪水期敞泄之间差异也不大。对不同水沙系列和不同汛期运用,四家计算结果平均,315 m 控制比 318 m 控制多降低潼关高程 0.10~0.18 m;310 m 控制比 315 m 控制多降低潼关高程 0.14~0.18 m。四家总体计算结果平均,315 m 控制比 318 m 控制多降低潼关高程 0.15 m,310 m 控制比 315 m 控制多降低潼关高程 0.15 m。

不同控制水位(318 m、315 m、310 m)降低潼关高程的作用和效率不同,由表 4-7 可见,水库调整为 310 m 控制运用时,降低潼关高程的作用最大。但当水库由现状运用调整为 318 m 控制运用时,对于平水和枯水系列,每米水位下降引起潼关高程下降值分别为 0.31 m 和 0.23 m;当水库调整为 315 m 控制运用时,对于平水和枯水系列,318~315 m 每米水位下降引起潼关高程下降值分别只有 0.06 m 和 0.05 m;当水库调整为 310 m 控制运用时,对于平水和枯水系列,315~310 m 每米水位下降引起潼关高程下降值分别仅为 0.04 m 和 0.03 m。因此,水库由现状运用调整为 318 m 控制运用时,降低潼关高程的效率最大。图 4-12 也直观地反映了水库调整为不同控制运用水位降低潼关高程的速率差别。

表 4-7　汛期敞泄非汛期不同控制降低潼关高程效果

系列	非汛期控制水位(m)	潼关高程下降值(m)	不同控制潼关高程下降差(m)	不同控制水位差(m)	各区段单位水位下降潼关高程下降值(m/m)
平水	现状(321)	0.17	0.94	3	0.31
	318	1.11	0.18	3	0.06
	315	1.29	0.18	5	0.04
	310	1.47			
枯水	现状(321)	-0.14	0.69	3	0.23
	318	0.55	0.16	3	0.05
	315	0.71	0.15	5	0.03
	310	0.86			

(五)来水条件对潼关高程影响分析

表 4-8 给出了四家数学模型计算的不同方案条件下第 14 年汛末时平水系列 I 的潼关高程与枯水系列 II 的潼关高程的差值,这种差值可以反映来水条件对潼关高程的影响。

可以看出,在相同的水库运用条件下,各家计算结果均表明来水越丰,潼关高程下降越多,来水条件对潼关高程的影响比较显著,且对于不同方案,各家平水系列的潼关高程比枯水系列的潼关高程多下降的值也比较接近。相对而言,平水系列 I 比枯水系列 II 潼关高程多下降的数值,西安理工大学计算的结果要小一些,黄河水利科学研究院的结果大一些,但从总体上看,四家计算的结果比较接近。若取四家平均值,则三门峡水库各种不同运用方式条件下,平水系列 I 可以比枯水系列 II 多下降 0.50~0.61 m,总体多下降为 0.57 m,可见来水的丰枯对潼关高程有比较明显的影响。

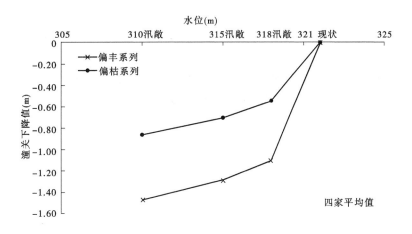

图 4-12　不同运用降低潼关高程效果

表 4-8　四家计算的水沙系列 Ⅰ 与水沙系列 Ⅱ 潼关高程的差值 （单位:m）

完成单位	方案 2 全年敞	方案 3－1 318＋敞	方案 3－2 318＋305	方案 4－1 315＋敞	方案 4－2 315＋305	方案 5－1 310＋敞	方案 5－2 310＋305	7 个方案平均
中国水科院	－ 0.55	－ 0.58	－ 0.57	－ 0.59	－ 0.60	－ 0.59	－ 0.6	－ 0.58
黄河水利科学研究院	－ 0.64	－ 0.67	－ 0.78	－ 0.71	－ 0.77	－ 0.7	－ 0.71	－ 0.71
清华大学	－ 0.40	－ 0.55	－ 0.52	－ 0.57	－ 0.59	－ 0.7	－ 0.6	－ 0.56
西安理工大学	－ 0.42	－ 0.39	－ 0.37	－ 0.44	－ 0.39	－ 0.44	－ 0.4	－ 0.41
四家平均	－ 0.50	－ 0.55	－ 0.56	－ 0.58	－ 0.59	－ 0.61	－ 0.58	－ 0.57

注:负值为多降值。

（六）潼关高程变化过程分析

图 4-13 ~ 图 4-18 分别给出了四家在水沙系列 Ⅰ、不同三门峡水库运用方式下潼关高程的变化过程。

从图 4-13 可以看出,在水沙系列 Ⅰ、现状运用条件下,四家计算的潼关高程均表现为先下降后回升的趋势,这种潼关高程的升降关系与来水的枯丰基本上是一致的。

图 4-14 显示,在水沙系列 Ⅰ、全年敞泄运用时,中国水科院、黄河水利科学研究院和清华大学的过程线比较接近,表现为先是连续下降,然后回升并趋于相对稳定,而西安理工大学的过程线开始时与其他三家过程基本一致,但由于中间几年表现为继续冲刷,使其过程线呈单独发展,最后几年由于连续回淤,其过程线又与其他三家接近。中国水科院、黄河水利科学研究院、清华大学和西安理工大学四家计算的最低潼关高程分别曾达到 325.82 m、325.42 m、325.78 m 和 325.28 m。然而,由于后期来水量减少,因而没有能够维持下去。

图 4-15 ~ 图 4-18 给出了三门峡水库水沙系列 Ⅰ、不同控制运用条件下的潼关高程变

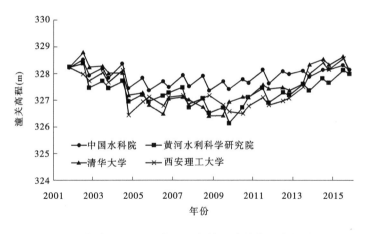

图 4-13　水沙系列Ⅰ、现状运用条件下潼关高程变化过程

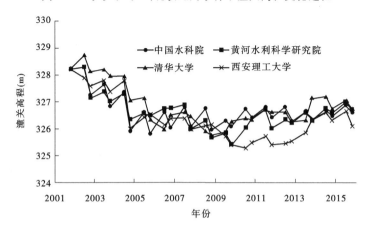

图 4-14　水沙系列Ⅰ、全年敞泄运用条件下潼关高程变化过程

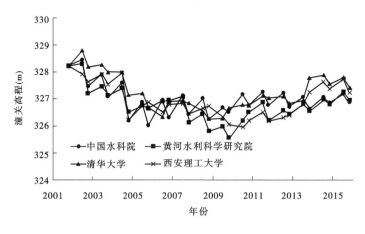

图 4-15　水沙系列Ⅰ、非汛期 318 m 汛期敞泄运用条件下潼关高程变化过程

化过程。从总体上看,四家数学模型计算的潼关高程变化过程线是比较接近的,基本上集中在四家均线 ±0.5 m 区间带内,从工程角度来看,四家数学模型得到这样的计算结果是

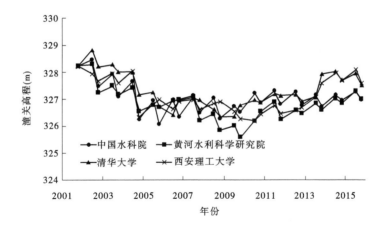

图 4-16 水沙系列Ⅰ、非汛期 318 m 汛期洪敞运用条件下潼关高程变化过程

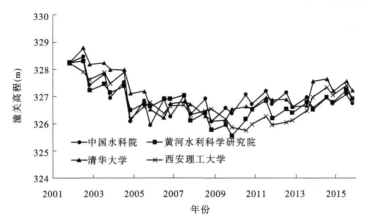

图 4-17 水沙系列Ⅰ、非汛期 315 m 汛期敞泄运用条件下潼关高程变化过程

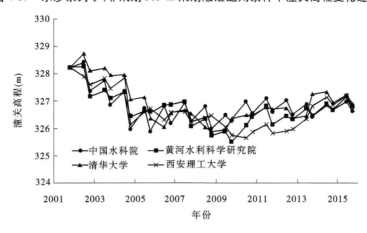

图 4-18 水沙系列Ⅰ、非汛期 310 m 汛期敞泄运用条件下潼关高程变化过程

可以接受的。四家计算的潼关高程的变化过程均表现为前几年明显下降,中间几年比较稳定,最后几年又缓慢上升的特点。潼关高程这样的变化特点与水库运用水位调整初期对潼关高程影响较大,随后影响减小,以及来水的丰枯是一致的。

水沙系列Ⅱ的各不同运用方案条件下潼关高程的变化过程与水沙系列Ⅰ相仿。这里仅给出三门峡水库现状运用和全年敞泄运用条件下各家计算的潼关高程变化过程,如图4-19和图4-20所示。总的来说,四家计算的潼关高程变化过程线的趋势还是比较接近的,但在具体数值上有一定的变化幅度,特别是当水库采用全年敞泄运用时。在最初的几年里,中国水科院和西安理工大学计算的潼关高程表现为快速下降,这与全年敞泄初期对降低潼关高程效果明显和前几年来水较丰是一致的,而黄河水利科学研究院和清华大学计算的潼关高程却是缓慢下降的,然后四家过程线都有一定幅度的回升,并稳定在一个不大范围内上下波动。

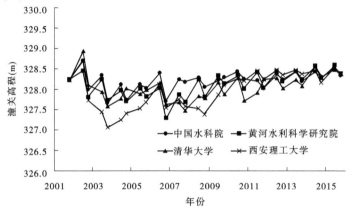

图4-19　水沙系列Ⅱ、现状运用条件下潼关高程变化过程

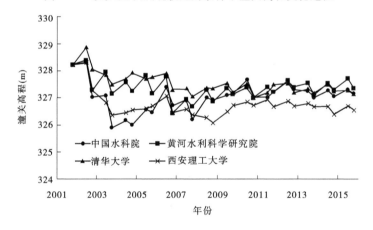

图4-20　水沙系列Ⅱ、全年敞泄运用条件下潼关高程变化过程

六、各方案冲淤量计算成果与分析

(一)冲淤量计算成果与分析

表4-9和表4-10分别给出了两个水沙系列、三门峡水库八种不同运用方式下四家单位计算的不同河段累积冲淤量。另外,在两个水沙系列条件下,各家计算的潼关—三门峡大坝河段(简称潼三段)、黄河小北干流龙门—潼关河段(简称龙潼段)和渭河下游华县—

渭拦 4 河段(简称华潼段)的冲淤量比较绘于图 4-21 ~ 图 4-26。

表 4-9　水沙系列 Ⅰ 条件下四家计算的各方案不同河段冲淤量统计 （单位：亿 m³）

完成单位	河段	方案1现状	方案2全年敞	方案3-1 318+敞	方案3-2 318+305	方案4-1 315+敞	方案4-2 315+305	方案5-1 310+敞	方案5-2 310+305
中国水科院	潼三段	-0.53	-3.306	-2.087	-1.953	-2.237	-2.107	-2.4	-2.25
	龙潼段	5.968	4.911	5.593	5.75	5.339	5.413	5.058	5.172
	华潼段	1.716	0.757	1.104	1.291	0.978	0.996	0.899	0.972
黄河水利科学研究院	潼三段	-0.749	-3.432	-2.150	-2.043	-2.273	-2.162	-2.715	-2.565
	龙潼段	4.729	4.080	4.484	4.509	4.424	4.445	4.295	4.341
	华潼段	1.613	1.334	1.507	1.519	1.483	1.491	1.426	1.446
清华大学	潼三段	-0.629	-3.451	-2.264	-2.058	-2.667	-2.515	-3.121	-2.813
	龙潼段	6.678	5.026	6.125	6.354	5.777	5.957	5.327	5.525
	华潼段	1.664	1.215	1.584	1.627	1.490	1.534	1.314	1.431
西安理工大学	潼三段	-0.313	-5.014	-2.836	-1.928	-3.371	-2.356	-3.863	-2.586
	龙潼段	5.455	3.225	4.546	4.973	4.505	4.776	4.086	4.581
	华潼段	1.354	0.706	1.107	1.238	1.079	1.226	0.938	1.123

注：负值为冲刷量，正值为淤积量。

表 4-10　水沙系列 Ⅱ 条件下四家计算的各方案不同河段冲淤量统计 （单位：亿 m³）

完成单位	河段	方案1现状	方案2全年敞	方案3-1 318+敞	方案3-2 318+305	方案4-1 315+敞	方案4-2 315+305	方案5-1 310+敞	方案5-2 310+305
中国水科院	潼三段	0.5	-2.665	-1.674	-1.56	-1.813	-1.67	-1.966	-1.806
	龙潼段	6.423	5.613	6.117	6.215	5.926	6.014	5.717	5.826
	华潼段	1.824	0.969	1.396	1.465	1.296	1.304	1.171	1.199
黄河水利科学研究院	潼三段	-0.433	-1.646	-1.117	-1.060	-1.193	-1.132	-1.316	-1.239
	龙潼段	6.626	6.117	6.520	6.565	6.493	6.418	6.369	6.419
	华潼段	1.429	1.083	1.186	1.211	1.172	1.163	1.145	1.158
清华大学	潼三段	-0.105	-3.225	-1.567	-1.753	-2.225	-2.014	-2.712	-2.476
	龙潼段	6.914	5.487	6.512	6.757	6.135	6.264	5.802	5.917
	华潼段	1.983	1.484	1.823	1.861	1.713	1.752	1.576	1.622
西安理工大学	潼三段	0.282	-4.089	-1.633	-0.666	-1.952	-0.977	-2.275	-1.33
	龙潼段	5.322	3.043	4.729	4.778	4.446	4.713	4.409	4.655
	华潼段	1.331	0.699	1.131	1.186	1.082	1.176	1.033	1.136

注：负值为冲刷量，正值为淤积量。

对水沙系列 I 而言,从表 4-9 和图 4-21~图 4-23 可以看出:

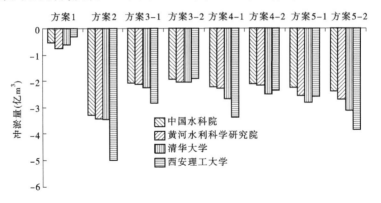

图 4-21　水沙系列 I 时潼三段四家计算的冲淤量比较

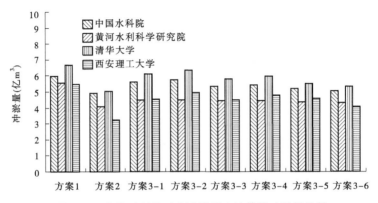

图 4-22　水沙系列 I 时龙潼段四家计算的冲淤量比较

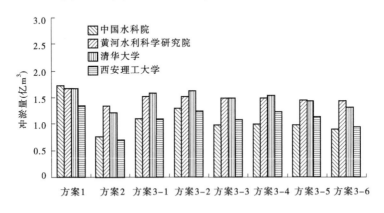

图 4-23　水沙系列 I 时华潼段四家计算的冲淤量比较

(1)当三门峡水库采用现状运用(方案 1)时,四家数学模型计算的结果潼三段皆为冲刷而且数值比较接近,冲刷幅度为 0.31 亿~0.75 亿 m³,四家平均为 0.55 亿 m³;龙潼段四家计算结果均为淤积,且淤积量比较接近,介于 4.72 亿~6.68 亿 m³;华潼段四家计算结果也均为淤积且值比较接近,介于 1.35 亿~1.72 亿 m³。

（2）当三门峡水库采用全年敞泄运用（方案2）时，四家对潼三段的计算结果均为冲刷，其中，中国水科院、黄河水利科学研究院和清华大学三家计算结果非常接近，介于3.30亿~3.45亿 m³，而西安理工大学计算的冲刷量较大，达5.014亿 m³；四家对龙潼段的计算结果均为淤积，但淤积量差别较大，介于3.22亿~5.03亿 m³；对于华潼段各家计算结果也均为淤积，相差也较大，从0.70亿 m³到1.33亿 m³。

（3）当三门峡水库采用汛期敞泄和非汛期318 m控制运用（方案3-1）时，四家计算的潼三段均为冲刷且比较接近，冲刷幅度为2.08亿~2.84亿 m³；龙潼段均为淤积，介于4.48亿~6.12亿 m³；华潼段也均为淤积，介于1.10亿~1.58亿 m³。

（4）当三门峡水库汛期流量小于1 500 m³/s采用305 m控制和非汛期采用318 m控制（方案3-2）时，四家计算的潼三段冲刷量非常接近，介于1.92亿~2.06亿 m³；各家对龙潼段和华潼段计算的淤积量也比较接近，分别介于4.51亿~6.35亿 m³和1.24亿~1.63亿 m³。方案4-1和方案5-1的计算成果与方案3-1相似，而方案4-2和方案5-2的成果与方案3-2相近。

对于水沙系列Ⅱ，四家数学模型计算的三个河段的累积冲淤量如表4-10和图4-24~图4-26所示。总的来说，与水沙系列Ⅰ遵循同样的规律，只是由于水沙系列Ⅱ来水较枯，一般来说当冲刷时比系列Ⅰ冲得少，而淤积时比系列Ⅰ淤得多。

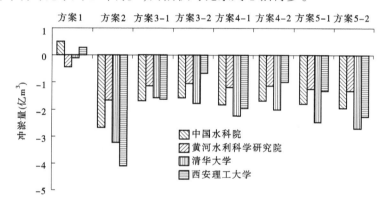

图4-24　水沙系列Ⅱ时潼三段四家计算的冲淤量比较

与现状运用相比，三门峡水库采用全年敞泄运用对龙潼段和华潼段均有一定的减淤效果，对于龙潼段四家计算的减淤效果介于1.06亿~2.23亿 m³（平水系列）和0.51亿~2.28亿 m³（枯水系列），对于华潼段减淤效果为0.33亿~0.96亿 m³（平水系列）和0.35亿~0.85亿 m³（枯水系列）。三门峡水库其他各种运用方案对龙潼段和华潼段减淤效果明显减小，且非汛期控制运用水位越高减淤效果越弱。

（二）冲淤过程分析

图4-27~图4-38分别给出在水沙系列Ⅰ和水沙系列Ⅱ情况下三门峡水库现状运用（方案1）和全年敞泄运用（方案2）时四家计算的潼三段、龙潼段和华潼段的冲淤过程。可以看出，四家计算的冲淤趋势基本一致，但在数值上有一定差别；有几家的过程线比较接近，个别单位与此有所偏离。

下面以水沙系列Ⅰ为例来说明各家计算的冲淤情况。图4-27给出了三门峡水库现

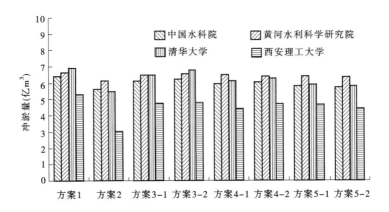

图 4-25　水沙系列Ⅱ时龙潼段四家计算的冲淤量比较

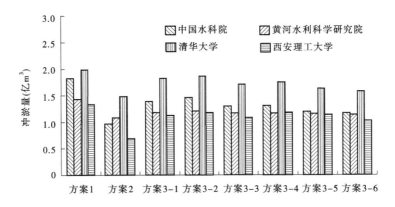

图 4-26　水沙系列Ⅱ时华潼段四家计算的冲淤量比较

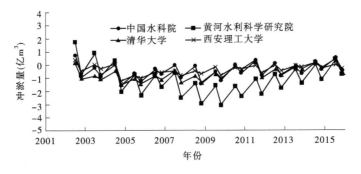

图 4-27　水沙系列Ⅰ时现状运用四家计算的潼三段冲淤过程比较

状运用(方案1)四家计算的潼三段冲淤过程,从总体上看,四家计算的过程线还是比较接近的,其中,中国水科院、清华大学和西安理工大学三家过程线非常接近,只有黄河水利科学研究院的过程线在中间几年与其他三家有所偏离。三门峡水库采用全年敞泄运用(方案2)时,四家计算的潼三段冲淤过程如图4-28所示,由图可见,在开始的几年里发生了明显的连续冲刷,随后冲淤幅度减小。四家计算的过程线存在一定的差别,特别是在水沙系列的前半段,但在最后的几年里中国水科院、黄河水利科学研究院和清华大学的过程线比较接近,而西安理工大学计算的过程线偏离其他三家较远。此外,除黄河水利科学研究

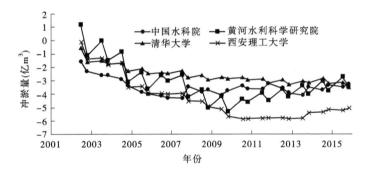

图 4-28　水沙系列 I 时全年敞泄运用四家计算的潼三段冲淤过程比较

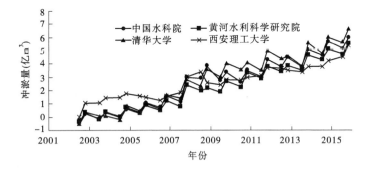

图 4-29　水沙系列 I 时现状运用四家计算的龙潼段冲淤过程比较

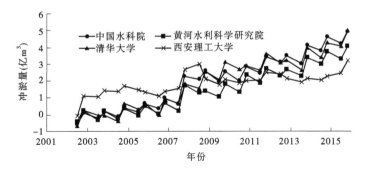

图 4-30　水沙系列 I 时全年敞泄运用四家计算的龙潼段冲淤过程比较

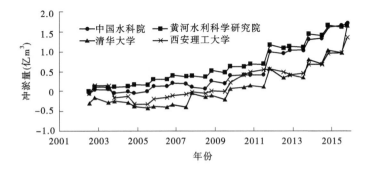

图 4-31　水沙系列 I 时现状运用四家计算的华潼段冲淤过程比较

院的过程线在汛期和非汛期有比较明显的起伏外,其他三家的都比较平缓。

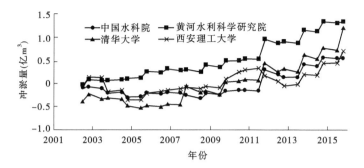

图 4-32 水沙系列Ⅰ时全年敞泄运用四家计算的华潼段冲淤过程比较

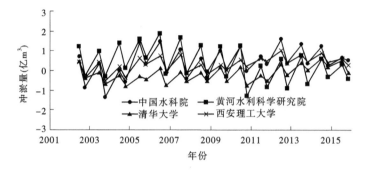

图 4-33 水沙系列Ⅱ时现状运用四家计算的潼三段冲淤过程比较

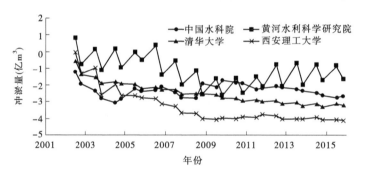

图 4-34 水沙系列Ⅱ时全年敞泄运用四家计算的潼三段冲淤过程比较

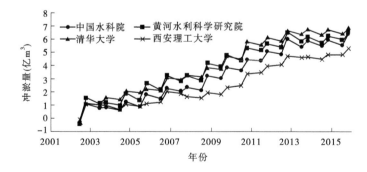

图 4-35 水沙系列Ⅱ时现状运用四家计算的龙潼段冲淤过程比较

图 4-29 给出了龙潼段在三门峡水库现状运用(方案 1)时四家计算的冲淤过程,由图

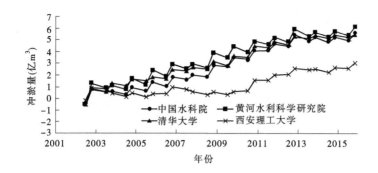

图 4-36　水沙系列Ⅱ时全年敞泄运用四家计算的龙潼段冲淤过程比较

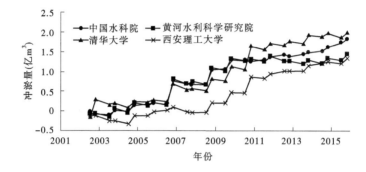

图 4-37　水沙系列Ⅱ时现状运用四家计算的华潼段冲淤过程比较

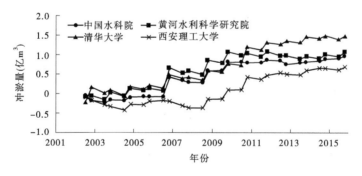

图 4-38　水沙系列Ⅱ时全年敞泄运用四家计算的华潼段冲淤过程比较

中可见,四家计算的冲淤过程线比较接近,只是西安理工大学在初始的几年里计算的淤积较为明显。三门峡水库全年敞泄运用(方案2)时四家计算的龙潼段冲淤过程如图4-30所示,从图中可以看出,中国水科院、黄河水利科学研究院和清华大学计算的过程线发展趋势比较一致,特别是在最初的几年里,并表现为累积性淤积状态。而西安理工大学在水沙系列的前半段淤积严重,后半段接近冲淤平衡。

图4-31绘出了三门峡水库现状运用(方案1)时各家计算的华潼段冲淤过程,从过程线来看,中国水科院和黄河水利科学研究院比较接近,清华大学和西安理工大学比较接近,但清华大学在开始几年和结束前几年的冲淤幅度较大。图4-32给出了三门峡水库全年敞泄运用(方案2)时四家计算的华潼段冲淤过程,从过程线来看,中国水科院、清华大学和西安理工大学比较接近,且表现为先冲刷后回淤的过程,而黄河水利科学研究院的过

程线则单独发展并呈累积性淤积过程。

对于水沙系列Ⅱ,各家计算的不同河段的冲淤过程见图4-33～图4-38。总的来说,过程线与水沙系列Ⅰ的类似,在此不再做详细分析。

第二节 动床实体模型试验

实体模型试验是"潼关高程控制及三门峡水库运用方式研究"必要的方法和手段,具有较强的直观性和较高的精度。首先依据黄河水利科学研究院多年来动床模型试验经验及室内场地条件,遵循黄河泥沙模型相似律,对三门峡水库模型进行了设计,并根据1992～1994年的原型实测资料进行了验证试验。结果表明,模型在水流泥沙运动、河床冲淤变形等方面达到了与原型相似的要求。而后,利用实体浑水动床模型研究了在不同的水沙系列(1997～1999年枯水系列、1987～1989年丰水系列)下,水库全年敞泄、非汛期不同控制水位(318 m、315 m)、汛期敞泄和汛期洪水敞泄(洪水大于1 500 m³/s敞泄,否则按305 m控制运用)等不同运用方式降低潼关高程的作用。

一、模型设计

(一)相似条件

采用黄河水利科学研究院黄河动床模型相似律进行模型设计,模型所遵循的相似条件有水流重力相似条件、水流阻力相似条件、泥沙悬移相似条件、水流挟沙相似条件、河床冲淤变形相似条件、泥沙起动及扬动相似条件等。

水流重力相似条件

$$\lambda_v = \lambda_H^{0.5} \tag{4-9}$$

水流阻力相似条件

$$\lambda_n = \frac{\lambda_R^{2/3}}{\lambda_v}\lambda_J^{0.5} \tag{4-10}$$

泥沙悬移相似条件

$$\lambda_\omega = \lambda_v \frac{\lambda_H}{\lambda_{\alpha_*}\lambda_L} \tag{4-11}$$

水流挟沙相似条件

$$\lambda_S = \lambda_{S_*} \tag{4-12}$$

河床冲淤变形相似条件

$$\lambda_{t_2} = \frac{\lambda_{\gamma_0}\lambda_L}{\lambda_S\lambda_v} \tag{4-13}$$

泥沙起动及扬动相似条件

$$\lambda_{v_c} = \lambda_v = \lambda_{v_f} \tag{4-14}$$

式中:λ_L为水平比尺;λ_H为垂直比尺;λ_v为流速比尺;λ_n为糙率比尺;λ_J为比降比尺;λ_R为水力半径比尺;λ_{v_c}、λ_{v_f}为泥沙起动流速、扬动流速比尺;λ_ω为泥沙沉速比尺;λ_{α_*}为平衡含沙量分布系数比尺;λ_S、λ_{S_*}为含沙量及水流挟沙力比尺;λ_{t_2}为河床变形时间比尺;

$\lambda_{\gamma 0}$ 为淤积物干容重比尺。

(二)模型比尺

三门峡水库模型范围上自小北干流的上源头(黄淤 45 断面)、渭河华县及北洛河朝邑,下至三门峡大坝,模拟库区及河道长度约 200 km。根据现有场地条件确定模型水平比尺为 420,垂直比尺为 50,模型长度近 360 m,模型变率为 8.4。

选用郑州热电厂粉煤灰作为本动床模型的模型沙,其容重 γ_{sm} 为 20.58 kN/m³,干密度 γ_0 为 0.66 t/m³,中值粒径 D_{50} 为 0.018 ~ 0.035 mm。

通过分析计算,确定模型主要比尺见表 4-11。

表 4-11 三门峡库区模型主要比尺汇总

比尺名称	比尺值	依据	备注
水平比尺 λ_L	420	根据试验要求及场地条件	
垂直比尺 λ_H	50		
流速比尺 λ_v	7.07	式(4-9)	
流量比尺 λ_Q	148 492	$\lambda_Q = \lambda_L \lambda_H \lambda_v$	
糙率比尺 λ_n	0.662 3	式(4-10)	
沉速比尺 λ_ω	1.25		
容重差比尺 $\lambda_{\gamma_s - \gamma}$	1.5	模型沙为郑州热电厂粉煤灰	$\gamma_{sm} = 20.58$ kN/m³
起动流速比尺 λ_{v_c}	7.43	式(4-14)	
含沙量比尺 λ_S	1.80		尚待验证试验确定
干容重比尺 $\lambda_{\gamma 0}$	1.74	$\lambda_{\gamma 0} = \gamma_{0p}/\gamma_{0m}$	
水流运动时间比尺 λ_{t_1}	59.40	$\lambda_{t_1} = \lambda_L/\lambda_v$	
河床变形时间比尺 λ_{t_2}	57.43	式(4-13)	尚待验证试验确定

二、模型验证

(一)验证试验条件

选取 1992 ~ 1994 运用年(1991 年 11 月至 1994 年 10 月)为模型验证时段,采用 1991 年汛后地形为初始边界条件。模型地形按照三门峡水文水资源局 2001 年汛后实测的万分之一地形图及 1991 年汛后的库区河道大断面资料制作。验证时段内潼关站年均水量 277.6 亿 m³、沙量 9.35 亿 t,其中汛期平均水量 134.7 亿 m³、平均沙量 7.48 亿 t。

(二)验证试验结果

1. 潼关高程

表 4-12 和图 4-39 为潼关高程的验证结果。可以看出,模型与原型潼关高程的变化趋势基本一致,除 1992 年汛后模型潼关高程偏高 0.35 m 外,其余时间的模型与原型潼关高

程的差值均小于 0.14 m。

表 4-12　潼关高程验证结果

年份	时间	模型潼关高程(m)	原型潼关高程(m)	模型－原型(m)
1991	汛后	327.90	327.90	
1992	汛前	328.43	328.40	0.03
	汛后	327.65	327.30	0.35
1993	汛前	327.92	327.78	0.14
	汛后	327.68	327.78	－0.10
1994	汛前	327.83	327.95	－0.12
	汛后	327.80	327.69	0.11

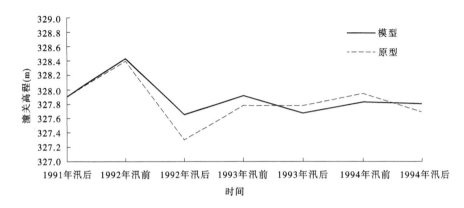

图 4-39　潼关高程变化验证结果

2. 沿程水位

沿程水位的变化反映河床的阻力相似条件,验证时段内不同时期(汛期、非汛期)以及黄河干流与支流不同来水条件下原型与模型的水面线所显示结果表明,在不同的水库运用水位及来水来沙条件下,模型水面线与原型符合较好,说明模型可以满足阻力相似的要求。

3. 含沙量过程

非汛期黄河及其支流渭河与北洛河来水的含沙量均很小,而非汛期水库蓄水,水库下泄清水。从验证试验潼关、三门峡两个站的含沙量过程线可以看出,原型与模型含沙量两者的变化趋势一致,且定量上也非常接近,在精度上能满足试验要求。

4. 冲淤量及分布

验证时段不同河段原型与模型冲淤量对比见表 4-13,潼关以下库区误差为 22.5%;潼关至上源头河段误差为 19.0%;渭河河段误差为 4.9%。模型与原型冲淤量的误差在允许范围内。

图 4-40 为上源头至大坝库区模型与原型沿程冲淤量对比,可以看出,除个别河段有差别外,非汛期的淤积重心和汛期的冲刷重心基本一致,模型与原型冲淤变化规律也基本

一致。

表 4-13　验证时段各河段冲淤量对比

河段	潼关以下	潼关至上源头	渭河
模型(亿 m³)	−0.621	0.068	1.076
原型(亿 m³)	−0.801	0.084	1.132
模型−原型(亿 m³)	0.180	−0.016	0.056
误差(%)	22.5	19.0	4.9

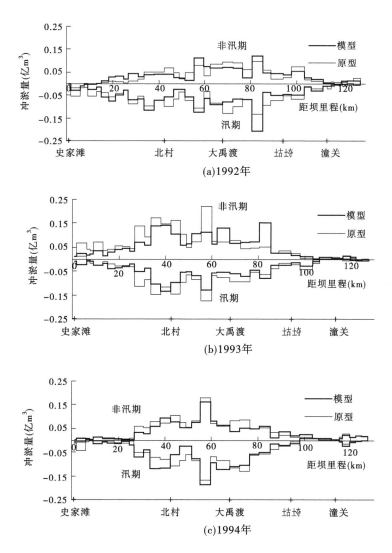

图 4-40　大坝—上源头冲淤量分布

5. 河势变化

从验证时段模型与原型同时期河势对比结果可以看出,除局部部位靠河及出流位置模型与原型略有差异外,整体上模型与原型的河势变化基本一致,可以满足河势变化的相似条件。

综上所述,验证试验结果表明,根据模型设计所选各项比尺和模型沙能满足潼关高程变化、河床冲淤变化等相似条件,可以进行控制潼关高程及三门峡水库运用方式的试验研究。

三、试验条件及方案

(一)来水来沙条件

试验采用两组水沙系列,系列 Ⅰ 为平水的 1987 ~ 1989 年,潼关站年均来水量 292.9 亿 m³、沙量 8.45 亿 t;系列 Ⅱ 为枯水的 1997 ~ 1999 年,潼关站年均来水量 190 亿 m³、沙量 5.7 亿 t。两组水沙系列潼关站各年水沙量见表 4-14,水沙过程见图 4-41、图 4-42。两组水沙系列各进口特征值见表 4-15。

表 4-14　试验时段潼关站水沙量

年份	水量(亿 m³)			沙量(亿 t)		
	非汛期	汛期	运用年	非汛期	汛期	运用年
1987	117.7	75.4	193.1	1.15	2.08	3.23
1988	122.1	186.6	308.7	1.13	12.47	13.60
1989	171.7	205.0	376.7	1.94	6.59	8.53
1997	104.8	55.7	160.5	1.22	4.11	5.33
1998	105.8	86.4	192.2	2.17	4.26	6.43
1999	120.6	97.0	217.6	1.63	3.73	5.36

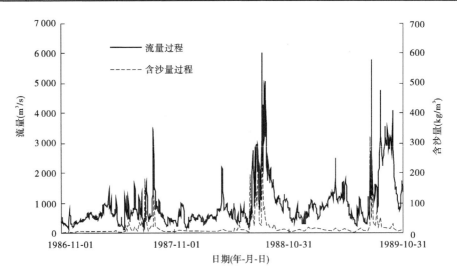

图 4-41　1987 ~ 1989 年潼关站流量和含沙量过程

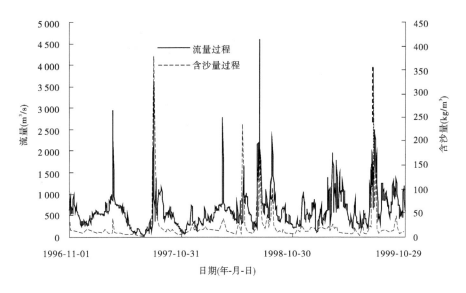

图 4-42 1997~1999 潼关站流量和含沙量过程

表 4-15 不同系列年水沙特征值

站名	1987~1989 年平水系列			1997~1999 年枯水系列		
	水量 （亿 m³）	沙量 （亿 t）	含沙量 （kg/m³）	水量 （亿 m³）	沙量 （亿 t）	含沙量 （kg/m³）
上源头	219.2	5.40	24.6	153.9	3.86	25.1
华县	67.6	2.86	42.3	33.6	1.95	58.0
朝邑	6.96	0.69	99.1	2.78	0.50	179.9
潼关	293.0	8.45	28.8	189.9	5.71	30.1

（二）起始地形条件

模型试验起始地形根据 2001 年施测的万分之一地形图、2001 年汛后实测大断面资料,并参照同期河势图塑造,相应的潼关高程为 328.23 m。河道工程按 2001 年汛后的实际工程布设。

（三）水库运用方式及试验组次

试验主要研究在不同水沙系列下,水库全年敞泄、非汛期不同控制水位及汛期敞泄和汛期洪水敞泄等不同运用方式降低潼关高程的作用。

三门峡水库运用采用 4 种不同的方式,分别是全年敞泄(全敞);非汛期 318 m 控制运用,汛期敞泄(318 汛敞);非汛 318 m 控制运用,汛期当洪水流量大于 1 500 m³/s 时敞泄,否则 305 m 控制运用(318 洪敞);非汛期 315 m 控制运用,汛期当洪水流量大于 1 500 m³/s 时敞泄,否则 305 m 控制运用(315 洪敞)。

共进行了 7 组试验,各组次试验方案见表 4-16。

表 4-16　三门峡水库实体模型试验组次

试验组次	水沙系列	水库运用方式
1	1997～1999 年(枯水系列)	全年敞泄
2	1997～1999 年(枯水系列)	非汛期 318 m,汛期敞泄
3	1997～1999 年(枯水系列)	非汛期 318 m,汛期洪水流量大于 1 500 m³/s 时敞泄,否则 305 m 控制
4	1997～1999 年(枯水系列)	非汛期 315 m,汛期洪水流量大于 1 500 m³/s 时敞泄,否则 305 m 控制
5	1987～1989 年(平水系列)	全年敞泄
6	1987～1989 年(平水系列)	非汛期 318 m,汛期洪水流量大于 1 500 m³/s 时敞泄,否则 305 m 控制
7	1987～1989 年(平水系列)	非汛期 315 m,汛期洪水流量大于 1 500 m³/s 时敞泄,否则 305 m 控制

四、试验结果及分析

(一)潼关高程

各试验组次潼关高程各年结果见图 4-43 和表 4-17。经过 3 年运行后,各试验组次潼关高程均表现为下降。对于全年敞泄运用,枯水系列潼关高程可以降低 0.97 m,平水系列可以降低 1.57 m。对于枯水系列非汛期 318 m、汛期敞泄运用,潼关高程可以降低 0.45 m。对于非汛期 318 m、汛期洪水敞泄运用,枯水系列潼关高程可以降低 0.37 m,平水系列可以降低 0.83 m。对于非汛期 315 m、汛期洪水敞泄运用,枯水系列潼关高程可以降低 0.43 m,平水系列可以降低 0.92 m。

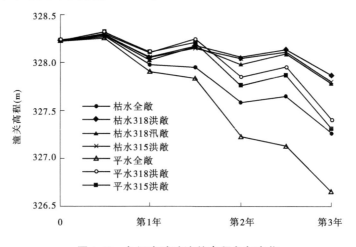

图 4-43　各组次试验潼关高程各年变化

表 4-17　各试验组次潼关高程各年变化

表 4-17　各试验组次潼关高程各年变化　　　　　　　　（单位：m）

组次	试验条件	2001 汛后	2002 汛前	2002 汛后	2003 汛前	2003 汛后	2004 汛前	2004 汛后	总变化
1	枯水 全敞	328.23	328.28	327.98	327.95	327.58	327.65	327.26	−0.97
2	枯水 318 汛敞	328.23	328.3	328.03	328.17	327.98	328.09	327.78	−0.45
3	枯水 318 洪敞	328.23	328.31	328.05	328.17	328.05	328.13	327.86	−0.37
4	枯水 315 洪敞	328.23	328.3	328.06	328.15	328.04	328.11	327.8	−0.43
5	平水 全敞	328.23	328.26	327.91	327.84	327.23	327.13	326.66	−1.57
6	平水 318 洪敞	328.23	328.3	328.1	328.24	327.85	327.95	327.4	−0.83
7	平水 315 洪敞	328.23	328.32	328.11	328.21	327.76	327.87	327.31	−0.92

注：表中全敞为全年敞泄，汛敞为汛期敞泄，洪敞为洪水敞泄，下同。

表 4-18 为各试验组次潼关高程各年升降变化过程。水库调整运用后，318 m、315 m 控制运用各方案潼关高程仍表现为非汛期升高、汛期下降的特征，各组次不同水沙系列潼关高程在非汛期升高幅度相对比较接近，但第 2 年、第 3 年平水系列潼关高程在汛期的下降幅度明显大于枯水系列；两系列潼关高程在第 3 年汛期的下降幅度最大，这与第 3 年汛期的来水量在两系列中最大有关。当全年敞泄运用时，非汛期潼关高程在枯水系列条件下只有个别时段出现少量下降，其余仍为上升，而在丰水系列条件下则保持一定的下降趋势。

表 4-18　各试验组次潼关高程各年升降变化　　　　　　　　（单位：m）

方案		第 1 年 非汛期	第 1 年 汛期	第 2 年 非汛期	第 2 年 汛期	第 3 年 非汛期	第 3 年 汛期	合计
枯水 系列	全敞	0.05	−0.30	−0.03	−0.37	0.07	−0.39	−0.97
	318 汛敞	0.07	−0.27	0.14	−0.19	0.11	−0.31	−0.45
	318 洪敞	0.08	−0.26	0.12	−0.12	0.08	−0.27	−0.37
	315 洪敞	0.07	−0.24	0.09	−0.11	0.07	−0.31	−0.43
平水 系列	全敞	0.03	−0.35	−0.07	−0.61	−0.10	−0.47	−1.57
	318 洪敞	0.07	−0.20	0.14	−0.39	0.10	−0.55	−0.83
	315 洪敞	0.09	−0.21	0.10	−0.45	0.11	−0.56	−0.92

表 4-19 是试验组次不同分类潼关高程下降差值对比。汛期敞泄和洪水期敞泄对潼关高程下降影响的差别可以通过对比试验组次 2 和 3 得到:枯水系列非汛期 318 m 控制运用时,汛期敞泄比洪水敞泄使潼关高程多下降 0.08 m。

表 4-19　试验组次不同分类潼关高程下降差值对比　　　　　　　（单位:m）

序号	对比	组次	下降值	差值	平均差值
1	汛敞与洪敞	2(枯水 318 汛敞)	−0.45	−0.08	
		3(枯水 318 洪敞)	−0.37		
2	315 控制与 318 控制	4(枯水 315 洪敞)	−0.43	−0.06	−0.08
		3(枯水 318 洪敞)	−0.37		
		7(平水 315 洪敞)	−0.92	−0.09	
		6(平水 318 洪敞)	−0.83		
3	平水与枯水	5(平水全敞)	−1.57	−0.60	−0.52
		1(枯水全敞)	−0.97		
		6(平水 318 洪敞)	−0.83	−0.46	
		3(枯水 318 洪敞)	−0.37		
		7(平水 315 洪敞)	−0.92	−0.49	
		4(枯水 315 洪敞)	−0.43		

非汛期 315 m 和 318 m 控制运用对潼关高程下降影响的差别可以通过对比试验组次 4 和 3、7 和 6 得到:枯水系列汛期洪敞运用时,非汛期 315 m 控制运用比 318 m 控制运用使潼关高程多下降 0.06 m;平水系列汛期洪敞运用时,非汛期 315 m 控制运用比 318 m 控制运用使潼关高程多下降 0.09 m;二者平均为 0.08 m。

平水系列和枯水系列对潼关高程下降影响的差别可以通过对比试验组次 5 和 1、6 和 3、7 和 4 得到:对全年敞泄运用,平水系列比枯水系列使潼关高程多下降 0.60 m;对非汛期 318 m 控制、汛期洪敞运用,平水系列比枯水系列使潼关高程多下降 0.46 m;对非汛期 315 m 控制、汛期洪敞运用,平水系列比枯水系列使潼关高程多下降 0.49 m;三者平均为 0.52 m。

综合以上试验结果分析可以得到以下几点认识:

(1)在水库不同的运用方式中,全年敞泄潼关高程的下降幅度最大;

(2)来水来沙条件是影响潼关高程升降的重要因素;

(3)在来水来沙及非汛期水库控制水位相同的条件下,汛敞与洪水敞泄潼关高程降低幅度的差别不大。

(4)在来水来沙及汛期水库运用方式相同的条件下,非汛期控制水位 318 m 与 315 m,两者潼关高程降低幅度的差别不大。

(二)冲淤量

表 4-20 给出了各试验组次潼关以下河道冲淤量。按照冲刷量多少排序,分别是:平

水系列全年敞泄运用,3年后潼关以下河道可冲刷泥沙3.863亿 m³;枯水系列全年敞泄运用,可冲刷泥沙2.481亿 m³;平水系列315洪敞冲刷2.073亿 m³;平水系列318洪敞冲刷1.907亿 m³;枯水系列318汛敞冲刷1.600亿 m³;枯水系列315洪敞冲刷1.359亿 m³;枯水系列315洪敞冲刷1.220亿 m³。

表4-20　各试验组次潼关以下河道冲淤量　　　　　　　　（单位:亿 m³）

方案		第1年非汛期	第1年汛期	第2年非汛期	第2年汛期	第3年非汛期	第3年汛期	合计
枯水系列	全敞	−0.024	−0.774	−0.096	−0.803	0.039	−0.824	−2.482
	318汛敞	0.763	−0.909	1.569	−2.002	1.191	−2.212	−1.600
	318洪敞	0.785	−0.836	1.532	−1.897	1.174	−1.978	−1.220
	315洪敞	0.765	−0.818	1.427	−1.791	1.121	−2.063	−1.359
平水系列	全敞	−0.051	−0.987	−0.112	−1.330	−0.170	−1.213	−3.863
	318洪敞	0.768	−0.871	1.123	−2.081	1.486	−2.332	−1.907
	315洪敞	0.698	−0.783	1.019	−2.014	1.442	−2.435	−2.073

平水系列全敞在试验的3年期间汛期、非汛期全部表现为冲刷;枯水全敞除第3年非汛期有所淤积外,其余时段也均为冲刷。当水库控制运用时,无论318或315,无论平水或枯水,无论汛敞或洪敞,均保持非汛期淤积、汛期冲刷的特点。不同时段的冲刷量以第2年、第3年汛期为多。

表4-21为试验组次不同分类潼关以下河道冲刷量差值的对比。在枯水318汛敞和枯水318洪敞对比时,汛敞比洪敞多冲0.380亿 m³;315控制洪敞和318控制洪敞对比,枯水系列315洪敞多冲0.139亿 m³,平水系列多冲0.166亿 m³;平水系列和枯水系列对比,全敞时平水系列比枯水系列多冲1.382亿 m³,318洪敞平水系列比枯水系列多冲0.687亿 m³,315洪敞平水系列比枯水系列多冲0.714亿 m³。可以看出,在其他条件相同的情况下,汛敞与洪敞相比、315控制与318控制相比,潼关以下河道的冲刷量相差较小,而平水与枯水系列相比,冲刷量相差明显较大。

表4-21　试验组次不同分类潼关以下河道冲刷量差值对比　　　　（单位:亿 m³）

序号	对比	组次	冲刷量	差值
1	汛敞与洪敞	2(枯水318汛敞)	−1.600	−0.380
		3(枯水318洪敞)	−1.220	
2	315控制与318控制	4(枯水315洪敞)	−1.359	−0.139
		3(枯水318洪敞)	−1.220	
		7(平水315洪敞)	−2.073	−0.166
		6(平水318洪敞)	−1.907	

序号	对比	组次	冲刷量	差值
3	平水与枯水	5(平水全敞)	-3.863	-1.382
		1(枯水全敞)	-2.481	
		6(平水 318 洪敞)	-1.907	-0.687
		3(枯水 318 洪敞)	-1.220	
		7(平水 315 洪敞)	-2.073	-0.714
		4(枯水 315 洪敞)	-1.359	

表 4-22 给出各方案冲淤量在不同河段上分布的试验结果。各个方案的冲淤量都是靠近大坝河段的冲刷比例大,从大坝到潼关冲刷量是逐渐减小的。

表 4-22　各方案冲淤量在不同河段上的分布统计　　　　　　　　(单位:亿 m³)

方案		黄淤 1—黄淤 22	黄淤 22—黄淤 30	黄淤 30—黄淤 36	黄淤 36—黄淤 41	黄淤 1—黄淤 41
枯水系列	敞泄	-1.014 7	-0.711 0	-0.504 8	-0.251 1	-2.481 6
	318 汛敞	-0.756 0	-0.370 9	-0.305 0	-0.167 4	-1.599 3
	318 洪敞	-0.574 7	-0.287 1	-0.222 1	-0.135 5	-1.219 4
	315 洪敞	-0.641	-0.323	-0.250	-0.144	-1.358
平水系列	敞泄	-1.479 2	-1.141 4	-0.751 1	-0.495 6	-3.867 3
	318 洪敞	-0.842 1	-0.491 0	-0.359 1	-0.214 2	-1.906 4
	315 洪敞	-0.854	-0.541	-0.437	-0.240	-2.072

全敞两方案靠近大坝河段(黄淤 1—黄淤 22)的冲刷量平水比枯水的多 0.465 亿 m³,黄淤 22—黄淤 30 河段、黄淤 30—黄淤 36 以及黄淤 36—黄淤 41 河段平水比枯水的冲刷量分别增大 0.430 亿 m³、0.246 亿 m³和 0.244 亿 m³。

枯水 318 汛敞及枯水 318 洪敞在每个河段的冲刷量相比都是增大的,靠近大坝河段的(黄淤 1—黄淤 22)冲刷量枯水 318 汛敞比枯水 318 洪敞多冲刷 0.181 亿 m³,黄淤 22—黄淤 30 河段、黄淤 30—黄淤 36 以及黄淤 36—黄淤 41 河段枯水 318 汛敞比枯水 318 洪敞分别多冲刷 0.084 亿 m³、0.083 亿 m³和 0.032 亿 m³。

平水 318 洪敞比枯水 318 洪敞在每个河段的冲刷量都大,靠近大坝河段的(黄淤 1—黄淤 22)冲刷量丰水 318 洪敞比枯水 318 洪敞多冲刷 0.086 亿 m³,黄淤 22—黄淤 30 河段、黄淤 30—黄淤 36 以及黄淤 36—黄淤 41 河段丰水 318 洪敞比枯水 318 洪敞分别多冲刷 0.120 亿 m³、0.054 亿 m³和 0.047 亿 m³;平水 315 洪敞比枯水 315 洪敞在每个河段的冲刷量都大,靠近大坝河段的(黄淤 1—黄淤 22)冲刷量丰水 315 洪敞比枯水 315 洪敞多冲刷 0.213 亿 m³,黄淤 22—黄淤 30 河段、黄淤 30—黄淤 36 以及黄淤 36—黄淤 41 河段丰水 315 洪敞比枯水 315 洪敞分别多冲刷 0.218 亿 m³、0.187 亿 m³和 0.096 亿 m³。

对于水沙条件相同的情况,315 控制和 318 控制相比,无论平水或枯水,315 洪敞在每个河段上的冲刷量都比 318 洪敞要大,但其差别较小。

（三）河床纵剖面

图 4-44 是丰水全敞和枯水全敞方案运用 3 年后河床纵剖面图,从图上可以看出,两方案河底平均高程与初始地形的河底平均高程相比,都是下降的,两个方案沿程河底平均高程相比,丰水全敞均比枯水全敞方案的沿程河底平均高程低。从河床下降的幅度看,每个方案均是靠近大坝河段的河床下降幅度最大,从大坝向上游至大禹渡河段,河底平均高程下降幅度逐渐减小,大禹渡—潼关河段河底平均高程下降幅度较小。

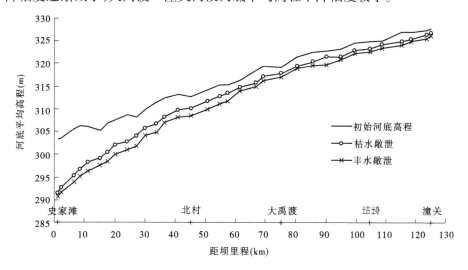

图 4-44　全年敞泄方案河床纵剖面比较

表 4-23 是全敞方案比降统计,初始河床的比降为 1.96‰,丰水全敞河床比降为 2.86‰,枯水全敞比降为 2.84‰,比初始河床分别增大了 0.90‰和 0.88‰,丰水全敞和枯水全敞比降相差很小。由于大坝—大禹渡河段河床下降较多,因此该河段比降大于全河段比降,丰水全敞该河段河床比降为 3.56‰,枯水全敞为 3.51‰,大禹渡—潼关河段的比降较初始河床的比降也是增大的,但较全河段河床的比降是减小的。

表 4-23　全敞方案比降统计　　　　　　　　　　　　　　　　　　　（‰）

方案	大坝—大禹渡	大禹渡—潼关	大坝—潼关
初始	2.14	1.69	1.96
丰水全敞	3.56	1.85	2.86
枯水全敞	3.51	1.82	2.84

图 4-45 是丰水 315 洪敞和枯水 315 洪敞方案运用 3 年后河床纵剖面图,从图上可以看出,两方案河底平均高程与初始地形的河底平均高程相比下降幅度最大的都是靠近大坝的河段,从大坝向上游至大禹渡河段,河底平均高程下降幅度逐渐减小,大禹渡—潼关河段河底平均高程下降幅度变化不大。两个方案沿程河底平均高程相比,丰水 315 洪敞均比枯水 315 洪敞方案的沿程河底平均高程低。

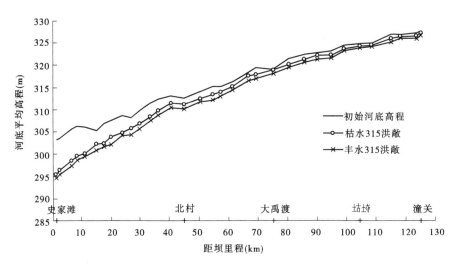

图 4-45　水库 315 运用方案河床纵剖面比较

表 4-24 是水库 315 运用方案比降统计。

表 4-24　水库 315 运用方案比降统计　　　　　　　　　　　　（‰）

方案	大坝—大禹渡	大禹渡—潼关	大坝—潼关
初始	2.14	1.69	1.96
丰水 315 洪敞	3.19	1.75	2.61
枯水 315 洪敞	2.77	1.67	2.32

从表 4-24 中可知,初始河床的比降为 1.96‰,丰水 315 洪敞河床比降为 2.61‰,枯水全敞比降为 2.32‰,丰水 315 洪敞比枯水 315 洪敞比降大,更有利于河道的冲刷。大坝—大禹渡河段两方案比降增大较多,丰水 315 洪敞河床比降增大为 3.19‰,枯水 315 洪敞河床比降增大为 2.77‰,而大禹渡—潼关河段比降增幅很小。

图 4-46 是丰水 318 洪敞、枯水 318 洪敞和枯水 318 汛敞方案运用 3 年后河床纵剖面图,从图上可以看出,三个方案河底平均高程与初始地形的河底平均高程相比都有不同程度的下降,下降幅度最大的都是靠近大坝的河段,从大坝向上游至大禹渡河段,河底平均高程下降幅度逐渐减小,大禹渡—潼关河段河底平均高程下降幅度相对较小。三个方案沿程河底平均高程相比,枯水 318 洪敞下降最少;在大坝附近大约 11 km 的河段,枯水 318 汛敞下降最多;以上河段是丰水 318 洪敞下降最多。

表 4-25 是水库 318 运用方案比降统计,从表中可知枯水 318 汛敞比降最大(为 2.67‰),丰水 318 洪敞比降次之(为 2.55‰),枯水 318 洪敞比降最小(为 2.27‰)。由于枯水 318 汛敞汛期全部敞泄,坝前水位较低,因此大坝附近的河床下降较多,大坝—大禹渡河段,比降最大的是枯水 318 汛敞。丰水 318 洪敞与枯水 318 洪敞相比,丰水 318 洪敞水量较丰,对河道冲刷更有利,因此丰水 318 洪敞比枯水 318 洪敞比降大。对于大禹渡以上河段三个方案比降相差较小。

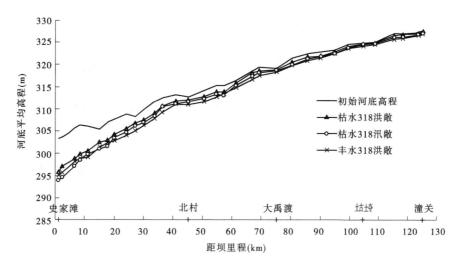

图 4-46 水库 318 运用方案河床纵剖面比较

表 4-25 水库 318 运用方案比降统计 (‰)

方案	大坝—大禹渡	大禹渡—潼关	大坝—潼关
初始	2.14	1.69	1.96
丰水 318 洪敞	3.19	1.70	2.55
枯水 318 洪敞	2.64	1.73	2.27
枯水 318 汛敞	3.35	1.67	2.67

第三节 小 结

(1)数学模型计算表明,三门峡水库如继续采用现状运用方式,当遇到平水系列时,潼关高程可以基本维持现状,甚至略有下降,若遇到枯水系列则有所上升。

(2)对同一水沙系列,全年敞泄运用时,潼关高程下降最多。数学模型计算结果表明,平水系列时,全年敞泄运用 14 年后可使潼关高程下降 1.69 m;枯水系列时,可使潼关高程下降 1.19 m。实体模型试验结果表明,平水系列时,全年敞泄运用 3 年后可使潼关高程下降 1.57 m;枯水系列时,可使潼关高程下降 0.97 m。

(3)数学模型计算得出,对三门峡水库采取非汛期控制(318 m/315 m/310 m)汛期敞泄运用,在平水系列时,14 年后潼关高程可以下降 1.11～1.47 m,在枯水系列时下降 0.55～0.86 m,非汛期控制水位越低、潼关高程下降幅度越大。实体模型试验得出,对三门峡水库采取非汛期控制 318m 汛期敞泄运用,在枯水系列时,潼关高程可以下降 0.45 m。

(4)数学模型计算得出,对非汛期控制(318 m/315 m/310 m)汛期洪水敞泄运用,遇平水系列时,14 年后潼关高程可以下降 0.95～1.23 m,遇枯水系列时,潼关高程可下降 0.40～0.65 m,非汛期控制水位越低、潼关高程下降幅度越大。实体模型试验得出,对非汛期控制(318 m/315 m)汛期洪水敞泄运用,遇平水系列时,3 年后潼关高程可以下降 0.83~0.92 m,遇枯水系列时,潼关高程可下降 0.37~0.43 m。

(5)数学模型计算得出,14 年后汛期敞泄比洪水期敞泄使潼关高程平均多下降 0.19 m。实体模型试验得出,3 年后汛期敞泄比洪水期敞泄使潼关高程多下降 0.08 m。

(6)数学模型计算得出,14 年后 315 m 控制比 318 m 控制平均多降低潼关高程 0.15 m,310 m 控制比 315 m 控制平均多降低潼关高程 0.15 m。实体模型试验得出,3 年后非 汛期 315 m 控制运用比 318 m 控制运用使潼关高程多下降 0.08 m。

(7)数学模型计算得出,14 年后平水系列比枯水系列使潼关高程多下降 0.57 m。实 体模型试验得出,3 年后平水系列比枯水系列使潼关高程多下降 0.52 m。

(8)非汛期控制水位越低,潼关高程下降幅度越大,但水库由现状运用调整为 318 m 控制运用时,降低潼关高程的效率最大。当水库由现状运用调整为 318 m 控制运用时,对 于平水和枯水系列,每米水位下降引起潼关高程下降值分别为 0.31 m 和 0.23 m。当水 库调整为 315 m 控制运用时,对于平水和枯水系列,318~315 m 每米水位下降引起潼关 高程下降值分别只有 0.06 m 和 0.05 m。而当水库调整为 310 m 控制运用时,对于平水 和枯水系列,315~310 m 每米水位下降引起潼关高程下降值分别仅为 0.04 m 和 0.03 m。

(9)数学模型计算得出,当三门峡水库采用现状运用时,总的来说,潼三段冲淤幅度 不大,平水系列时冲淤幅度介于 -0.31 亿~0.75 亿 m³,枯水系列时四家计算结果基本为 冲淤平衡,介于 -0.43 亿~0.5 亿 m³;当采用全年敞泄运用时潼三段冲刷明显,在平水系 列下,有三家计算结果非常接近,冲刷 3.31 亿~3.45 亿 m³,另一家冲刷达 5.0 亿 m³,在 枯水系列时,四家计算的冲刷幅度介于 1.65 亿~4.09 亿 m³;当三门峡水库采用汛期敞泄 非汛期(318 m/315 m/310 m)控制运用时,平水系列,四家计算的冲刷量介于 2.1 亿~ 3.86亿 m³,枯水系列,冲刷量介于 1.12 亿~2.71 亿 m³,控制水位越低,冲刷量越大;当三 门峡水库采用汛期洪水敞泄非汛期(318 m/315 m/310 m)控制运用时,冲刷量随非汛期 运用水位降低而增大,平水系列,冲刷幅度介于 1.93 亿~2.81 亿 m³,枯水系列,冲刷幅度 介于 0.67 亿~2.48 亿 m³。实体模型试验得出,平水系列全年敞泄运用,3 年后潼关以下 河道可冲刷泥沙 3.86 亿 m³;枯水系列全年敞泄运用,可冲刷泥沙 2.48 亿 m³;其他试验组 次,可冲刷泥沙 1.22 亿~2.07 亿 m³。

第五章　河道整治等其他措施
降低潼关高程作用研究

第一节　潼关—大禹渡河段河道整治降低
潼关高程的作用

潼关—大禹渡河段长约 50 km,河道宽 1~2.3 km。目前该河段整治工程长度约 30 km,大部分为护岸工程,对水流控导能力较差,主槽宽浅,流路不稳,具有河道的性质。通过实体模型试验,研究增加河道整治工程对改善、稳定河势及其对降低潼关高程的作用。

一、试验条件

模型范围包括渭河华县以下、小北干流上源头以下、北洛河朝邑以下及潼关以下的三门峡库区。模型的三个进口分别为小北干流的上源头(黄淤 45 断面)、渭河华县和北洛河朝邑,出口为三门峡大坝,模拟原型河道长度约 180 km。该模型是依据黄河水利科学研究院多年模型试验并遵循黄河泥沙模型相似律设计的,模型平面比尺为 420、垂直比尺为 50,选取郑州热电厂粉煤灰作为模型沙。模型制作完成后,进行了 1992~1994 年的验证试验,结果表明,模型在潼关高程变化、水位、冲淤量及河势演变等方面均可达到与原型相似的要求。

为了充分反映河道整治工程修建后对潼关高程降低的作用,试验采用平水"1987~1989 年系列"作为模型试验进口来水来沙条件。模型初始地形根据 2001 年汛后实测大断面与河势资料制作,初始地形条件下相应的潼关高程为 328.23 m。

三门峡水库运用方式为:非汛期按 318 m 控制运用,汛期洪水大于 1 500 m³/s 时敞泄运用,否则按 305 m 控制运用。

二、整治方案

"十五"规划所制定的潼关—三门峡段库区治理的任务为:稳定有利河势,改善不利河势,减缓塌岸发展速度,并为两岸发展引水灌溉事业创造条件。工程建设原则为:对于黄淤 30 断面(大禹渡)以上按河道整治工程建设,黄淤 30 断面以下按防冲防浪工程建设。

现状条件下潼关—大禹渡河段共有工程 10 处,工程总长度 30.049 km,该河段的工程均属于防冲防浪性质的工程。整治方案在"十五"规划潼关—大禹渡河段新建工程 6.45 km 的基础上,结合近年来该河段的河势变化及三门峡水库运用方式实体模型试验结果,另外增加工程 12.30 km,增建丁坝 31 道,详见表 5-1。

表 5-1　黄河三门峡库区潼关—大禹渡河段现状及拟新建改建工程情况统计

岸别	现状工程				新增建工程			备注
	工程名称	工程性质	建成时间（年-月）	工程长度（m）	上延（m）	下延（m）	丁坝（道）	
左岸	古贤	防冲	1971-10	2 984	1 000	550	5	
	原村	防冲	1972-05	4 368	1 400	2 000	6	
	礼教	防冲	1976-02	3 672	1 000	2 000	5	
	大禹渡（上）	防冲、防浪		1 300		650		连接上中段
	大禹渡（中）	防冲、防浪		950		600		连接中下段
	大禹渡（下）	防冲、防浪		800				
右岸	七里村	防冲		5 000			2	
	鸡子岭	防冲	1979-08	4 520	2 100		4	
	盘西	防冲	1977-08	2 173	1 700	1 900	4	两工程相连
	盘东	防冲		750				
	阌东	防冲	1983-09	1 748				
	杨家湾	防冲	1978-06	1 784	2 000	1 850	5	
合　计				30 049	9 200	9 550	31	

三、试验成果

（一）潼关高程变化

增加河道整治工程前后潼关高程的变化见表 5-2 和图 5-1。试验结果表明，潼关高程变化表现为非汛期淤积抬高，汛期冲刷降低，试验结束时潼关高程均有所下降，未增加河道整治工程时，潼关高程降低到 327.40 m，下降了 0.83 m；修建河道整治工程以后，潼关高程为 327.32 m，下降了 0.91 m，比增建河道整治工程前多降低 0.08 m。

表 5-2　增加河道整治工程前后潼关高程变化

时间	现状工程		增加规划工程		增加工程前后
	潼关高程（m）	潼关高程变化值（m）	潼关高程（m）	潼关高程变化值（m）	潼关高程变化值（m）
2001 年汛后	328.23		328.23		
2002 年汛前	328.30	0.07	328.34	0.11	0.04
2002 年汛后	328.10	−0.20	328.12	−0.22	0.02
2003 年汛前	328.24	0.14	328.23	0.11	−0.01
2003 年汛后	327.85	−0.39	327.82	−0.41	−0.03
2004 年汛前	327.95	0.10	327.91	0.09	−0.04
2004 年汛后	327.40	−0.55	327.32	−0.59	−0.08

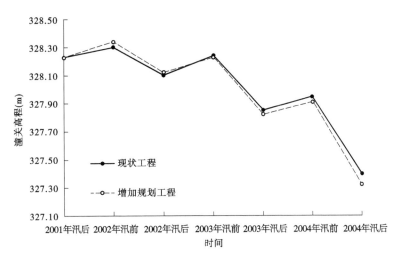

图 5-1 河道整治前后潼关高程变化过程

(二)河势变化

潼关—大禹渡河段新增河道整治工程修建前后历年的河势(主流线套绘)变化见图 5-2~图 5-7。

黄淤 42—黄淤 34 河段,1987 年汛后至 1989 年汛后期间,增建河道整治工程前后,河势对比变化不是太大。稍有变化的是个别局部河段,如黄淤 42 断面至古贤工程河段,受上游渭黄汇流区河势变化的影响,1987 年汛后,主流走中泓穿过潼关铁路桥后,又南摆并紧靠七里村工程上首经丁坝送流折向古贤工程下首,但七里村新增工程丁坝控制仍然无力,而后主流逐年北摆到 1989 年汛后,使得七里村新增改建工程没有充分发挥其控导作用。其次是鸡子岭工程,1987 年鸡子岭新建上延工程汛后还靠河,到 1988 年后已逐渐脱流。其余河段新增改建工程后,仍不能有效地控制河势且与没加河道整治工程方案的河势流路基本一致。

对于黄淤 34—黄淤 27 河段,从图中可以看出,新增河道整治工程前后河势变化大的局部河段是:礼教新增下延控导工程,其控导作用较未加下延控导工程有所好转,使得礼教控导工程至杨家湾河段之间主流线的横向摆动从 1987 年汛后至 1989 年汛后逐年下移且基本趋直行走。其次是杨家湾新修下延工程 1987 年汛后不靠流,但至 1989 年汛后全部靠流,且送流效果理想,使得大禹渡工程前的"Ω"形河湾从 1987 年汛后至 1989 年汛后较杨家湾未加新修下延工程逐年下挫,但幅度不大,两者的流路也基本一致。其余河段河势均与未加河道整治工程河势变化相同,并且流路较为稳定。

综上所述,新增河道整治工程前后的河势变化不大,新增工程后并不能很好地控制现状河势,基本上起不到控导现状河势的作用,只是个别河段的局部河势变化稍有改观,如礼教新增下延控导工程,其控导作用较未加下延控导工程有所好转。另外,杨家湾新修下延工程至 1989 年汛后全部靠流,且送流效果也较为理想。其余河段河势流路稳定,新增建改建工程后与现状河道整治工程的河势变化基本一致。

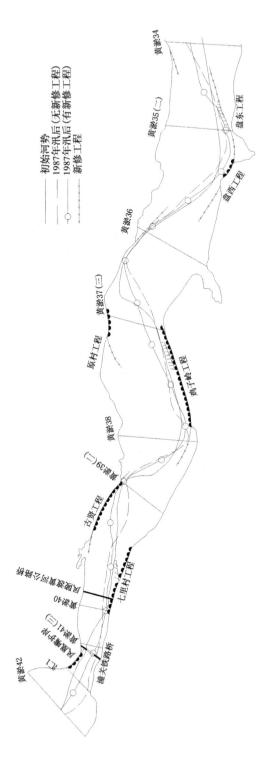

图 5-2　1987 年汛后黄淤 42—黄淤 34 河段增建河道整治工程前后河势对比

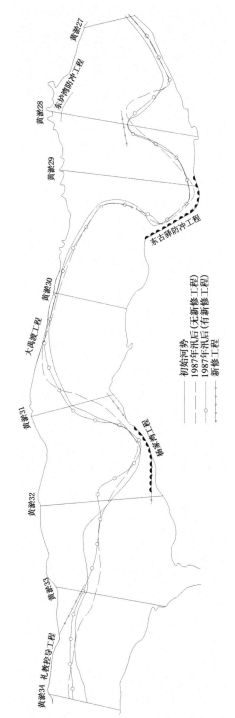

图 5-3 1987 年汛后黄淤 34—黄淤 27 河段增建河道整治工程前后河势对比

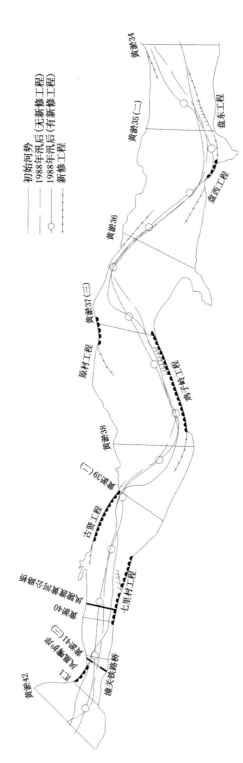

图 5-4 1988 年汛后黄淤 42—黄淤 34 河段增建河道整治工程前后河势对比

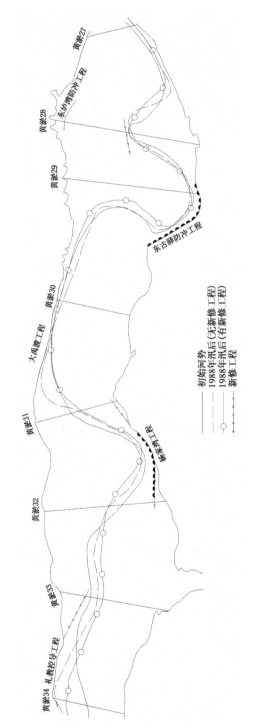

图 5-5 1988 年汛后黄淤 34—黄淤 27 河段增建河道整治工程前后河势对比

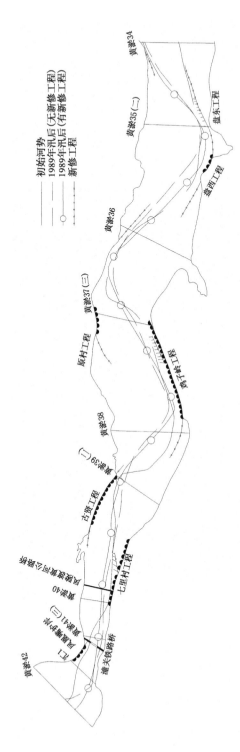

图 5-6 1989 年汛后黄淤 42—黄淤 34 河段增建河道整治工程前后河势对比

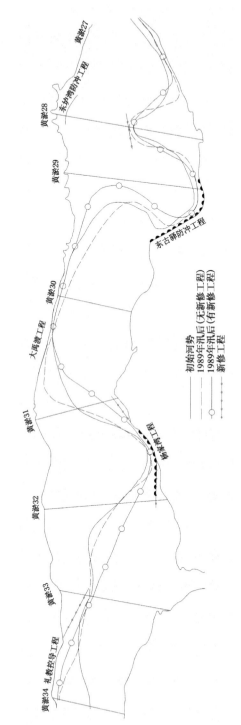

图 5-7 1989 年汛后黄淤 34—黄淤 27 河段增建河道整治工程前后河势对比

黄淤27

黄淤28　东坪湾防冲工程

黄淤29

东古驿防冲工程

黄淤30　大禹渡工程

杨潘渡工程

黄淤31

黄淤32

黄淤33

黄淤34　礼教控导工程

初始河势
1989年汛后（无新修工程）
1989年汛后（有新修工程）
新修工程

（三）河段冲淤变化

河道整治工程增建前后潼关—三门峡各个河段的冲淤量见表 5-3 和图 5-8。

试验结果表明，潼关—三门峡各个河段冲刷量是沿程增加的，潼关—大禹渡河段增加河道整治工程前后的冲刷量分别为 0.507 亿 m³ 和 0.595 亿 m³，增加河道整治工程后多冲刷 0.088 亿 m³。

表 5-3   河道整治前后各个河段冲淤量统计

河段	冲淤量（亿 m³）		
	现状工程	增加规划工程	增加工程前后变化值
坝址—黄淤 22	−0.942	−0.954	−0.012
黄淤 22—黄淤 30	−0.458	−0.503	−0.045
黄淤 30—黄淤 36	−0.326	−0.400	−0.074
黄淤 36—黄淤 41	−0.181	−0.195	−0.014
黄淤 30—黄淤 41	−0.507	−0.595	−0.088
坝址—黄淤 41	−1.907	−2.052	−0.145

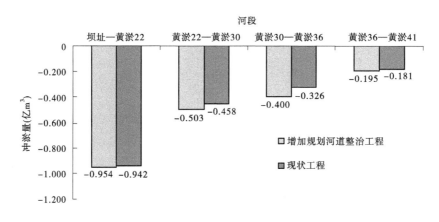

图 5-8   河道整治前后潼关至大坝河段冲淤量沿程分布

河道整治工程增建前后潼关—三门峡各个时段的冲淤量见表 5-4 和图 5-9，试验结果表明，现状及增加河道整治工程两种情况下，仍然遵循非汛期淤积、汛期冲刷的规律，只是增加河道整治工程后的冲刷量要比现状工程条件下略大一些。

表 5-4   河道整治前后潼关至大坝河段各个时段冲淤量

河段	冲淤量（亿 m³）		
	现状工程	增加规划工程	增加工程前后变化值
1987 年非汛期	0.968	1.087	0.119
1987 年汛期	−1.271	−1.291	−0.02
1988 年非汛期	1.223	1.231	0.008
1988 年汛期	−1.931	−1.932	−0.001
1989 年非汛期	1.686	1.549	−0.137
1989 年汛期	−2.582	−2.696	−0.114
合计	−1.907	−2.052	−0.145

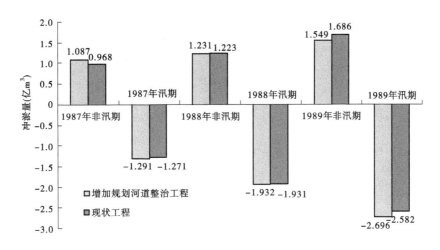

图 5-9 河道整治前后潼关至大坝河段各个时期冲淤量分布

第二节　汇流区河道整治降低潼关高程的作用

黄渭洛河汇流区内当前的突出问题是泥沙淤积、渭河尾闾不畅和黄河西倒夺渭。在来水来沙没有得到有效控制的情况下,应当有重点地采取整治措施,以限制这些突出问题的进一步恶化。解决渭河尾闾不畅和黄河西倒夺渭问题,有利于渭河下游的泄流排沙,有利于减轻汇流区的淤积和潼关高程的降低。

本实体模型试验研究与第六章所述的"潼关高程变化对渭河下游河道影响的动床实体模型试验研究"是在同一个实体模型上进行的,模型水平比尺 500、垂直比尺 60。有关模型范围、模型设计、模型选沙和模型验证内容见第六章。

一、试验水沙系列

(一)试验水沙系列选择

河道整治主要是控制中水流量下的河势。对于潼关以上黄河小北干流这样的游荡性河道来说,通过河道整治控制了中常洪水的河势,有了较为稳定的中水河槽,可为进一步控制洪水河势创造有利条件。渭河尾闾为弯曲性河道,河道整治也是以控制中水流量下的河势为主。通过分析 1960~2001 年潼关站和华县站水沙变化,初步选定平水年 1985 年(1984 年 11 月 1 日至 1985 年 10 月 31 日)水沙过程进行不同整治方案的比较试验;选定平水系列 1987~1990 年 4 年系列(1986 年 11 月 1 日至 1990 年 10 月 31 日)进行推荐整治方案的试验。

(二)试验水沙系列特征

1985 年来水来沙特征值见表 5-5。咸阳+张家山(二)站的年水量为 64.80 亿 m³,年沙量为 2.73 亿 t,年最大日均流量为 1 617 m³/s,年最大日均含沙量为 543 kg/m³,年均流量为 205.48 m³/s,年均含沙量为 42.25 kg/m³。潼关站的年水量为 408.05 亿 m³,年沙量为 8.18 亿 t,年最大日均流量为 5 190 m³/s,年最大日均含沙量为 153 kg/m³,年均流量为

1 293.91 m³/s,年均含沙量为 20.05 kg/m³。

表 5-5　1985 年来水来沙特征值

特征值	咸阳	张家山（二）	咸阳+张家山（二）	潼关
年水量（亿 m³）	49.72	15.08	64.80	408.05
年均流量（m³/s）	157.67	47.81	205.48	1 293.91
年沙量（亿 t）	0.89	1.84	2.73	8.18
年均含沙量（kg/m³）	17.98	122.31	42.25	20.05
年最大日均流量（m³/s）	1 230	438	1 617	5 190
年最大日均含沙量（kg/m³）	254	631	543	153

1987~1990 年水沙系列特征值见表 5-6。4 年中咸阳+张家山（二）站最大年水量达 62.21 亿 m³（1990 年），最小年水量则为 35.32 亿 m³（1987 年）；最大年沙量为 5.30 亿 t（1988 年），最小年沙量则为 1.31 亿 t（1987 年）；最大日均流量为 2 590.0 m³/s，最大日均含沙量为 508.0 kg/m³。4 年咸阳+张家山（二）站的总水量 208.6 亿 m³，年均 52.15 亿 m³；总沙量为 11.4 亿 t，年均 2.85 亿 t；4 年平均流量为 165.26 m³/s，平均含沙量为 54.65 kg/m³。

图 5-6　1987~1990 年渭河下游（咸阳+张家山（二））来水来沙特征值

年份	水量（亿 m³）	沙量（亿 t）	最大日均流量（m³/s）	最大日均含沙量（kg/m³）	平均流量（m³/s）	平均含沙量（kg/m³）
1987	35.32	1.31	1 063.5	508.0	111.99	37.14
1988	61.48	5.30	2 590.0	490.1	194.41	86.23
1989	49.60	1.82	1 467.0	412.7	157.29	36.64
1990	62.21	2.97	2 573.0	330.6	197.28	47.75
4 年平均	52.15	2.85			165.26	54.65

表 5-7 为潼关站 1987~1990 年水沙系列特征值。4 年中潼关站最大年水量达 376.77 亿 m³（1989 年），最小年水量则为 193.12 亿 m³（1987 年）；最大年沙量为 13.59 亿 t（1988 年），最小年沙量则为 3.22 亿 t（1987 年）；最大日均流量为 6 000.0 m³/s，最大日均含沙量为 324.0 kg/m³。4 年潼关站的总水量 1 229.6 亿 m³，年均 307.40 亿 m³；总沙量为 32.96 亿 t，年均 8.24 亿 t；4 年平均流量为 974.10 m³/s，平均含沙量为 26.80 kg/m³。

表 5-7　1987~1990 年潼关站的水沙特征值

年份	水量（亿 m³）	沙量（亿 t）	最大日均流量（m³/s）	最大日均含沙量（kg/m³）	平均流量（m³/s）	平均含沙量（kg/m³）
1987	193.12	3.22	3 450.0	182.0	612.38	16.69
1988	308.74	13.59	6 000.0	269.0	976.33	44.00
1989	376.77	8.53	5 770.0	324.0	1 194.74	22.64
1990	350.98	7.61	4 080.0	119.0	1 112.94	21.69
4 年平均	307.40	8.24			974.10	26.80

二、试验条件

(一)模型起始地形

汇流区整治试验的模型起始地形根据 2001 年汛后实测大断面资料,并参照同期河势图塑造。

(二)模型进口施放的水沙过程

在不同整治方案的比较试验中,模型进口施放的水沙过程为 1984 年 11 月 1 日至 1985 年 10 月 31 日咸阳、张家山(二)、朝邑和上源头逐日水沙过程经概化后的水沙过程;在推荐整治方案的试验中,模型进口施放的水沙过程为 1986 年 11 月 1 日至 1990 年 10 月 31 日咸阳、张家山(二)、朝邑和上源头逐日水沙过程经概化后的水沙过程。

(三)模型出口水位

汇流区整治试验的模型出口控制断面为坫埼断面,该处没有实测的水位流量关系。通过分析 2001 年潼关流量和坫埼水位的关系得到对应于 2001 年地形的潼关流量与坫埼水位的关系。2001 年潼关流量小于 2 500 m³/s,潼关流量大于 2 500 m³/s 部分还需要通过分析历史资料外延。通过分析 1985 年以来大于 2 500 m³/s 的潼关流量和坫埼水位关系,发现潼关流量与坫埼水位关系基本上具有平行上升的趋势。因此,外延 2001 年潼关流量与坫埼水位关系后,作为模型出口控制的水位流量关系。

三、整治方案与试验方案

(一)整治方案

黄淤 45 断面以下汇流区现有的整治工程有左岸的长旺工程、合河工程,右岸的牛毛湾工程。这些工程目前还不能很好地控导黄河河势,因此需要选择既有利于渭河尾闾通畅和控制黄河西倒,又符合"90"治导线的合理整治方案。

本试验整治方案包括汇流区整治方案和渭河尾闾整治方案两部分。汇流区整治方案为在不侵占"90"治导线的前提下,牛毛湾工程下延 2 500 m,将黄河主流东导,使黄渭交汇口下移;在渭河口港口修建 2 000 m 的护岸工程,以改善局部的流态,使水流与潼关平顺衔接,创造有利于冲刷潼关河床的汇流区河势。渭河尾闾整治方案为按渭河下游治导线布设政校(1 160 m)、南王家(1 720 m)、吴村(1 240 m)及吊桥(960 m)四处护岸工程,使渭河尾闾河道平顺地入汇黄河干流。

(二)试验方案

针对上述整治方案,拟定了 4 个实体模型试验方案:

方案 1 为现状方案,汇流区和渭河尾闾采用目前工程布置,进口水沙按 1985 年水沙过程施放。

方案 2 为汇流区增置牛毛湾下延工程和港口护岸工程,渭河尾闾为现状工程布置,进口水沙按 1985 年水沙过程施放。

方案 3 为汇流区增置牛毛湾下延工程和港口护岸工程,渭河尾闾增置政校、南王家、吴村及吊桥四处护岸工程,进口水沙按 1985 年水沙过程施放。

方案 4 为推荐整治方案的长系列试验方案,汇流区增置牛毛湾下延工程和港口护岸工程,渭河尾闾增置政校、南王家、吴村及吊桥四处护岸工程,进口水沙按 1987~1990 年水沙过程施放。

四、试验成果分析

(一)潼关高程

表 5-8 为 4 个方案试验结束时的潼关高程值。由表 5-8 可见,现状条件下平水年试验后(方案 1)潼关高程下降了 0.24 m;汇流区整治后的方案 2 比现状的方案 1 潼关高程多降低了 0.06 m;汇流区和渭河尾闾整治后的方案 3 比现状的方案 1 潼关高程多降低了 0.08 m;4 年系列方案 4 又比一年系列方案 3 潼关高程多下降了 0.16 m。这一结果表明在连续的枯水系列后,遭遇平水年或平水系列时潼关高程会有比较明显的下降,且汇流区和渭河尾闾整治对于降低潼关高程有一定的作用。

表 5-8　各方案潼关高程对比

试验方案	试验结束时潼关高程(m)	比 2001 年汛后潼关高程降低值(m)	比现状(方案 1)潼关高程降低值(m)
方案 1	327.99	0.24	
方案 2	327.93	0.30	0.06
方案 3	327.91	0.32	0.08
方案 4	327.75	0.48	0.24

(二)河道形态变化

试验结果显示各方案河道形态有不同程度的变化。

方案 1 试验结束时,渭河下游河道经过 1985 年中水年,主槽都不同程度地发生了冲深和拓宽,滩地都不同程度地发生了淤积。在试验过程中,虽然有漫滩洪水发生,但每次洪水降落以后,水流都能回归主槽,除少数河湾的弯顶有些上提下挫、河湾取直外,河势在总体上没有明显的变化,基本上保持了原有的蜿蜒型河道特性。

汇流区河势,在试验开始时黄河宽浅、散乱,西倒夺渭严重,渭河汇入黄河的角度几乎成直角,出流不畅。经过 1985 年中水年试验后,汇流区河势有所规顺,黄渭交汇口有所下移、交汇角度有所减小,但由于牛毛湾工程不能有效控制黄河河势,黄河仍然西倒夺渭,黄渭交汇不平顺的局面没有得到根本改善,渭河出流仍然不畅,黄渭交汇后在潼河口处坐弯,水流与潼关衔接不平顺,影响水流对潼关高程的冲刷。

方案 2 试验时,渭河下游河道变化与方案 1 试验时基本一致,试验结束时,渭河下游河势在总体上没有明显的变化,基本上保持了原有的蜿蜒型河道特性。

汇流区河势,由于方案 2 试验中下延了牛毛湾工程,对黄河水流有向潼关方向导流的作用,限制了黄河西倒夺渭。同时,修建的港口工程又限制了水流在此坐弯,有把水流平顺导向潼关的作用。因此,在方案 2 试验结束时,汇流区河势比方案 1 更规顺,黄渭交汇点已下移至港口工程上首处,渭河出流已顺畅,水流与潼关的衔接已比较平顺,这样的河势有利于潼关高程的冲刷。

方案 3 试验,渭河下游河道变化和汇流区河势与方案 2 试验基本一致。唯一的不同是渭河尾闾的整治使渭河尾闾得到了较好控制,使渭河与黄河的交汇更加平顺,交汇口比方案 2 时进一步下移,水流与潼关的衔接更平顺,汇流区河势更有利于潼关冲刷。

方案 4 渭河下游河道变化及汇流区河势总体上与方案 3 基本一致。不同之处是渭河下游河道主槽进一步刷深、拓宽,个别弯道有上提下挫发生;汇流区河道滩槽更明显,河道更规顺。

(三)冲淤量

表 5-9 和图 5-10(a)为 4 个方案渭河下游河道各河段的冲淤量。由表 5-9 和图 5-10(b)可见,4 个方案在渭河下游沿程的冲淤规律是一致的,都是两头冲刷、中间淤积。1 年系列的方案 1、2、3 在各河段的冲淤量差别很小,这与方案 1~3 来水来沙过程相同,汇流区边界条件变化较小是一致的;4 年系列的方案 4 在各河段的冲淤量明显大于其他 3 个方案在相应河段的冲淤量,这与方案 4 试验历时长、冲淤还在继续发展有关。

表 5-9 各方案渭河下游冲淤量

试验方案		渭拦 1—渭淤 1	渭淤 1—渭淤 10	渭淤 10—渭淤 21	渭淤 21—渭淤 26	渭淤 26—渭淤 31	渭拦 1—渭淤 31
河段冲淤量 (亿 m³)	1	−0.006 1	−0.007 4	0.142 4	0.067 9	−0.008 6	0.188 2
	2	−0.007 6	−0.009 0	0.140 4	0.066 8	−0.009 6	0.181 0
	3	−0.008 2	−0.009 2	0.140 0	0.066 7	−0.009 6	0.179 7
	4	−0.016 7	−0.011 8	0.288 8	0.136 2	−0.023 8	0.372 6
主槽冲淤量 (亿 m³)	1	−0.015 0	−0.059 7	−0.017 8	−0.006 0	−0.010 2	−0.108 7
	2	−0.019 8	−0.062 0	−0.018 0	−0.006 1	−0.010 5	−0.116 4
	3	−0.020 5	−0.062 8	−0.018 3	−0.006 5	−0.010 5	−0.118 6
	4	−0.033 8	−0.094 3	−0.034 2	−0.013 4	−0.030 1	−0.205 8

表 5-9 和图 5-10(b)为 4 个方案渭河下游各河段主槽的冲刷量。由表 5-9 和图 5-10 可见,4 个方案渭河下游全河段主槽都是冲刷的。方案 1、2、3 在渭淤 1 上游各河段的主槽冲刷量基本一致,在渭淤 1 下游的渭河尾闾段,方案 2、3 的主槽冲刷量比方案 1 的有所增加,表明汇流区和渭河尾闾整治后,黄渭交汇口的下移和渭河出流的顺畅对增加渭河尾闾河道主槽冲刷是有一定作用的。

方案 4 在各河段的主槽冲刷量明显大于其他 3 个方案在相应河段的主槽冲刷量。这一结果表明方案 4 在 4 年试验过程中,主槽的冲刷也是逐渐发展的。

表 5-10 为不同方案黄河干流部分冲淤量。

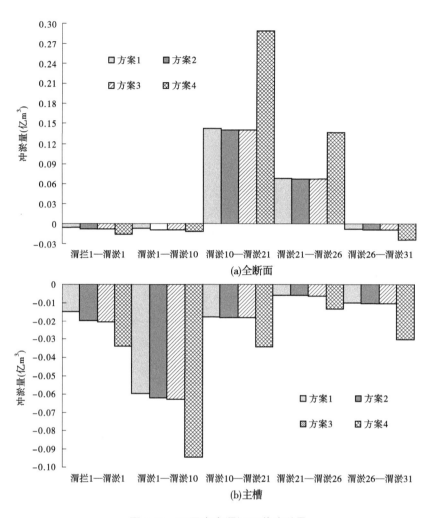

图 5-10　不同方案渭河下游冲淤量

表 5-10　不同方案黄河干流部分冲淤量

方案	方案 1		方案 2		方案 3		方案 4	
河段	黄淤 36—黄淤 41	黄淤 41—黄淤 45	黄淤 36—黄淤 41	黄淤 41—黄淤 45	黄淤 36—黄淤 41	黄淤 41—黄淤 45	黄淤 36—黄淤 41	黄淤 41—黄淤 45
冲淤量(亿 m^3)	-0.027 2	0.033 6	-0.033 0	0.028 5	-0.034 1	0.027 1	-0.043 7	0.067 3

第三节　潼关河段清淤降低潼关高程的作用

为缓解三门峡水库库区淤积,三门峡水利枢纽进行了多次工程改建,增大了泄流规模;在运用方式上不断改进,降低了水库最高运用水位。但 1986 年以来来水来沙条件发生不利变化,库区难以维持冲淤平衡,河道萎缩,输沙能力下降,加剧了潼关高程的上升趋势,潼关高程居高不下。

影响潼关高程的因素是复杂多样的,实践证明,仅靠一种方法不可能从根本上改变潼关高程的上升趋势。作为综合治理措施之一,1996年首次在潼关河段采用射流清淤的方式进行人工清淤试验,至2003年连续进行了8年。

一、潼关河段清淤的目的和意义

潼关高程是渭河和黄河小北干流的局部侵蚀基准面,潼关高程的抬升对渭河下游和黄河小北干流的防洪产生了一定的影响,同时也限制了三门峡水库综合效益的发挥。为了解决潼关高程抬升及其带来的一系列问题,有关部门的专家、学者进行了长期的探索和研究。经过各方的共同努力,1996年首次在潼关河段采用射流清淤的方式进行人工清淤试验。

射流清淤是利用喷嘴射出的高速水流冲击河床,使淤积在河床的泥沙重新悬浮,再借助河道水流的天然动力将悬浮的泥沙输送到下游,减少清淤河段的淤积;通过射流清淤改变清淤河段的淤积分布,调整局部河床形态和河段比降,理顺河势等,增加河段水流本身的挟沙能力,从而也可以减少清淤河段的淤积。通过上述直接和间接手段达到减少潼关河段的淤积、抑制潼关高程抬升的目的。

二、清淤工程概况

潼关河段射流清淤工程从1996年开始,到2003年已开展了8年,8年来清淤规模不断扩大,内容不断增加,管理不断完善,研究也在不断深入。

1996年开始清淤试验时,主要清淤设备只有2条自制的简易射流船,到1999年共设计制造了4条不同型号的专业射流船,2001年又续造了5艘两种不同船型的专业射流船,分别于2001年汛期、2002年桃汛期投入使用,2002年、2003年射流船均为9条。1996~1998年每年投入扰流船(拖动机械扰动水流,减少悬浮泥沙沉降)3艘,1999年为1艘。随着专业射流船的投入使用,2000年起取消了扰流船。

1996~1999年,每年只在汛期清淤,从2000年开始,增加桃汛期清淤。

适宜清淤作业的大河水沙条件为流量250~3 500 m³/s,含沙量小于150 kg/m³。清淤河段基本选在主要影响潼关高程升降的潼关至坩埼河段内,实际操作过程中,根据河势变化随时调整重点作业河段。清淤船操作指标:喷嘴提升高度(离河床高度)为0.3~0.7 m,喷嘴与床面夹角为60°~90°,作业航速:0#船为0.2~1.5 km/h,其余的8条船为0.5~3.0 km/h;清淤作业以逆流顺冲和顺流顺冲为主,船队作业时,前后船距一般保持200~300 m。

历年清淤基本情况见表5-11。

每年清淤开始之前,在进行河势查勘的基础上,根据河势变化及多年的水沙资料分析,进行清淤实施方案设计。在清淤组织施工管理过程中,最初的1996~1998年为试验项目管理阶段,发展到1999~2003年按照基本建设三项制度进行项目管理阶段,项目管理逐步走向正规。在清淤开始之前、清淤期间、清淤结束之后,根据需要加测河势、断面、水沙等资料,用于分析研究。每年清淤结束之后,均对当年的清淤效果进行分析,最后对当年的清淤工程组织有关部门、专家学者进行验收。

表 5-11　历年清淤基本情况一览

年份	清淤时间 （月-日）	清淤河段	射流船 （艘）	扰流船 （艘）	总功率 （kW）	投入人力 （人）
1996	05-20~09-20	黄淤 41—黄淤 38	2	3	1 076	64
1997	05-20~09-20	黄淤 37—黄淤 41	2	3	1 279	64
1998	06-01~10-15	黄淤 40—黄淤 37	2	3	1 305	64
1999	08-01~09-30	黄淤 37+3—黄淤 39	4	1	2 940	64
2000	桃汛：03-23~04-15 汛期：06-23~10-15	黄淤 37+5—黄淤 41 黄淤 37+4—黄淤 39+4	4	0	2 720	60
2001	桃汛：03-15~04-15 汛期：07-28~10-20	黄淤 37+4—黄淤 39+4 黄淤 36+1—黄淤 39+4	6	0	4 010	80
2002	桃汛：03-10~04-20 汛期：06-24~10-15	黄淤 37+1—黄淤 39+4 黄淤 36+2—黄淤 39+7	9	0	6 560	102
2003	桃汛：03-15~04-15 汛期：09-04~10-10	黄淤 39—黄淤 41 黄淤 39+2—黄淤 41	9	0	6 560	102

三、潼关清淤效果分析

潼关河段清淤所遵循的基本原则是因势利导,疏通流路,理顺河势,集中水流,调整局部比降,提高水流挟沙能力,从而达到减少河道淤积、抑制潼关高程抬升的目的。清淤的直接效果反映在对潼关河段的河势、局部比降、横断面形态以及冲淤量分布的调整等方面。

（一）河势调整

射流清淤对河势的调整,主要靠疏浚浅滩、封堵支流汊道等来实现。受来水来沙条件和上游河势变化的影响,潼关—鸡子岭河段（黄淤 41—黄淤 37 断面）具有主流游荡的特点。尤其是黄淤 39—黄淤 37 断面,河道宽浅,水流散乱,河势不稳,深泓线位置摆幅较大,造成河道输沙能力降低。

每年开始清淤作业时,将船安排在浅滩尾部段,即连接浅滩与窄深河槽的过渡段。经过较长时间的往返作业,尾部段河床开始冲刷并逐渐向上游发展。清淤作业河段随之上提,直至整个浅滩河段疏通。经过清淤,浅滩河段河床冲刷,河槽刷深,水流趋于集中。位于主流两侧的分流汊道逐渐淤积萎缩,河势趋于规顺。另一种河势调整的方法是根据河势变化特点,选择适当时机,将射流清淤船集中分布在串流口门外的浅水区,利用高压水流冲积河底,掀起沙浪就近落淤,以达到封堵分流汊道、集中水流、调整河势的目的。

1996 年清淤前古贤（黄淤 39（二））上下河段水流分散,出现四股河,经过清淤作业,该河段基本变为单股河,河心滩消失;1997年在河势最为散乱的黄淤37+7断面上下局部河段,水流分为六七股河,很难分清主流。经过清淤,汊流串沟被封堵,流路趋于集中,在黄淤39—黄淤37+5断面之间形成两股河,随着"97·8"洪峰到来,河心滩逐步消失,两股河合二为一;2000年经过清淤,古贤工程下游附近弯道曲率减小,黄淤38断面处的心滩缩窄变小,主流居中,河势规顺;2002年针对黄淤38+1—黄淤37+7断面间的畸形"S"河湾施工,先使河湾进一步发展,然后沿串沟出口流向进行疏导,维护串沟流路畅通,经过两周的作业,弯道部分老河槽萎缩断流,实现了裁弯取直,达到了改善清淤河段河势的目的。

(二)河道局部比降调整

受河槽形态影响,潼关河段内的分段河床比降沿程是不一致的。由于宽浅河段的水面线及河床较上下相邻窄深河段隆起,沿程比降发生变化。每年清淤作业使河道比降发生不同程度的改善,促使上下河段水面比降趋于一致。

1996年清淤前,潼关—古贤河段的比降仅有1.7‰左右,下段比降则为2.2‰~2.3‰,清淤期间,潼关—古贤河床普遍冲刷0.1~0.3 m,平均比降增加至2.3‰,从而使上下河段水面比降趋于一致。1997年清淤导致潼关(六)—黄淤37+7断面比降由2.0‰增加至2.2‰。1998年在清淤和河床冲淤调整的作用下,潼关—鸡子岭河段比降趋于一致,介于1.9‰~2.2‰,7月、8月比降基本稳定在2.0‰~2.2‰,位于清淤河段下端的黄淤37+8—黄淤37(二)断面,随着清淤范围的扩大和时间的延续,河道水面比降由初期的1.8‰增加至2.0‰。2000年清淤开始时,黄淤39+4—黄淤41河段比降为2.32‰,清淤重点河段黄淤37+8—黄淤39+4为1.94‰,其下段黄淤37—黄淤37+8为1.52‰,至9月30日三河段分别比清淤前减少0.4‰、增加0.45‰、增加0.15‰。2001年桃汛清淤初期,作业河段在黄淤37+8以上,受其影响,下游黄淤37+8—黄淤38+5河段水面比降,历时仅3~5 d,由1.35‰增加到2.52‰,达到桃汛洪水前的最高值。2002年射流清淤裁弯取直,河道流路缩短1 850 m,黄淤39+4—黄淤37+8之间比降从2.38‰增加至3.43‰。2003年桃汛清淤期间重点清淤黄淤39—黄淤40河段,由于清淤河段同流量水位下降,从而导致清淤河段的上游水面比降变大,下游水面比降有所减小。潼关(八)—黄淤39+4位于重点清淤河段上游,桃峰之前同流量水面比降由清淤初期的2.53‰增加至3.19‰,而位于下游的黄淤39+4—黄淤37+8河段则由2.08‰降低到1.81‰。

以上各个河段的比降调整情况表明,在清淤及河床冲淤自动调整的作用下,潼关—鸡子岭河段比降趋于一致,介于1.9‰~2.2‰。

(三)对河道横断面形态的影响

潼关河段射流清淤对横断面形态的调整是在疏浚浅滩、封堵分流汊道与自然水流冲淤调整的作用下取得的,多年来,在实施清淤过程中,利用高速喷射水流冲击河床,改善泥沙淤积部位,使浅滩段河床产生冲刷,断面形态发生变化。河槽束窄刷深,主槽冲深,边滩淤高,反映横断面形态特征的河相关系$\sqrt{B}/H$或断面形态参数M(=湿周P/水力半径R)有不同程度的减小。表5-12是1999年平水期清淤前后河道断面特征值统计,从表5-12中可以看出,清淤后清淤河段M值减小,即横断面变得窄深。

表 5-12　1999 年平水期清淤前后河道断面特征值统计

断面	清淤前				清淤后			
	日期 （年-月-日）	面积（m²）	宽度（m）	M	日期 （年-月-日）	面积（m²）	宽度（m）	M
黄淤 39	1999-08-02	734	815	909	1999-09-26	633	543	470
黄淤 38+4	1999-08-02	580	696	839	1999-09-26	269	459	787
黄淤 38+3	1999-08-02	535	473	422	1999-09-26	341	321	304
黄淤 38+2	1999-08-02	477	534	602	1999-09-26	424	399	379
黄淤 38+1	1999-08-02	752	793	840	1999-09-25	538	504	476
黄淤 38	1999-08-02	505	412	340	1999-09-25	414	501	610
黄淤 37+8	1999-08-01	463	598	776	1999-09-29	844	580	403
黄淤 37+7	1999-08-01	1 036	1 098	1 168	1999-09-29	495	520	550
黄淤 37+6	1999-08-01	817	713	626	1999-09-29	681	500	371
黄淤 37+5	1999-07-30	533	273	144	1999-09-25	732	479	317
黄淤 37+4	1999-07-30	476	365	284	1999-09-25	977	753	584
黄淤 37+3	1999-07-31	715	451	288	1999-09-25	855	809	769
平均值		635	602	603		600	531	502

（四）泥沙淤积量分布调整

为对比分析清淤工程对河道泥沙冲淤变化的影响,选择与清淤年份(1996~2002 年)水沙量接近的时段(1986~1995 年)作为对比时段。表 5-13 为潼关至大坝各河段冲淤分布情况。

表 5-13　潼关至大坝各河段冲淤分布

时段	河段	非汛期 淤积量 （亿 m³）	汛期 冲刷量 （亿 m³）	总淤 积量 （亿 m³）	占全河段 淤积量比例 （%）	年均 淤积量 （亿 m³）	单位长度 年均淤积量 （m³/m）
1986~ 1995 年	坝址—黄淤 12	0.46	-0.12	0.34	21.79	0.034	198
	黄淤 12—黄淤 22	3.53	-3.42	0.11	7.05	0.011	39
	黄淤 22—黄淤 30	5.21	-4.96	0.25	16.03	0.025	83
	黄淤 30—黄淤 36	3.13	-2.68	0.45	28.85	0.045	153
	黄淤 36—黄淤 41	0.52	-0.11	0.41	26.28	0.041	199
	合计	12.85	-11.29	1.56	100.00	0.156	125

时段	河段	非汛期淤积量（亿 m³）	汛期冲刷量（亿 m³）	总淤积量（亿 m³）	占全河段淤积量比例（%）	年均淤积量（亿 m³）	单位长度年均淤积量（m³/m）
1996~2002 年	坝址—黄淤 12	0.029	0.016	0.045	5.84	0.006	35
	黄淤 12—黄淤 22	1.672	−1.456	0.216	28.02	0.031	111
	黄淤 22—黄淤 30	4.458	−4.311	0.147	19.07	0.021	69
	黄淤 30—黄淤 36	2.444	−2.199	0.245	31.78	0.035	119
	黄淤 36—黄淤 41	0.092	0.028	0.120	15.56	0.017	83
	合计	8.695	−7.922	0.773	100.00	0.11	88

1986~1995 年，由于入库水量不断减少，潼关以下各段均发生淤积，累计淤积量 1.56 亿 m³，年均淤积量 0.156 亿 m³。其中，潼关—坫埼河段（黄淤 36—黄淤 41，下同）淤积 0.41 亿 m³，年均单位长度淤积 199 m³/m；坫埼—大禹渡河段（黄淤 30—黄淤 36）淤积 0.45 亿 m³，年均单位长度淤积 153 m³/m。潼关—坫埼河段占潼关以下全河段淤积量的 26.28%。

1996~2002 年，由于水沙条件进一步恶化，潼关以下河段仍发生淤积，全河段总淤积量 0.773 亿 m³，年均淤积 0.11 亿 m³。其中，潼关—坫埼河段淤积 0.120 m³，年均单位长度淤积 83 m³/m，与上时段相比淤积强度明显降低。潼关—坫埼河段占潼关以下全河段淤积量的 15.56%。

上述资料表明，自 1996 年潼关河段实施射流清淤以来，总体上潼关—坫埼河段与 1986~1995 年时段相比是减少的，而同时段条件下黄淤 30—黄淤 36 及其以下河段淤积量是增大的，因此可以认为潼关清淤是造成三门峡库区潼关河段淤积量向下推移的重要因素之一。

四、清淤疏浚对控制潼关高程的作用分析

表 5-14 为潼关河段清淤期间 1996~2003 年潼关高程的变化情况。

表 5-14　1996~2003 年潼关高程变化

年　份	潼关高程（m）		潼关高程变化值（m）		
	汛前	汛后	非汛期	汛期	运用年
1995	328.12	328.28	0.43	0.16	0.59
1996	328.42	328.07	0.14	−0.35	−0.21
1997	328.40	328.05	0.33	−0.35	−0.02
1998	328.40	328.28	0.35	−0.12	0.23
1999	328.43	328.12	0.15	−0.31	−0.16
2000	328.48	328.33	0.36	−0.15	0.21

年 份	潼关高程（m）		潼关高程变化值（m）		
	汛前	汛后	非汛期	汛期	运用年
2001	328.56	328.23	0.23	−0.33	−0.10
2002	328.72	328.78	0.49	0.06	0.55
2003	328.82	327.94	0.04	−0.88	−0.84
1996～2003			0.26	−0.30	−0.04
1986～1995			0.37	−0.21	0.16

（一）枯水系列下潼关高程变化对比分析

以往的研究结果表明,潼关高程的升降与来水量有一定的趋势关系,一般情况下水量越大,潼关高程下降值越大。1996～2003 年清淤工程实施期间,潼关站各年均为枯水,为枯水系列,潼关站年平均来水量 199 亿 m³,来沙量 6 亿 t,年平均含沙量 30.15 kg/m³。此期间潼关高程非汛期平均上升 0.26 m,汛期平均下降 0.30 m,年平均下降 0.04 m(见表 5-14)。

对比 1986～1995 年枯水系列,潼关站年平均来水量为 287 亿 m³,来沙量为 8 亿 t,年平均含沙量为 27.87 kg/m³,来水来沙条件相近。但没有实施清淤的 1986～1995 年潼关高程非汛期平均上升 0.37 m,汛期平均下降 0.21 m,年平均上升 0.16 m。

清淤期间,潼关站汛期年均水量 88 亿 m³,为 1986～1995 年的 67%,只有 1974～1985 年的 37%。但是,1996～2003 年汛期,在水沙条件极枯的情况下,潼关—垱墕河段平均冲刷强度由 1986～1995 年的 53 m³/m 增加到 97 m³/m。由此可以看出,同是两个枯水时段,虽然清淤的枯水时段年平均水量更枯、含沙量增大,但潼关高程不仅没有上升,反而有所下降,从而说明潼关河段实施清淤对控制或降低潼关高程有明显作用。

从 1974 年以来历年汛期潼关高程升降值与汛期水量的关系(见图 5-11)也可以看出,清淤年份的点群均处于未清淤年份点群中线以下。其中 2002 年虽然渭河发生多次小水大沙的不利条件,但通过清淤作业,使汛期潼关高程控制了较小的上升幅度。2003 年在有利的水沙条件下,虽然当年正常清淤时间有所减少,但是受前期多年清淤保持了较好河势的影响,规顺的流路为汛期洪水期冲刷创造了较为有利的河床边界条件,从而增大了洪水期潼关河段的冲刷,汛后潼关高程下降到 327.94 m,比清淤之前 1995 年汛后下降 0.34 m,从而也说明了潼关清淤的作用。

（二）不同时段汛期潼关高程变化对比

1974 年以来,汛期潼关河段处于自然河道状态下,潼关高程的下降值主要与汛期水量的多少有关,一般情况下汛期水量越多,潼关高程下降值越大;汛期水量越少,潼关高程下降值越小。图 5-12 是 1974 年以来不同时段多年平均汛期水量与潼关高程下降值的关系。由图 5-12 可见,1974～1979 年和 1980～1985 年是两个丰水时段,多年平均汛期来水量分别为 225 亿 m³ 和 247 亿 m³,汛期潼关高程分别下降 0.53 m 和 0.57 m。1986～1995 年和 1996～2003 年两个时段均为枯水时段,多年平均汛期来水量分别只有 132 亿 m³ 和 89 亿 m³,后一时段实施清淤,虽然汛期水量不及前一时段的多,但是汛期潼关高程下降值却超过了前一时段,两时段下降值分别为 0.21 m 和 0.30 m。图中没有实施清淤的三个

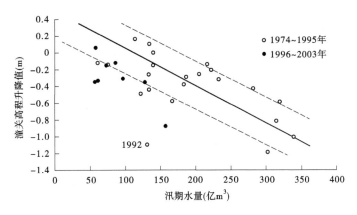

图 5-11　1974 年以来历年汛期潼关高程升降值与汛期水量的关系

时段线性回归成一条直线,清淤期间的点据位于该关系线下方。若利用该直线估算,如果 1996~2003 年没有实施清淤,潼关高程大概应该下降 0.10 m。而实施清淤之后潼关高程的下降值明显大于这一数值,其差值为 0.20 m。这说明同样的水量潼关高程的下降值显著偏大,充分肯定了清淤的作用。

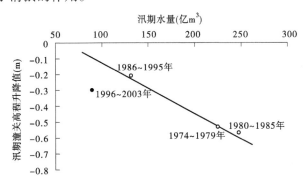

图 5-12　1974 年以来不同时段多年平均汛期水量与潼关高程下降值的关系

(三)汛期水量相近年份潼关高程变化对比

根据历年汛期水沙资料挑选出与清淤年份水沙条件相近的年份进行对比,见表 5-15。按汛期水量的多少分五组对比分析潼关高程升降差别。

表 5-15　汛期相近水量年份潼关高程升降对比

项目	年份	汛期水量 (亿 m³)	含沙量 (kg/m³)	汛期潼关高程变化值 (m)	是否清淤
第一组	1997	55.6	74.0	−0.35	是
	2002	57.8	45.6	0.06	是
	2001	61.1	44.4	−0.33	是
	1991	61.1	32.6	−0.12	否
第二组	2000	73.1	27.0	−0.15	是
	1987	75.4	27.5	−0.14	否

项目	年份	汛期水量 （亿 m³）	含沙量 （kg/m³）	汛期潼关高程变化值 （m）	是否清淤
第三组	1998	86.1	49.5	-0.12	是
	1999	97.0	38.4	-0.31	是
	1995	113.7	59.6	0.16	否
第四组	1996	128.0	75.2	-0.35	是
	1994	133.3	77.3	-0.26	否
	1986	134.3	15.7	0.1	否
	1993	139.6	29.3	0	否
	1990	139.6	39.4	-0.15	否
第五组	2003	157.4	33.8	-0.88	是
	1982	183.7	23.6	-0.38	否
	1988	187.1	66.7	-0.29	否
	1989	205.0	32.2	-0.26	否
	1979	217.1	44.2	-0.14	否
	1978	222.9	55.5	-0.21	否
	1985	233.1	29.5	-0.32	否
	1984	281.9	24.8	-0.43	否

第一组是汛期水量约 60 亿 m³，属于汛期极枯水年份，清淤年份 1997 年和 2001 年，汛期潼关高程下降值均明显大于非清淤年份 1991 年，显示出清淤对改善潼关高程是有明显效果的。而 2002 年也属于清淤年份，汛期潼关高程没有下降，反而有所上升。对比分析 2002 年和 1991 年汛期的水沙条件（见图 5-13），从中不难看出，虽然 2002 年和 1991 年汛期水量相近，但是其水沙过程却相差较大，2002 年汛期潼关站连续发生了 5 次高含沙小流量过程，而且超过 2 000 m³/s 的流量仅有 1 d，超过 1 000 m³/s 的流量仅有 2 d，可以说是潼关建站以来最不利的水沙搭配过程；1991 年虽然发生了两次较大的含沙量过程，但是沙峰和洪峰基本同步发生，水沙搭配比 2002 年要有利得多。2002 年汛期清淤之前的 6 月 22～26 日这场高含沙小洪水期间，潼关高程曾一度达到 329.20 m，洪水前后潼关高程上升了 0.72 m，在汛期极为不利的水沙条件下，经过不断的清淤疏浚，整个汛期潼关高程仅上升 0.06 m，清淤对控制潼关高程的抬升起到非常重要的作用。

第二组至第五组，清淤年份比未清淤年份汛期水量均较少，而清淤年份比未清淤年份潼关高程多下降 0.01～0.74 m。从中可以看出清淤对降低或控制潼关高程是有效果的。

表 5-16 为汛期日均流量大于 2 000 m³/s 的水量相近的年份汛期潼关高程变化的对比。同样将水量相近年份分成可比的五组进行对比分析，从中也可以清楚地看出，清淤年份潼关高程汛期下降的幅度比不清淤年份要大。

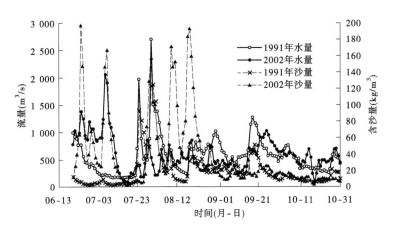

图 5-13　1991 年、2002 年汛期水沙过程

表 5-16　汛期日均流量大于 2 000 m³/s 的水量相近年份汛期潼关高程升降对比

项目	年份	水量 （亿 m³）	含沙量 （kg/m³）	汛期潼关高程变化值 （m）	是否清淤
第一组	2001	2.1	344	−0.33	是
	1991	2.3	124	−0.12	否
第二组	1997	5.0	326	−0.35	是
	1987	5.0	104	−0.14	否
第三组	1999	8.3	125	−0.31	是
	1998	17.8	118	−0.12	是
	1995	18.8	89	0.16	否
	1990	20.2	64	−0.15	否
第四组	1996	33.5	143	−0.35	是
	1986	43.9	26	0.10	否
	1993	44.0	48	0	否
第五组	2003	92.5	40	−0.88	是
	1982	93.3	32	−0.38	否
	1989	141.3	32	−0.26	否
	1978	149.2	51	−0.21	否
	1979	159.2	48	−0.14	否
	1985	162.4	30	−0.32	否
	1984	227.2	28	−0.43	否

　　如第一组 2001 年和 1991 年相比，汛期流量大于 2 000 m³/s 的水量均为 2 亿 m³ 左右，而在清淤年份 2001 年含沙量大大超过没有清淤年份 1991 年 220 kg/m³ 的情况下，

2001 年潼关高程下降值超过 1991 年 0.21 m,从中显示出了清淤的效果。第二组 1997 年和 1987 年相比,汛期流量大于 2 000 m³/s 的水量均为 5 亿 m³,虽然 1997 年的含沙量超过 1987 年 222 kg/m³,而汛期潼关高程下降值却比 1987 年多下降 0.21 m。第三组,同样是 1999 年和 1998 年在水量较小、含沙量较大的情况下,潼关高程下降值与 1995 年和 1990 年相比却较大或相当。第四组,1996 年与 1986 年、1993 年相比,在水量较小、含沙量较大的情况下,1996 年潼关高程下降 0.35 m,而 1986 年和 1993 年潼关高程却上升 0.10 m 和 0。第五组,2003 年和其他年份相比,在水量较少、含沙量相当的情况下,汛期潼关高程下降值远超过其他年份。由此说明潼关清淤对改善潼关高程是有作用的。

(四)场次洪水的对比分析

1.不同时段洪水期潼关高程变化对比

潼关高程一般是在洪水期冲刷下降,平水期淤积抬升,因此汛期潼关高程下降基本上是在洪水期发生的,其下降值与洪水期水沙条件密切相关。1996~2003 年汛期潼关站洪峰流量大于 2 000 m³/s 的场次洪水共发生 19 场,年均 2.4 场,场次洪水平均水量 16.40 亿 m³,平均沙量 1.43 亿 t,平均含沙量 86.93 kg/m³,潼关高程平均下降 0.26 m(见表 5-17)。

表 5-17　1996~2003 年汛期潼关场次洪水统计

序号	年份	日期 (月-日)	水量 (亿 m³)	沙量 (亿 t)	平均含沙量 (kg/m³)	潼关高程变化值 (m)
1	1996	07-15~07-21	7.97	1.48	185.08	0
2	1996	07-27~08-01	8.29	2.17	261.71	−1.9
3	1996	08-01~08-08	15.13	1.97	130.32	1.21
4	1996	08-09~08-18	21.81	2.44	111.83	0.39
5	1996	08-25~09-13	26.78	2.57	95.84	0.05
6	1997	07-29~08-07	11.30	2.93	258.96	−1.76
7	1998	07-08~07-20	23.6	2.3	95.8	−0.19
8	1998	08-21~08-31	15.8	1.1	69.3	−0.23
9	1999	07-12~07-18	7.3	1.3	173.0	−1.09
10	1999	07-19~08-03	22.6	1.6	70.6	0.6
11	2000	10-10~10-18	11.3	0.3	25.7	−0.1
12	2001	08-18~08-23	5.8	1.3	228.1	−0.84
13	2002	06-09~06-16	5.5	0.2	43.0	0.2
14	2002	07-03~07-11	9.3	0.8	91.0	0
15	2003	07-31~08-06	12.23	0.61	49.72	−0.18
16	2003	08-25~09-15	45.16	2.32	51.45	−0.54
17	2003	09-19~09-26	16.61	0.44	26.48	−0.09
18	2003	10-01~10-09	24.94	0.77	30.84	−0.3
19	2003	10-10~10-18	20.11	0.47	23.48	−0.25
1996~2003 年平均			16.40	1.43	86.93	−0.26
1974~1995 年平均			23.60	1.19	50.42	−0.07

1974~1995 年汛期洪水共 134 场,年均 6.1 场,场次洪水平均水量 23.60 亿 m³,平均沙量 1.19 亿 t,平均含沙量 50.42 kg/m³,潼关高程平均下降 0.07 m。对比两个时段,1996~2003 年场次洪水出现次数减少,水量减少,含沙量增加,反而场次洪水期间潼关高程下降值明显增大,说明清淤对增大洪水期间潼关高程的冲刷有明显作用。

2.类似洪水潼关高程下降值对比分析

通过对潼关高程的影响因素进行分析发现,当渭河来高含沙大洪水时(渭河华县站洪峰流量大于 1 000 m³/s,最大含沙量超过 200 kg/m³,平均含沙量大于 100 kg/m³),特别是每年的汛期第一场洪水,潼关高程一般都是冲刷下降的。通过对潼关站 1974 年以来 153 场洪水统计分析,找出华县来高含沙大洪水的场次洪水 14 次(见表 5-18)。

表 5-18　1974 年以来类似洪水期潼关高程下降值对比

日期 (年-月-日)	最大洪峰流量 (m³/s)		最大含沙量 (kg/m³)		平均流量 (m³/s)		平均含沙量 (kg/m³)		潼关高程 升降值 (m)
	华县	潼关	华县	潼关	华县	潼关	华县	潼关	
1975-07-20~08-06	1 680	5 860	634	256	371	2 764	262	77.9	-0.14
1977-07-05~14	4 470	13 600	795	616	1 137	3 741	382	245	-2.52
1978-07-11~18	1 960	2 540	468	421	929	1 524	248	170	-0.31
1978-07-21~26	2 280	3 380	419	341	876	1 970	274	193	-0.13
1980-08-03~07	2 800	2 770	227	122	806	1 412	147	73.9	-0.13
1980-08-19~29	1 580	2 740	417	149	368	1 477	102	47.9	-0.23
1982-07-30~08-08	1 620	4 760	339	103	654	2 830	101	53.5	-0.21
1985-08-26~09-08	1 200	3 520	284	64.3	352	2 096	123	47.0	-0.58
1988-08-09~24	3 980	5 870	466	363	1 365	3 498	149	102	-0.91
1992-08-09~17	3 950	4 040	528	279	1 184	2 723	349	151	-1.68
1994-07-08~14	2 000	4 890	765	425	705	1 916	306	163	-0.50
1996-07-27~08-01	3 500	2 270	565	468	910	1 598	417	262	-1.90
1997-07-29~08-07	1 090	4 700	749	465	281	1 308	623	259	-1.76
1999-07-12~18	1 310	2 200	635	376	649	1 213	226	173	-1.09

由表 5-18 可以看出,华县站平均流量小于 1 000 m³/s 的场次洪水,清淤年份"96·7""97·7"和"99·7"几场洪水期间潼关高程下降值均超过 1 m,明显大于未清淤年份。1995 年以前没有实施清淤的年份"77·7""88·8"和"92·8"三场洪水期间潼关高程下降值也较大,分析其原因主要是由于华县站平均流量大于 1 000 m³/s,潼关站洪峰平均流量均大于或接近 3 000 m³/s,水流动力条件远大于清淤年份的几场洪水,特别是"77·7"这场洪水期间,渭河下游发生了"揭河底"冲刷,其冲刷范围发展到潼关以下坫垮,造成潼关高程的大幅度下降。由此可以说明,清淤年份由于洪水前清淤作业,河道横断面变得窄

深,水流流路相对规顺,水流挟沙能力增加,从而增加了洪水期间潼关高程的下降幅度。

第四节　东垆湾裁弯降低潼关高程的作用

三门峡库区大禹渡—稠桑河段自 1983 年以来形成东古驿和东垆两处畸形弯道,此后河湾不断发育,东垆湾形成"Ω"形河湾,使河道长度增加,纵比降变缓,挟沙能力降低,上游同流量水位增高,对潼关高程造成不利影响。1993 年与 2001 年曾在此河段发生两次自然裁弯,引起大禹渡(黄淤 30 处)水位降低 0.7 m 以上,在裁弯河道上游产生溯源冲刷,冲刷发展到黄淤 34 断面以上。2002 年该河段再次发生自然裁弯。为巩固这次自然裁弯的成果,缓解潼关高程居高不下的局面,2003 年 6~7 月黄委组织对大禹渡—稠桑河段自然裁弯后的流路实施了淤堵试验工程。

一、东垆湾的形成与演变

东垆湾位于三门峡库区大禹渡至老灵宝库段(见图 5-14),它的形成发展与东古驿河湾的形成与发展密切相关。1977 年以前该段只有稠桑西寨一个河湾,主流出大禹渡后沿东南方向,河道居中,平顺入桑湾,再折向左岸马头崖湾。1997 年高含沙洪水过后,左岸大禹渡下首高岸塌退,逐渐形成弯尾下挫,使河势出大禹渡后南移,从而使右岸稠桑湾河势上提。受其影响,黄淤 29 断面右岸 900 余米滩地被冲塌之后继续坐弯淘刷。至 1984 年汛后,高崖库岸塌宽 450 m 左右。东古驿河湾的发展又导致对岸河势的变化。凹岸坍塌后退,凸岸边滩随之淤积前进,逐渐在东垆滩黄淤 27—黄淤 29 断面间形成"Ω"形弯道(见图 5-15)。1988 年前后,由于大禹渡下首滩岸坍塌不断发展,主流顶冲东古驿工程上首未设防地段,在西古驿形成一个深而陡的死弯;主流在东古驿 4 号垛上靠流,河势撇过东古驿弯道直冲工程的尾部,沿工程尾部出流,向东稠桑滩坍塌,而后向北直冲东垆湾。自 1979 年以来,东古驿与西古驿库段累计塌岸线长 3 667 m,塌岸宽 350~600 m。对岸东垆湾道蜿蜒,主河道三次通过黄淤 28 断面,顶点位于黄淤 28 断面左岸。由此,该断面河槽于 1978~1992 年间自右向左摆动 3 150 m。1988~1993 年,随着凹岸的塌退和凸岸的淤长,东垆湾弯顶逐年向下游蠕动,河身不断加长,1992 年东垆湾已发展到北岸台地附近,弯顶距高岸不到 1 km。随着时间的推移,弯道中心角增大,河湾曲率半径减小,同一岸相邻两个弯顶之间的距离逐渐缩短,到 1993 年 8 月,东垆湾第一次从狭颈处自然裁弯。

东垆湾自然裁弯以后,由于没有采取必要的维护措施,裁弯后的新河势并没有稳定下来。1993 年汛后,主河道又重新沿着原来的弯道发展向北摆动,河势在东垆形成"Ω"形河湾。1999 年东垆湾河势基本恢复到 1992 年状况。2001 年河湾继续发展,河道长达 26.0 km,为该河段历史上最长的流路。2001 年 9 月 7 日,东垆湾第二次自然裁弯,河势南移约 2 200 m,裁弯后的河长为 18.2 km,而后河势又北移约 1 300 m,"Ω"形河湾继续发育,最窄处只有 10 m,裁弯取直的趋势很明显。

2002 年汛后,由河势图量得该河段河长为 22.4 km,2002 年 10 月主流从最窄处再次裁弯。裁弯后,由于没有采取必要的工程措施,河湾继续发育,河湾北移。若不及时采取措施,河湾仍有继续恶化、北移的趋势,从而在三门峡库区黄淤 28 断面上下出现"形成—

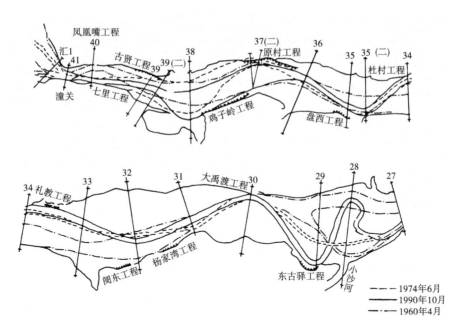

图 5-14　潼关—大禹渡河道平面变化图

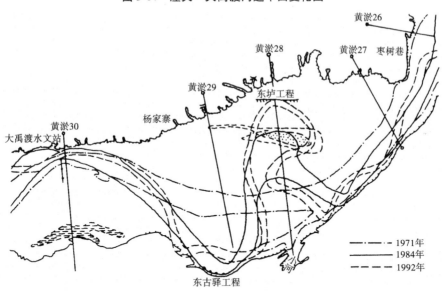

图 5-15　东古驿河段河势图

发展—裁弯—再发展"的弯道发育过程。

二、东垆湾裁弯影响分析

(一)同流量水位变化

大禹渡水位站距东垆湾自然裁弯处河道长度约 12 km,裁弯对上游河道的冲淤影响首先表现在大禹渡同流量水位变化上。1993 年 8 月下旬东垆湾自然裁弯,缩短流路 5.6 km。9

月下旬大禹渡同流量水位明显下降,到 10 月 18 日累计冲刷下降 0.98 m。裁弯初期,河床溯源冲刷发展较快,9 月底已延伸到坍垮附近,坍垮 1 000 m³/s 流量水位下降 0.22 m,但溯源冲刷没有发展到潼关。到 11 月,在潼关和坍垮河床冲淤变化不大的情况下,大禹渡站同流量水位又下降了 0.30 m。大禹渡站持续冲刷下降是裁弯后溯源冲刷发展的结果。

2001 年 8 月洪水期间,潼关、坍垮、大禹渡 1 000 m³/s 水位均冲刷下降。洪水过后,9 月 7 日东垆湾发生自然裁弯,流路缩短 7.8 km。到汛末,上段坍垮 1 000 m³/s 水位变化不大,下段北村 1 000 m³/s 水位也有抬升,而大禹渡站则保持冲刷下降,1 000 m³/s 水位下降 0.60 m,冲刷影响范围发展到黄淤 34 断面以上,说明裁弯对大禹渡的冲刷有明显作用。

(二)平均河底高程变化

2001 年 6 月 5 日至 9 月 2 日黄淤 33 断面以下各断面平均河底高程大幅降低,应该是水库降低水位运用溯源冲刷作用的结果;9 月 2 日至 11 月 13 日裁弯下段黄淤 26 断面以下各断面的平均河底高程均因水库壅水发生淤积抬高;裁弯上段距裁弯处较远的黄淤 34—黄淤 41 各断面平均河底高程有升有降,冲淤变化不大,而距裁弯处较近的黄淤 29—黄淤 33 各断面的平均河底高程均发生冲刷下降,这应该是裁弯作用使溯源冲刷得以继续向上发展的结果。

(三)河道比降变化

1983 年东垆湾形成后,发展到 1991 年河槽长度达到 25.4 km。1991 年大禹渡断面到北村断面河道比降(同流量水位差计算值)为 1.9‰。1993 年 8 月,东垆湾第一次从狭颈处自然裁弯河道比降增大到 2.3‰左右,由于没有采取必要的维护措施,裁弯后的新河势没有稳定下来,1993 年汛后主河道又回到原来的弯道。1994 年汛后该河段河道比降减小到 2.1‰,此后该河段河道比降保持在 2.1‰左右,直到 2001 年河道再次自然裁弯。2003 年实施人工淤堵试验工程后,河道比降为 2.5‰。由于局部比降增大,增强了汛期水流对该河段的冲刷作用。随着裁弯上游河段的冲刷,裁弯河段的比降逐渐减小,到 2004 年汛后河道比降减小为 2.3‰。

(四)弯道进出口水位差变化

多年来的实测资料表明,形成弯道前,黄淤 30 和黄淤 27 两断面间水位差为 2.5~3.0 m。自 1978 年以来,随着弯道长度的不断增加,两断面间水位差逐渐增大,至 1992 年汛末达到 5.31 m。1993 年自然裁弯,两断面间水位差减小到 4.61 m。此后弯道继续发育,河长增加,两断面间水位差又有增加,到 1997 年达到最大 5.45 m。经过 2001 年、2002 年自然裁弯及 2003 年对自然裁弯后的河道实施淤堵工程,黄淤 30 和黄淤 27 两断面间水位差基本维持在 4.5 m 左右。2003 年汛后为 4.21 m,与 1992 年相比减少了 1.10 m,与 2000 年 5.23 m 相比减少了 1.02 m。2004 年汛后为 4.48 m,与 1992 年和 2000 年相比分别减少了 0.83 m 和 0.75 m。两断面水位差的减小,主要是裁弯缩短河长,溯源冲刷使黄淤 30 断面水位降低的结果。

(五)断面冲淤变化

1993 年自然裁弯后到 1999 年,裁弯上下游各断面均以淤积为主,且裁弯上下游河段冲淤规律无明显区别。

2001 年自然裁弯后,汛后裁弯下游河段断面面积比 2000 年汛后减小,表现为淤积,但是裁弯上游河段断面面积比 2000 年汛后明显增大,特别是距裁弯较近的黄淤 29—黄淤 31 河段冲刷幅度显著大于其他河段。

2002~2004 年,从黄淤 20 断面到黄淤 36 断面均发生了不同程度的冲刷,其中黄淤 20—黄淤 26 河段冲刷面积多在 200 m² 左右,裁弯上游河段黄淤 29—黄淤 32 断面冲刷面积都在 600 m² 以上,远大于裁弯下游河段的冲刷面积,充分说明裁弯上游河段的冲刷量由于裁弯作用明显加大了。

(六)河势变化

东垆湾"Ω"形河湾的形成,使河道长度增加,1992 年弯顶已发展到距左岸高岸不足 1 km,黄淤 27—黄淤 30 断面河道长约 25 km。2003 年 7 月 31 日库区大禹渡—稠桑河段自然裁弯后的流路成功实施淤堵工程后,汛期水流得到有效的控制,洪水不再走大河湾,东垆湾河段河势向微弯顺直方向发展,这既有利于河势趋于稳定,又有利于洪水期间河道的冲刷。2004 年非汛期,由于水库回水影响,老河槽内有少量积水,但汛期水流受淤堵工程的控制,该河段河势比较规顺,对洪水期间潼关以下库区的冲刷有利。

(七)对潼关高程影响

东垆湾形成的"Ω"形河湾裁弯之后,河道长度缩短,局部比降增大,挟沙能力增加,河底高程和同流量水位降低,水流规顺,河势稳定,为水流冲刷潼关河段创造更有利的边界条件,从而有利于水流对潼关河段的冲刷作用,有利于潼关高程的降低。

三门峡水库蓄清排浑运用以来,1974~1985 年为丰水系列,1985~2004 年水沙条件相对偏枯。为在来水相近条件下对比,图 5-16 点绘了 1985~2004 年汛期潼关高程升降值与潼关水文站汛期来水量的关系。图中反映出,汛期潼关高程下降幅度随水量的增加而加大,但是不同时期相关关系不同。以直线 1 为界分为两个区域,左半区为 A 区,该区内的点子主要是 1996~2004 年数据,该时段内人为因素对汛期库区河道冲淤演变产生了一定影响(1996~2002 年人为因素以射流清淤影响为主,2003~2004 年人为因素以人工裁弯影响为主);右半区为 B 区,该区内的点子是 1985~1995 年数据,该时段内没有人为因素影响。

从图 5-16 可以看出,在汛期来水量相同的条件下,处于 A 区的年份潼关高程下降幅度要比处于 B 区的年份大,也就是说,处于 A 区的年份相同条件的水流对潼关河段的冲刷效率要比处于 B 区的年份大。分析 A 区内的数据主要包括:1992 年渭河高含沙大冲刷年;1996~2002 年潼关河段进行射流清淤年份,通过在潼关河段进行清淤作业,改善了潼关河段河势,增大了水流冲刷潼关河段的能力;2003~2004 年对库区东垆湾河段进行人工裁弯年份,其中 2003 年除裁弯作用外,汛期渭河洪水的有利影响也是 2003 年潼关高程下降幅度较大的原因。2004 年属特枯水枯沙年份,汛期水量为 75 亿 m³,但由于裁弯的有利影响,汛期潼关高程下降了 0.26 m。1987 年与 2000 年汛期水量分别为 75 亿 m³ 和 73 亿 m³,对应潼关高程下降值为 0.14 m 和 0.15 m,比 2004 年小 0.1 m 左右。

通过对图 5-16 中 A 区内数据的划分可以看出,在潼关河段清淤和对东垆湾河段进行裁弯等人工措施,是可以增强水流对潼关河段的冲刷作用的,因此东垆湾实施裁弯工程对潼关高程变化的影响是正面的,对潼关高程降低有一定的作用。

根据三门峡水库蓄清排浑运用以来实测溯源冲刷资料分析,建立潼关同流量水位

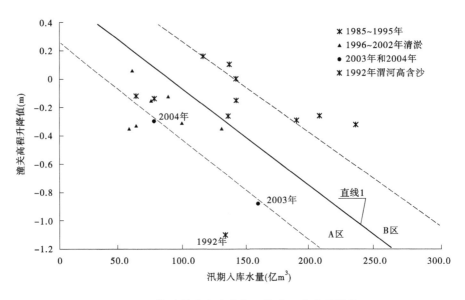

图 5-16　汛期潼关高程变化与汛期库区来水量的关系

（由于溯源冲刷作用）下降值与大禹渡同流量水位下降值的关系图（见图 5-17）。从图 5-17 可以看出,溯源冲刷阶段潼关站与大禹渡站冲刷厚度存在较好的线性相关关系。

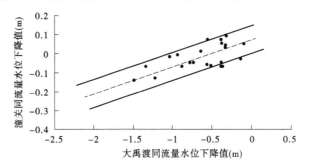

图 5-17　潼关同流量水位下降值与大禹渡同流量水位下降值相关关系

2003 年汛后黄淤 30 和黄淤 27 两断面间水位差为 4.21 m,与 2000 年(未裁弯年份)两断面水位差 5.23 m 相比减小了 1.02 m。两断面水位差的减小,主要是裁弯缩短河长溯源冲刷使黄淤 30 断面水位降低产生的结果。由此估算 2003 年汛后裁弯使大禹渡水位站冲刷下降值约为 1.02 m。2004 年汛后黄淤 30(大禹渡水位站)同流量水位比 2003 年汛后进一步下降了 0.21 m。即到 2004 年汛后,裁弯使大禹渡水位站同流量水位冲刷下降值约为 1.23 m,由图 5-17 估算裁弯使潼关高程多下降约 0.10 m。

第五节　跨流域调水等降低潼关高程作用的计算分析

通过深入研究认识到,潼关高程的下降不能仅仅依靠三门峡水库运用方式的改变,还应采取诸如跨流域调水、减少来沙、河道整治、裁弯、疏浚、水库增大泄流规模等多种措施的组合。

中国水科院利用泥沙数学模型对可能降低潼关高程的各种措施,包括三门峡运行方式、来水来沙条件、跨流域调水、减少来沙、河道整治、裁弯、疏浚、人造洪峰等进行了研究,得到了各种措施对降低潼关高程的效果。具体研究方法如下:

(1)选取概化的水沙系列,即构造一个能够反映1974年以来蓄清排浑期间来水来沙平均情况的基本水沙系列。

(2)三门峡水库运用方式对潼关高程作用,即在不考虑其他措施条件下,利用泥沙数学模型分别研究三门峡水库现状运用和全年敞泄运用时潼关高程的变化情况。

(3)其他措施对潼关高程的影响,即将跨流域调水、减少来沙、河道整治等措施分别加进现状运用和全年敞泄运用中,计算潼关高程的变化情况,并与不考虑这些措施得到的潼关高程进行比较,从而获得各单个措施对降低潼关高程的作用。表5-19给出了基本水沙系列的构造以及其他有关的计算条件,表5-20给出了各种不同措施对进一步降低潼关高程的作用以及效果评价等。

表 5-19　概化水沙系列构造及计算条件

计算条件	全年敞泄运用	现状运用
来水来沙	以潼关1974年7月1日至1975年6月30日水沙条件为基础,汛期流量乘以系数1.4,使得年来水来沙量与1974~1999年系列的平均值基本相同,构成基本水沙系列	同敞泄运用
水库运用	现有泄流条件下全年敞泄运用,坝前运用水位和出库流量由水库调蓄计算确定	与1974年7月1日至1975年6月30日实际运用相同
初始断面	2001年汛后实测断面	同敞泄运用
计算历时	将基本水沙系列循环计算15年	同敞泄运用

各种措施对降低潼关高程的效果分别为:①增加水量(如跨流域调水)、减少来沙、疏浚等单个措施一般可以使潼关高程进一步下降0.13~0.48 m,效果明显。人造洪峰对进一步降低潼关高程有一定作用,其效果与人造洪峰的历时密切相关。枯水系列与基本系列相比,潼关高程有比较明显上升,丰水系列与基本系列相比,潼关高程则有比较明显下降。②单独实施河道裁弯或缩窄潼关—坫垱段河宽等河道整治措施一般可以使潼关高程进一步下降0.07~0.34 m,有一定效果。③增加三门峡水库泄流规模对降低潼关高程效果不太明显,潼关高程下降值小于0.1 m。④与水库现状运用相比,在水库全年敞泄运用条件下,各种措施对进一步降低潼关高程的效果更好一些,这与敞泄运用时水流比降增加从而使相同水量的水流动能有所增加是一致的。

不同的措施对进一步降低潼关高程的作用有所不同,跨流域调水、减少来沙和大规模疏浚对降低潼关高程有明显作用,其他措施效果不显著。因此,要使潼关高程进一步有比较明显降低应采取多项措施的组合,即采取综合措施。

需要指出的是,以上研究成果主要侧重于各种降低潼关高程措施之间作用大小的比较,其绝对值只具参考意义。

表 5-20　各种措施对降低潼关高程效果的计算值统计

措施			潼关高程下降值(m)		说明
			与敞泄比	与现状比	
1	增加水量(跨流域调水)	利用调水等措施使潼关汛期水量增加 30 亿 m³	0.13~0.48	0.07~0.28	因汛期水量增加,汛期潼关高程下降明显,而非汛期略有下降。敞泄时增加水量对降低潼关高程效果更好,这与敞泄时比降增大导致水流能量增加是一致的
2	减少来沙	水土保持或修建水利枢纽等措施使潼关来沙量减少 20%	0.16~0.28	0.22~0.28	减少来沙对降低潼关高程有一定效果,且非汛期下降的效果比汛期好
3	人造洪峰	利用上游水利枢纽调节功能形成人造洪峰。汛期 2 d 洪峰流量由 4 000 m³/s 增加到 6 000 m³/s,年总水量不变	0.05~0.18	0.03~0.09	在年总水量保持不变的情况下,增大洪峰流量有利于降低潼关高程,且敞泄时效果更明显。洪峰流量越大、次数越多,越有利于潼关高程的下降
4	枯水系列	年来水来沙量分别为 280 亿 m³ 和 7.6 亿 t	与基本系列比上升 −0.21~ −0.92	与基本系列比上升 −0.13~ −0.52	与基本系列相比,枯水系列潼关高程上升明显,特别是汛末。敞泄条件下上升更明显
5	丰水系列	年来水来沙量分别为 377 亿 m³ 和 12.1 亿 t	0.21~0.82	0.07~0.40	与基本系列相比,丰水系列潼关高程下降明显,特别是汛末。敞泄条件下下降更明显
6	裁弯	在黄淤 27—黄淤 30(东铲弯等)河段裁弯,使河道长度缩短 10 km	0.08~0.13	0.02~0.04	与基本系列相比,裁弯对进一步降低潼关高程效果不明显
7	缩窄河宽	潼关—坩埚段实施河道整治,缩窄河宽,增加单宽流量,河宽缩窄 20%	0.07~0.34	−0.10~0.15	在敞泄运用条件下,缩窄潼关—坩埚段的河宽有好处,在汛期时效果比较明显,而如果在现状运用条件下缩窄潼关—坩埚段河宽对降低潼关高程效果不大,非汛期水位反而有上升可能
8	疏浚	潼关—坩埚段实施疏浚,河道断面普遍挖深0.4 m	0.35	0.33	在潼关—坩埚段河道断面普遍挖深条件下,潼关高程进一步降低效果明显,并可以维持。然而在实际中对某一河段断面普遍大规模挖深不易实现
9	增加泄流	增加三门峡水库泄流能力(315 m 泄流 13 300 m³/s)	0.06	—	增加泄流能力对降低潼关高程效果不明显

第六节　小　结

（1）潼关—大禹渡河段增加河道整治工程前后潼关高程变化的试验结果表明，试验结束时潼关高程均有所下降，未增加河道整治工程时，潼关高程降低到327.40 m，下降了0.83 m；修建河道整治工程以后，潼关高程为327.32 m，下降了0.91 m，比增建河道整治工程前多降低0.08 m。

（2）汇流区整治实体模型试验给出，现状条件下平水年试验后潼关高程下降了0.24 m；汇流区和渭河尾闾整治后的方案比现状方案潼关高程多降低了0.08 m；4年系列方案4又比1年系列方案3潼关高程多下降了0.16 m。

（3）潼关河段清淤使潼关高程汛期下降值明显增大，范围在0.04～0.23 m，汛期平均增加冲刷0.15 m。

（4）2003年6~7月对大禹渡—稠桑河段实施了淤堵试验裁弯工程，使潼关高程多下降约0.1 m。

（5）跨流域调水、减少来沙和大规模疏浚对降低潼关高程有明显作用，其他措施效果不显著。增加水量（如跨流域调水）、减少来沙、疏浚等单个措施一般可以使潼关高程进一步下降0.13～0.48 m。单独实施河道裁弯或缩窄潼关—坩垗段河宽等河道整治措施一般可以使潼关高程进一步下降0.07～0.34 m。

第六章 潼关高程下降对渭河
下游冲淤影响研究

第一节 泥沙数学模型计算

为了研究潼关高程对渭河下游河道冲淤和排洪能力的影响,黄河水利科学研究院、中国水科院、清华大学和西安理工大学分别采用一维恒定泥沙冲淤数学模型计算了不同水文系列年下,不同控制潼关高程对渭河下游河道冲淤、沿程洪水位的影响。

一、模型率定和验证

四家研究单位均采用1969~1995年实测资料分别对各自的泥沙数学模型中的有关参数和系数进行了率定。在此基础上,利用1997~2001年实测资料对数学模型的模拟结果进行了验证。率定和验证的范围以黄河的龙门和渭河咸阳为进口断面,潼关水文站作为出口控制断面,区间考虑支流水沙汇入,验证的内容包括泥沙冲淤量和潼关高程等。验证结果表明,各个单位数学模型都能够较好地模拟计算河段的泥沙冲淤过程,计算的冲淤量与实测冲淤量比较接近,可以用于不同潼关高程对渭河下游河道冲淤影响的研究。

二、计算条件

(一)计算河段及初始条件

计算范围:渭河自咸阳水文站、泾河自张家山水文站至渭河河口,黄河自龙门水文站至潼关水文站,北洛河洑头水文站的水沙条件直接入渭河。龙门、河津、咸阳、张家山、洑头作为数学模型的入口水沙条件,下游边界条件为潼关控制断面。初始河床地形条件采用2001年汛后实测大断面资料及相应河床质级配。

(二)设计水沙系列

计算采用两个设计水沙系列,时间长度各为14年,分别为1978年11月1日至1983年6月30日+1987年7月1日至1996年10月31日(系列Ⅰ,平水系列)和1987年11月1日至2001年10月31日(系列Ⅱ,枯水系列)实测水沙系列。两个水沙系列龙门、河津、咸阳、张家山、洑头五站水沙量见表6-1和表6-2,咸阳+张家山水沙量见表6-3和表6-4。

(三)计算方案

分别按潼关高程固定为326 m、327 m和328 m作为出口控制条件。根据第四章三门峡水库不同运用方式降低潼关高程研究的数模计算成果,水库现状运用(1997~2001年平均情况)条件下,潼关高程当来水较丰时冲刷降低,当来水较枯时淤积抬高,第14年汛后潼关高程平均值对平水系列(系列Ⅰ)为327.53 m,对枯水系列(系列Ⅱ)为328.09 m。因此,潼关高程328 m基本相当于现状条件,而潼关高程327 m相当于潼关高程降低1 m,

表 6-1　五站(龙门+河津+咸阳+张家山+洑头)水沙系列Ⅰ水沙量

年份	水量(亿 m³)			沙量(亿 t)		
	非汛期	汛期	年	非汛期	汛期	年
2001	158	184	342	0.7	10.1	10.8
2002	167	104	271	1.2	4.8	6.0
2003	137	229	366	1.5	9.6	11.1
2004	150	138	288	1.0	5.1	6.1
2005	185	67	252	1.0	3.4	4.4
2006	121	169	290	1.2	14.6	15.8
2007	167	203	370	1.4	7.0	8.4
2008	196	137	333	1.3	7.0	8.3
2009	185	58	243	3.4	3.1	6.5
2010	123	123	246	1.3	11.1	12.4
2011	156	131	287	1.2	4.7	5.9
2012	147	137	284	1.0	11.6	12.6
2013	132	120	252	0.8	9.6	10.4
2014	131	123	254	1.4	11.4	12.8
平均	154	137	291	1.3	8.1	9.4

表 6-2　五站(龙门+河津+咸阳+张家山+洑头)水沙系列Ⅱ水沙量

年份	水量(亿 m³)			沙量(亿 t)		
	非汛期	汛期	年	非汛期	汛期	年
2001	119	169	288	1.1	14.6	15.7
2002	166	202	368	1.4	6.9	8.3
2003	197	137	334	1.3	7.0	8.3
2004	186	58	244	3.5	3.1	6.6
2005	123	122	245	1.3	11.1	12.4
2006	155	131	286	1.2	4.7	5.9
2007	148	137	285	1.0	11.6	12.6
2008	133	120	253	0.8	9.6	10.4
2009	132	127	259	1.5	11.3	12.8
2010	99	58	157	0.9	4.6	5.5
2011	108	77	185	1.9	4.8	6.7
2012	116	97	213	0.7	4.2	4.9
2013	114	73	187	1.2	2.8	4.0
2014	94	65	159	0.3	4.0	4.3
平均	135	112	247	1.3	7.2	8.5

表 6-3　咸阳+张家山水沙系列 I 水沙量

年份	水量（亿 m³）			沙量（亿 t）		
	非汛期	汛期	年	非汛期	汛期	年
2001	9	21	30	0.01	2.24	2.25
2002	7	34	41	0.17	2.65	2.82
2003	9	67	76	0.53	3.07	3.60
2004	19	21	40	0.26	1.38	1.64
2005	26	15	41	0.40	0.82	1.22
2006	16	45	61	0.41	4.89	5.30
2007	25	25	50	0.25	1.57	1.82
2008	24	38	62	0.26	2.51	2.77
2009	30	10	40	1.43	0.84	2.27
2010	12	34	46	0.45	4.21	4.66
2011	24	26	50	0.09	1.52	1.61
2012	17	13	30	0.32	1.24	1.56
2013	6	11	17	0.02	2.89	2.91
2014	6	17	23	0.09	4.26	4.35
平均	17	27	44	0.33	2.44	2.77

表 6-4　咸阳+张家山水沙系列 II 水沙量

年份	水量（亿 m³）			沙量（亿 t）		
	非汛期	汛期	年	非汛期	汛期	年
2001	16	45	61	0.41	4.89	5.30
2002	25	25	50	0.25	1.57	1.82
2003	24	38	62	0.26	2.51	2.77
2004	30	10	40	1.43	0.84	2.27
2005	12	34	46	0.45	4.21	4.66
2006	24	26	50	0.11	1.52	1.63
2007	17	13	30	0.32	1.24	1.56
2008	6	11	17	0.02	2.89	2.91
2009	6	17	23	0.11	4.25	4.36
2010	10	5	15	0.07	1.90	1.97
2011	9	16	25	0.80	0.89	1.69
2012	8	16	24	0.03	1.62	1.65
2013	6	12	18	0.55	0.83	1.38
2014	5	12	17	0.03	1.28	1.31
平均	14	20	34	0.34	2.17	2.51

潼关高程 326 m 相当于潼关高程降低 2 m。采用前述两个设计水沙系列,分别按潼关高程 326 m、327 m 和 328 m 作为出口控制条件进行计算,形成 326 m 方案、327 m 方案、328 m 方案三个计算方案。

(四)其他条件

渭河下游常流量、中常流量及 20 年一遇频率洪水流量见表 6-5,相应不同潼关高程下的潼关控制水位见表 6-6,渭河下游各主要河段主槽和滩地糙率见表 6-7。

表 6-5　渭河下游各站流量成果　　　　　　　　　　　　（单位:m³/s）

站名	常流量	中常流量	20 年一遇
潼关	1 000	6 000	18 800
咸阳	200	6 000	7 080
临潼	200	6 000	10 100
华县	200	6 000	8 530

表 6-6　不同潼关高程下潼关站水位　　　　　　　　　　（单位:m）

流量	326 方案	327 方案	328 方案
1 000 m³/s	326.00	327.00	328.00
6 000 m³/s	328.28	328.65	328.91
18 800 m³/s	329.73	330.87	331.12

表 6-7　渭河下游河段糙率

断面编号	渭淤 1— 渭淤 17	渭淤 17— 渭淤 24	渭淤 24— 渭淤 27	渭淤 27— 渭淤 29	渭淤 29— 渭淤 35
河槽糙率	0.019 0	0.016 2	0.019 6	0.022 8	0.026 6
滩地糙率	0.035 0	0.035 0	0.035 0	0.035 0	0.035 0

初始实测大断面概化中,四家数学模型是依据各自模型的特点进行的,概化后断面各家不完全一致,因此推求的初始水面线也存在一定差异,但差异不大。为了便于对比各家数学模型的计算结果,渭河下游常流量、中常流量及 20 年一遇频率洪水流量的初始水面线均采用四家单位计算初始水面线的平均值。渭河下游主要水文测站在不同流量级下的初始水位见表 6-8。

表 6-8　渭河下游不同流量下的初始水位　　　　　　　　（单位:m）

站名	常流量	中常流量	20 年一遇
华县	337.78	343.18	343.98
临潼	353.87	358.72	359.95
咸阳	384.27	389.89	390.62

三、计算结果及分析

（一）河道冲淤量计算结果及分析

表6-9、表6-10分别给出了水沙系列Ⅰ渭河下游和黄河小北干流河段14年后不同潼关高程计算累积冲淤量、减淤量和减淤比；表6-11、表6-12分别给出了水沙系列Ⅱ渭河下游和黄河小北干流河段14年后不同潼关高程计算累积冲淤量、减淤量和减淤比。减淤量是指326 m方案或327 m方案累积冲淤量与328 m方案累积冲淤量之差；减淤比为各个方案的减淤量与328 m方案累积冲淤量之比。

表6-9　水沙系列Ⅰ渭河下游河段各个方案计算累积冲淤量

单位	河段	冲淤量（亿 m³）			与328 m方案相比减淤量（亿 m³）		减淤比（%）	
		326 m	327 m	328 m	326 m	327 m	326 m	327 m
黄河水利科学研究院	渭拦	−0.106	−0.035	0.025	−0.131	−0.06	−531	−242
	渭淤1—10	0.247	0.421	0.834	−0.587	−0.412	−70	−50
	渭淤10—渭淤26	0.775	1.005	1.248	−0.472	−0.243	−38	−19
	渭淤26—渭淤37	0.291	0.312	0.354	−0.062	−0.042	−18	−12
	渭河	1.207	1.703	2.461	−1.252	−0.757	−51	−31
中国水科院	渭拦	−0.065	−0.011	0.034	−0.099	−0.045	−291	−132
	渭淤1—渭淤10	0.095	0.756	1.463	−1.368	−0.707	−94	−48
	渭淤10—渭淤26	0.931	1.052	1.136	−0.205	−0.084	−18	−7
	渭淤26—渭淤37	0.239	0.253	0.273	−0.034	−0.02	−13	−7
	渭河	1.2	2.05	2.906	−1.706	−0.856	−59	−30
清华大学	渭拦	−0.053	−0.010	0.108	−0.161	−0.118	−149	−109
	渭淤1—渭淤10	0.159	0.368	0.651	−0.492	−0.283	−76	−43
	渭淤10—渭淤26	0.864	1.059	1.240	−0.376	−0.181	−30	−14
	渭淤26—渭淤37	0.258	0.290	0.308	−0.046	−0.014	−15	−5
	渭河	1.228	1.707	2.303	−1.075	−0.596	−47	−26
西安理工大学	渭拦	−0.034	0.013	0.067	−0.101	−0.054	−151	−81
	渭淤1—渭淤10	0.286	0.46	0.634	−0.348	−0.174	−55	−27
	渭淤10—渭淤26	0.42	0.508	0.611	−0.191	−0.103	−31	−17
	渭淤26—渭淤37	0.178	0.186	0.196	−0.018	−0.01	−9	−5
	渭河	0.85	1.167	1.508	−0.658	−0.341	−44	−23
四家平均值	渭拦	−0.065	−0.011	0.059	−0.124	−0.070	−210	−119
	渭淤1—渭淤10	0.197	0.501	0.896	−0.699	−0.395	−78	−44
	渭淤10—渭淤26	0.748	0.906	1.059	−0.311	−0.153	−29	−14
	渭淤26—渭淤37	0.242	0.260	0.282	−0.040	−0.022	−14	−8
	渭河	1.122	1.656	2.296	−1.174	−0.640	−51	−28

表 6-10　水沙系列 I 黄河小北干流河段各个方案计算累积冲淤量

单位	河段	冲淤量（亿 m³）			与 328 m 方案相比减淤量（亿 m³）		减淤比（%）	
		326 m	327 m	328 m	326 m	327 m	326 m	327 m
黄河水利科学研究院	黄淤 41—黄淤 45	−0.118	0.084	0.249	−0.367	−0.166	−147.4	−66.4
	黄淤 45—黄淤 50	0.321	0.396	0.613	−0.292	−0.217	−47.6	−35.4
	黄淤 50—黄淤 59	1.196	1.326	1.796	−0.601	−0.470	−33.4	−26.1
	黄淤 59—黄淤 68	2.375	2.863	3.263	−0.888	−0.400	−27.2	−12.3
	黄淤 41—黄淤 68	3.774	4.669	5.921	−2.148	−1.253	−36.3	−21.1
中国水科院	黄淤 41—黄淤 45	−0.070	−0.021	0.058	−0.128	−0.079	−220.7	−136.2
	黄淤 45—黄淤 50	0.495	0.612	0.687	−0.192	−0.075	−27.9	−10.9
	黄淤 50—黄淤 59	1.311	1.627	1.941	−0.630	−0.314	−32.5	−16.2
	黄淤 59—黄淤 68	2.508	2.916	3.152	−0.644	−0.236	−20.4	−7.5
	黄淤 41—黄淤 68	4.244	5.134	5.838	−1.594	−0.704	−27.3	−12.1
清华大学	黄淤 41—黄淤 45	−0.284	−0.140	0.007	−0.291	−0.148	−4 157.1	−2 100.0
	黄淤 45—黄淤 50	−0.220	0.011	0.204	−0.425	−0.193	−207.8	−94.6
	黄淤 50—黄淤 59	1.598	1.921	2.294	−0.695	−0.373	−30.3	−16.3
	黄淤 59—黄淤 68	2.641	2.832	3.477	−0.836	−0.645	−24.0	−18.6
	黄淤 41—黄淤 68	3.735	4.624	5.982	−2.247	−1.359	−37.6	−22.7
西安理工大学	黄淤 41—黄淤 45	−0.019	0.027	0.168	−0.187	−0.141	−111.3	−83.9
	黄淤 45—黄淤 50	0.033	0.224	0.513	−0.480	−0.289	−93.6	−56.3
	黄淤 50—黄淤 59	0.575	0.895	1.398	−0.823	−0.503	−58.9	−36.0
	黄淤 59—黄淤 68	2.531	2.847	3.308	−0.777	−0.461	−23.5	−13.9
	黄淤 41—黄淤 68	3.120	3.993	5.387	−2.267	−1.394	−42.1	−25.9
四家平均值	黄淤 41—黄淤 45	−0.123	−0.013	0.121	−0.243	−0.133	−201.7	−110.7
	黄淤 45—黄淤 50	0.157	0.311	0.504	−0.347	−0.194	−68.8	−38.3
	黄淤 50—黄淤 59	1.170	1.442	1.857	−0.687	−0.415	−38.8	−23.6
	黄淤 59—黄淤 68	2.514	2.864	3.300	−0.786	−0.436	−23.8	−13.1
	黄淤 41—黄淤 68	3.718	4.604	5.782	−2.063	−1.178	−35.8	−20.5

表 6-11　水沙系列 Ⅱ 渭河下游河段各个方案计算累积冲淤量

单位	河段	冲淤量（亿 m³）			与 328 m 相比减淤量（亿 m³）		减淤比（％）	
		326 m	327 m	328 m	326 m	327 m	326 m	327 m
黄河水利科学研究院	渭拦	−0.041	0.015	0.049	−0.091	−0.035	−184	−70
	渭淤 1—渭淤 10	0.412	0.673	1.121	−0.708	−0.448	−63	−40
	渭淤 10—渭淤 26	0.891	0.975	1.19	−0.299	−0.216	−25	−18
	渭淤 26—渭淤 37	0.303	0.328	0.359	−0.056	−0.031	−16	−9
	渭河	1.565	1.991	2.719	−1.154	−0.729	−42	−27
中国水科院	渭拦	−0.028	0.019	0.056	−0.084	−0.037	−150	−66
	渭淤 1—渭淤 10	0.27	0.943	1.676	−1.406	−0.733	−84	−44
	渭淤 10—渭淤 26	1.022	1.093	1.151	−0.129	−0.058	−11	−5
	渭淤 26—渭淤 37	0.163	0.189	0.211	−0.048	−0.022	−23	−10
	渭河	1.427	2.244	3.094	−1.667	−0.850	−54	−28
清华大学	渭拦	−0.016	0.026	0.184	−0.200	−0.158	−109	−86
	渭淤 1—渭淤 10	0.363	0.574	0.856	−0.493	−0.282	−58	−33
	渭淤 10—渭淤 26	1.104	1.364	1.710	−0.606	−0.346	−35	−20
	渭淤 26—渭淤 37	0.294	0.334	0.364	−0.070	−0.030	−19	−8
	渭河	1.744	2.298	3.114	−1.370	−0.816	−44	−26
西安理工大学	渭拦	−0.049	−0.005	0.053	−0.102	−0.058	−193	−109
	渭淤 1—渭淤 10	0.129	0.268	0.412	−0.283	−0.144	−69	−35
	渭淤 10—渭淤 26	0.273	0.369	0.481	−0.208	−0.112	−43	−23
	渭淤 26—渭淤 37	0.08	0.088	0.099	−0.019	−0.011	−19	−11
	渭河	0.433	0.72	1.045	−0.612	−0.325	−59	−31
四家平均值	渭拦	−0.034	0.014	0.086	−0.120	−0.072	−140	−84
	渭淤 1—渭淤 10	0.294	0.615	1.016	−0.722	−0.401	−71	−39
	渭淤 10—渭淤 26	0.823	0.950	1.133	−0.310	−0.183	−27	−16
	渭淤 26—渭淤 37	0.210	0.235	0.258	−0.048	−0.023	−19	−9
	渭河	1.292	1.813	2.493	−1.201	−0.680	−48	−27

表 6-12　水沙系列Ⅱ黄河小北干流河段各个方案计算累积冲淤量

单位	河段	冲淤量（亿 m³）			与 328 m 方案相比减淤量（亿 m³）		减淤比（%）	
		326 m	327 m	328 m	326 m	327 m	326 m	327 m
黄河水利科学研究院	黄淤 41—黄淤 45	0.125	0.219	0.315	−0.190	−0.096	−60.4	−30.5
	黄淤 45—黄淤 50	0.840	0.959	1.092	−0.252	−0.132	−23.0	−12.1
	黄淤 50—黄淤 59	1.356	1.442	1.603	−0.247	−0.161	−15.4	−10.0
	黄淤 59—黄淤 68	2.652	2.763	3.018	−0.366	−0.255	−12.1	−8.4
	黄淤 41—黄淤 68	4.973	5.383	6.028	−1.055	−0.644	−17.5	−10.7
中国水科院	黄淤 41—黄淤 45	0.077	0.185	0.291	−0.214	−0.106	−73.5	−36.4
	黄淤 45—黄淤 50	0.709	0.857	0.996	−0.287	−0.139	−28.8	−14.0
	黄淤 50—黄淤 59	1.461	1.631	1.883	−0.422	−0.252	−22.4	−13.4
	黄淤 59—黄淤 68	2.377	2.764	3.077	−0.700	−0.313	−22.7	−10.2
	黄淤 41—黄淤 68	4.624	5.437	6.247	−1.623	−0.810	−26.0	−13.0
清华大学	黄淤 41—黄淤 45	−0.141	−0.066	0.032	−0.173	−0.098	−541.6	−305.3
	黄淤 45—黄淤 50	0.043	0.081	0.387	−0.344	−0.306	−88.9	−79.2
	黄淤 50—黄淤 59	1.755	2.105	2.442	−0.687	−0.337	−28.1	−13.8
	黄淤 59—黄淤 68	3.206	3.447	3.653	−0.447	−0.206	−12.2	−5.6
	黄淤 41—黄淤 68	4.863	5.567	6.514	−1.651	−0.947	−25.3	−14.5
西安理工大学	黄淤 41—黄淤 45	0.023	0.103	0.301	−0.278	−0.198	−92.4	−65.8
	黄淤 45—黄淤 50	0.153	0.371	0.679	−0.526	−0.308	−77.5	−45.4
	黄淤 50—黄淤 59	0.453	0.712	1.259	−0.806	−0.547	−64.0	−43.4
	黄淤 59—黄淤 68	1.779	2.013	2.527	−0.748	−0.514	−29.6	−20.3
	黄淤 41—黄淤 68	2.408	3.199	4.766	−2.358	−1.567	−49.5	−32.9
四家平均值	黄淤 41—黄淤 45	0.021	0.110	0.235	−0.214	−0.124	−192	−109.5
	黄淤 45—黄淤 50	0.436	0.567	0.788	−0.352	−0.221	−54.6	−37.7
	黄淤 50—黄淤 59	1.256	1.473	1.797	−0.541	−0.324	−32.5	−20.2
	黄淤 59—黄淤 68	2.504	2.747	3.069	−0.565	−0.322	−19.2	−11.1
	黄淤 41—黄淤 68	4.217	4.897	5.889	−1.672	−0.992	−29.6	−17.8

图6-1为水沙系列 I 渭河下游在不同潼关高程下计算累积冲淤量随时间的变化过程,图6-2为水沙系列 II 渭河下游在不同潼关高程下计算累积冲淤量随时间的变化过程。

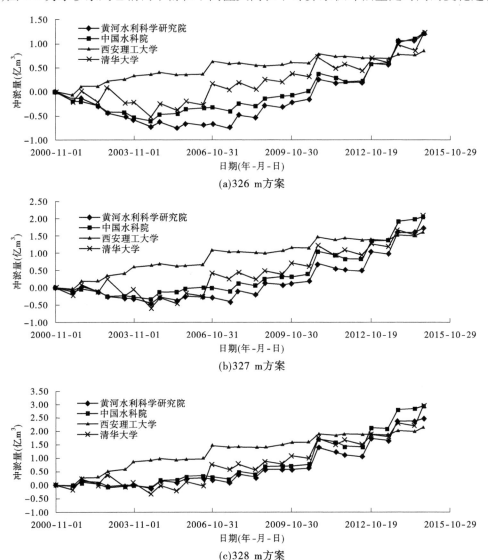

(a)326 m方案

(b)327 m方案

(c)328 m方案

图6-1　水沙系列 I 渭河计算累积冲淤量

　　虽然各家计算成果的数据不完全相同,但在定性上是基本一致的。由四家平均计算结果可知,在水沙系列I水沙及不同潼关控制高程(326 m、327 m、328 m)条件下,渭河下游和黄河小北干流河段均发生了逐年累积性淤积。渭河下游在三个潼关控制高程时总淤积量分别为1.122亿 m³、1.656亿 m³、2.296亿 m³,黄河小北干流总淤积量分别为3.718亿 m³、4.604亿 m³、5.782亿 m³;在水沙系列II水沙及不同潼关控制高程条件下,渭河下游和黄河小北干流河段也发生了逐年累积性淤积,渭河下游总淤积量分别为1.292亿 m³、1.813亿 m³、2.493亿 m³,黄河小北干流总淤积量分别为4.217亿 m³、4.897亿 m³、5.889亿 m³。

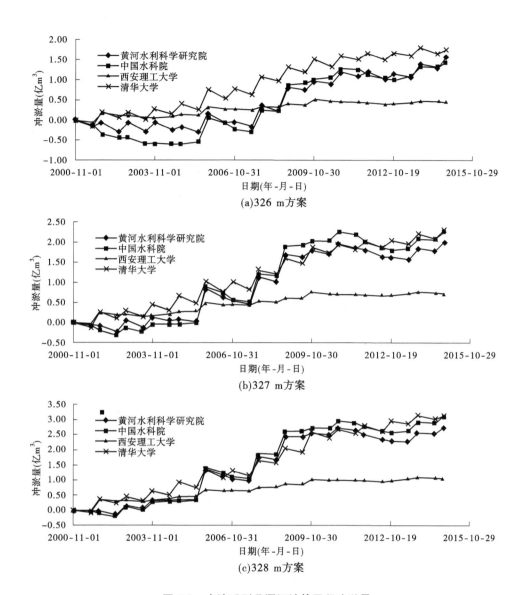

图 6-2 水沙系列Ⅱ渭河计算累积冲淤量

无论潼关高程是降低 1 m 还是 2 m,渭河下游 14 年后均总体呈淤积状态,仅渭拦河段略有冲刷。潼关高程控制 326 m(潼关高程降低 2 m),平水时,渭河下游累积淤积1.122 亿 m³,枯水时,渭河下游累积淤积 1.292 亿 m³,比平水时多淤 0.171 亿 m³;潼关高程控制 327 m(潼关高程降低 1 m),平水时,渭河下游累积淤积 1.656 亿 m³,枯水时,渭河下游累积淤积 1.813 亿 m³,比平水时多淤 0.16 亿 m³;潼关控制高程 328 m,平水时,渭河下游累积淤积 2.296 亿 m³,枯水时,渭河下游累积淤积 2.493 亿 m³,比平水时多淤 0.199 亿 m³。

若潼关高程降低 2 m,对于水沙系列Ⅰ和Ⅱ,渭河下游平均减淤比为 50% 左右,黄河小北干流河段平均减淤比为 30%~35%。若潼关高程降低 1 m,渭河下游平均减淤比为 28% 左右,黄河小北干流河段平均减淤比为 18%~20%。渭河下游河道和黄河小北干流河段减淤比自下而上逐渐减小,主要减淤河段渭河在华县以下河段,黄河小北干流在黄淤50断面以下河段。

当控制潼关高程为 327 m 时,水沙系列 I 渭淤 1—渭淤 10 河段减淤 44%,渭淤 10—渭淤 26 河段减淤 14%,渭淤 26—渭淤 37 河段减淤 8%;水沙系列 II 渭淤 1—渭淤 10 河段减淤 39%,渭淤 10—渭淤 26 河段减淤 16%,渭淤 26—渭淤 37 河段减淤 9%。当控制潼关高程为 326 m 时,水沙系列 I 渭淤 1—渭淤 10 河段减淤 78%,渭淤 10—渭淤 26 河段减淤 29%,渭淤 26—渭淤 37 河段减淤 14%;水沙系列 II 渭淤 1—渭淤 10 河段减淤 71%,渭淤 10—渭淤 26 河段减淤 27%,渭淤 26—渭淤 37 河段减淤 19%。

由图 6-1 和图 6-2 可以看出,在水沙系列 I 条件下,当潼关高程为 326 m 时,黄河水利科学研究院、中国水科院、清华大学计算结果前 4 年渭河是冲刷的,4 年后开始逐步淤积,西安理工大学计算结果渭河是缓慢淤积过程,基本没有出现冲刷;当潼关高程为 327 m 时,黄河水利科学研究院、中国水科院、清华大学计算结果前 3 年渭河是冲刷的,西安理工大学计算结果渭河是缓慢淤积过程;当潼关高程为 328 m 时,黄河水利科学研究院、中国水科院、清华大学计算结果开始是缓慢淤积过程,然后逐渐发生累积性淤积。

在水沙系列 II 条件下,当潼关高程为 326 m 时,黄河水利科学研究院、中国水科院计算结果前 3 年渭河是冲刷的,3 年后开始逐步淤积,清华大学、西安理工大学计算结果渭河是缓慢淤积过程;当潼关高程为 327 m 时,黄河水利科学研究院、中国水科院计算结果前 1 年渭河是冲刷的,然后开始逐步淤积,清华大学、西安理工大学计算结果渭河是缓慢淤积过程;当潼关高程为 328 m 时,各家计算结果渭河是累积性淤积过程,开始几年淤积速率较小,然后逐步加大。

(二)渭河下游洪水位计算结果及分析

计算结果见表 6-13~表 6-16,表中 5% 频率(20 年一遇)洪水华县站的流量为 8 530 m³/s。表 6-13 和表 6-14 分别为水沙系列 I、水沙系列 II 在不同潼关高程下渭河下游主要水文站 14 年后不同流量级计算洪水位及升降值(14 年后计算水位与初始水位的差),以及潼关控制高程 326 m、327 m 方案升降值与 328 m 方案升降值之差,表中的初始水位为计算地形条件开始时相应不同流量的水位。表 6-15 和表 6-16 分别为水沙系列 I 和水沙系列 II 渭河下游主要河段潼关控制高程 326 m 和 327 m 方案与潼关控制高程 328 m 方案水位升降值之差分布。依据表中数据分别绘制了各水位站 14 年后水位变化图(见图 6-3~图 6-5)。表 6-17 为水沙系列 I、水沙系列 II 在不同潼关高程下渭河下游主要水文站 14 年前后不同流量级计算水位及升降值(14 年后计算水位与初始水位的差),表 6-18 为水沙系列 I、水沙系列 II 渭河下游各主要河段潼关控制高程 326 m、327 m 方案与潼关控制高程 328 m 方案比不同流量级水位多降低的平均幅度。

表 6-13　水沙系列 I 在不同潼关高程下渭河下游主要水位站水位　（单位：m）

项目	单位	流量（m³/s）	326 m 华县	326 m 临潼	326 m 咸阳	327 m 华县	327 m 临潼	327 m 咸阳	328 m 华县	328 m 临潼	328 m 咸阳
初始水位		200	337.78	353.87	384.26	337.78	353.87	384.26	337.78	353.87	384.26
		6 000	343.17	358.72	389.88	343.17	358.72	389.88	343.17	358.72	389.88
		5%频率	343.97	359.94	390.62	343.97	359.94	390.62	343.97	359.94	390.62
14年后水位	黄河水利科学研究院	200	337.95	354.12	384.64	338.25	354.17	384.66	338.49	354.25	384.69
		6 000	343.43	359.12	390.11	343.59	359.18	390.13	343.82	359.26	390.17
		5%频率	344.18	360.30	390.84	344.33	360.35	390.85	344.60	360.42	390.89
	中国水利科学院	200	338.20	354.35	384.96	338.41	354.38	384.99	338.61	354.40	385.01
		6 000	343.42	359.20	390.11	343.58	359.22	390.13	343.74	359.24	390.15
		5%频率	344.17	360.31	390.79	344.30	360.33	390.81	344.44	360.34	390.83
	清华大学	200	337.08	354.21	384.58	337.49	354.26	384.60	337.79	354.31	384.61
		6 000	343.43	359.61	390.13	343.59	359.69	390.14	343.76	359.76	390.16
		5%频率	344.22	360.62	390.83	344.29	360.65	390.83	344.37	360.67	390.84
	西安理工大学	200	337.21	354.09	384.20	337.91	354.18	384.20	338.52	354.53	384.20
		6 000	343.45	358.89	390.05	343.54	358.94	390.06	343.63	359.00	390.07
		5%频率	344.25	360.12	390.79	344.33	360.17	390.80	344.41	360.22	390.81
升降值	黄河水利科学研究院	200	0.17	0.25	0.38	0.47	0.30	0.40	0.71	0.38	0.43
		6 000	0.26	0.40	0.23	0.42	0.46	0.25	0.65	0.54	0.29
		5%频率	0.21	0.36	0.22	0.36	0.41	0.23	0.63	0.48	0.27
	中国水利科学院	200	0.42	0.48	0.70	0.63	0.50	0.73	0.83	0.53	0.75
		6 000	0.25	0.48	0.23	0.41	0.50	0.25	0.57	0.52	0.27
		5%频率	0.20	0.37	0.17	0.33	0.39	0.19	0.47	0.40	0.21
	清华大学	200	−0.70	0.34	0.32	−0.29	0.39	0.34	0.01	0.44	0.35
		6 000	0.26	0.89	0.25	0.42	0.97	0.26	0.59	1.04	0.28
		5%频率	0.25	0.68	0.21	0.32	0.71	0.21	0.40	0.73	0.22
	西安理工大学	200	−0.57	0.22	−0.06	0.13	0.31	−0.06	0.74	0.66	−0.06
		6 000	0.28	0.17	0.17	0.37	0.22	0.18	0.46	0.28	0.19
		5%频率	0.28	0.18	0.17	0.36	0.23	0.18	0.44	0.28	0.19
与328m方案差	黄河水利科学研究院	200	−0.54	−0.13	−0.05	−0.24	−0.08	−0.03			
		6 000	−0.39	−0.14	−0.06	−0.23	−0.08	−0.04			
		5%频率	−0.42	−0.12	−0.05	−0.27	−0.07	−0.04			
	中国水利科学院	200	−0.41	−0.06	−0.06	−0.20	−0.03	−0.03			
		6 000	−0.32	−0.05	−0.05	−0.16	−0.02	−0.02			
		5%频率	−0.27	−0.04	−0.04	−0.13	−0.02	−0.02			
	清华大学	200	−0.71	−0.10	−0.03	−0.30	−0.05	−0.01			
		6 000	−0.33	−0.15	−0.03	−0.17	−0.07	−0.02			
		5%频率	−0.15	−0.05	−0.01	−0.08	−0.02	−0.01			
	西安理工大学	200	−1.31	−0.44	0.00	−0.61	−0.35	0.00			
		6 000	−0.18	−0.11	−0.02	−0.09	−0.06	−0.01			
		5%频率	−0.16	−0.10	−0.02	−0.08	−0.05	−0.01			

表6-14　　水沙系列Ⅱ在不同潼关高程下渭河下游主要水位站水位　　（单位:m）

项目	单位	流量(m³/s)	326 m 华县	326 m 临潼	326 m 咸阳	327 m 华县	327 m 临潼	327 m 咸阳	328 m 华县	328 m 临潼	328 m 咸阳
初始水位		200	337.78	353.87	384.26	337.78	353.87	384.26	337.78	353.87	384.26
		6 000	343.17	358.72	389.88	343.17	358.72	389.88	343.17	358.72	389.88
		5%频率	343.97	359.94	390.62	343.97	359.94	390.62	343.97	359.94	390.62
14年后水位	黄河水利科学研究院	200	338.28	354.35	384.80	338.47	354.37	384.82	338.67	354.43	384.86
		6 000	343.52	359.22	390.34	343.60	359.26	390.36	343.75	359.31	390.39
		5%频率	344.36	360.41	391.05	344.44	360.45	391.08	344.58	360.48	391.09
	中国水利科学院	200	338.31	354.46	385.04	338.51	354.49	385.05	338.69	354.51	385.07
		6 000	343.48	359.26	390.14	343.64	359.28	390.16	343.78	359.30	390.17
		5%频率	344.22	360.36	390.82	344.35	360.38	390.83	344.47	360.39	390.84
	清华大学	200	337.40	354.50	384.64	337.73	354.61	384.66	338.00	354.69	384.69
		6 000	343.56	359.70	390.30	343.83	359.81	390.32	344.15	359.89	390.35
		5%频率	344.32	360.70	390.99	344.67	360.78	391.02	344.90	360.86	391.04
	西安理工大学	200	337.18	353.67	384.39	337.85	354.13	384.41	338.47	354.48	384.43
		6 000	343.33	358.77	390.34	343.40	358.84	390.35	343.49	358.91	390.36
		5%频率	344.13	360.02	391.07	344.20	360.07	391.08	344.28	360.13	391.09
14年前后升降值(m)	黄河水利科学研究院	200	0.50	0.48	0.54	0.69	0.50	0.56	0.89	0.56	0.60
		6 000	0.35	0.50	0.46	0.43	0.54	0.48	0.58	0.59	0.51
		5%频率	0.39	0.47	0.43	0.47	0.51	0.46	0.61	0.54	0.47
	中国水利科学院	200	0.53	0.59	0.78	0.73	0.62	0.79	0.91	0.64	0.81
		6 000	0.31	0.54	0.26	0.47	0.56	0.28	0.61	0.58	0.29
		5%频率	0.25	0.42	0.20	0.38	0.44	0.21	0.50	0.45	0.22
	清华大学	200	−0.38	0.63	0.38	−0.05	0.74	0.40	0.22	0.82	0.43
		6 000	0.39	0.98	0.42	0.66	1.09	0.44	0.98	1.17	0.47
		5%频率	0.35	0.76	0.37	0.70	0.84	0.40	0.93	0.92	0.42
	西安理工大学	200	−0.60	−0.20	0.13	0.07	0.26	0.15	0.69	0.61	0.17
		6 000	0.16	0.05	0.46	0.23	0.12	0.47	0.32	0.19	0.48
		5%频率	0.16	0.08	0.45	0.23	0.13	0.46	0.31	0.19	0.47
与328m方案差	黄河水利科学研究院	200	−0.39	−0.08	−0.06	−0.20	−0.06	−0.04			
		6 000	−0.23	−0.09	−0.05	−0.15	−0.05	−0.03			
		5%频率	−0.22	−0.07	−0.04	−0.14	−0.03	−0.01			
	中国水利科学院	200	−0.38	−0.05	−0.03	−0.18	−0.02	−0.01			
		6 000	−0.30	−0.04	−0.02	−0.14	−0.02	−0.01			
		5%频率	−0.25	−0.03	−0.02	−0.12	−0.01	−0.01			
	清华大学	200	−0.60	−0.19	−0.05	−0.27	−0.08	−0.03			
		6 000	−0.59	−0.19	−0.05	−0.32	−0.08	−0.03			
		5%频率	−0.58	−0.16	−0.05	−0.23	−0.08	−0.02			
	西安理工大学	200	−1.29	−0.81	−0.04	−0.62	−0.35	−0.02			
		6 000	−0.16	−0.14	−0.02	−0.09	−0.07	−0.01			
		5%频率	−0.15	−0.11	−0.02	−0.08	−0.06	−0.01			

表 6-15 水沙系列 I 不同潼关高程下渭河下游主要河段水位差

单位	河段	326 m 方案与 328 m 方案相比（相当于潼关高程降低 2 m）			327 m 方案与 328 m 方案相比（相当于潼关高程降低 1 m）		
		各流量级水位差（m）			各流量级水位差（m）		
		200 m³/s	6 000 m³/s	5%频率	200 m³/s	6 000 m³/s	5%频率
黄河水利科学研究院	渭淤 1 以下	−1.43	−0.45	−0.45	−0.74	−0.27	−0.28
	渭淤 1—渭淤 5	−0.98	−0.42	−0.39	−0.62	−0.23	−0.24
	渭淤 5—渭淤 10	−0.85	−0.38	−0.34	−0.46	−0.20	−0.20
	渭淤 10—渭淤 15	−0.45	−0.26	−0.29	−0.22	−0.10	−0.15
	渭淤 15—渭淤 20	−0.31	−0.22	−0.20	−0.17	−0.08	−0.11
	渭淤 20—渭淤 26	−0.19	−0.14	−0.10	−0.08	−0.06	−0.05
	渭淤 26—渭淤 30	−0.09	−0.07	−0.09	−0.05	−0.04	−0.05
	渭淤 30—渭淤 37	−0.07	−0.06	−0.06	−0.03	−0.03	−0.03
中国水利科学院	渭淤 1 以下	−1.17	−0.35	−0.21	−0.46	−0.14	−0.13
	渭淤 1—渭淤 5	−0.51	−0.41	−0.34	−0.24	−0.19	−0.16
	渭淤 5—渭淤 10	−0.43	−0.35	−0.29	−0.21	−0.17	−0.14
	渭淤 10—渭淤 15	−0.43	−0.35	−0.29	−0.22	−0.17	−0.14
	渭淤 15—渭淤 20	−0.37	−0.30	−0.25	−0.19	−0.15	−0.12
	渭淤 20—渭淤 26	−0.21	−0.17	−0.14	−0.10	−0.08	−0.07
	渭淤 26—渭淤 30	−0.08	−0.06	−0.05	−0.04	−0.03	−0.02
	渭淤 30—渭淤 37	−0.02	−0.06	−0.05	−0.04	−0.03	−0.02
清华大学	渭淤 1 以下	−1.02	−0.51	−0.36	−0.39	−0.26	−0.19
	渭淤 1—渭淤 5	−0.96	−0.41	−0.28	−0.36	−0.22	−0.16
	渭淤 5—渭淤 10	−0.77	−0.34	−0.19	−0.32	−0.18	−0.11
	渭淤 10—渭淤 15	−0.67	−0.30	−0.12	−0.28	−0.15	−0.05
	渭淤 15—渭淤 20	−0.58	−0.25	−0.09	−0.24	−0.12	−0.03
	渭淤 20—渭淤 26	−0.26	−0.20	−0.06	−0.14	−0.09	−0.02
	渭淤 26—渭淤 30	−0.09	−0.11	−0.04	−0.04	−0.06	−0.02
	渭淤 30—渭淤 37	−0.06	−0.05	−0.01	−0.03	−0.03	−0.01
西安理工大学	渭淤 1 以下	−1.84	−0.38	−0.62	−0.89	−0.19	−0.37
	渭淤 1—渭淤 5	−1.77	−0.31	−0.32	−0.85	−0.15	−0.16
	渭淤 5—渭淤 10	−1.53	−0.22	−0.21	−0.72	−0.11	−0.10
	渭淤 10—渭淤 15	−1.08	−0.17	−0.15	−0.51	−0.08	−0.08
	渭淤 15—渭淤 20	−0.92	−0.13	−0.12	−0.45	−0.06	−0.06
	渭淤 20—渭淤 26	−0.76	−0.12	−0.11	−0.41	−0.07	−0.06
	渭淤 26—渭淤 30	−0.23	−0.05	−0.05	−0.15	−0.02	−0.02
	渭淤 30—渭淤 37	−0.02	−0.01	−0.02	−0.01	−0.01	−0.01
四家平均值	渭淤 1 以下	−1.37	−0.42	−0.41	−0.62	−0.22	−0.24
	渭淤 1—渭淤 5	−1.06	−0.39	−0.33	−0.52	−0.20	−0.18
	渭淤 5—渭淤 10	−0.90	−0.32	−0.26	−0.43	−0.17	−0.14
	渭淤 10—渭淤 15	−0.66	−0.27	−0.21	−0.31	−0.13	−0.11
	渭淤 15—渭淤 20	−0.55	−0.23	−0.17	−0.26	−0.10	−0.08
	渭淤 20—渭淤 26	−0.36	−0.16	−0.10	−0.18	−0.08	−0.05
	渭淤 26—渭淤 30	−0.12	−0.07	−0.06	−0.07	−0.04	−0.03
	渭淤 30—渭淤 37	−0.04	−0.05	−0.04	−0.03	−0.03	−0.02

表 6-16　水沙系列Ⅱ不同潼关高程下渭河下游主要河段水位差

单位	河段	326 m 方案与 328 m 方案相比 （相当于潼关高程降低 2 m）			327 m 方案与 328 m 方案相比 （相当于潼关高程降低 1 m）		
		各流量级水位差（m）			各流量级水位差（m）		
		200 m³/s	6 000 m³/s	5% 频率	200 m³/s	6 000 m³/s	5% 频率
黄河水利科学研究院	渭淤 1 以下	−1.11	−0.38	−0.28	−0.41	−0.21	−0.16
	渭淤 1—渭淤 5	−0.73	−0.33	−0.25	−0.29	−0.16	−0.13
	渭淤 5—渭淤 10	−0.49	−0.23	−0.20	−0.16	−0.12	−0.12
	渭淤 10—渭淤 15	−0.25	−0.16	−0.15	−0.15	−0.08	−0.10
	渭淤 15—渭淤 20	−0.19	−0.09	−0.07	−0.11	−0.06	−0.04
	渭淤 20—渭淤 26	−0.10	−0.08	−0.05	−0.06	−0.04	−0.04
	渭淤 26—渭淤 30	−0.07	−0.05	−0.05	−0.04	−0.03	−0.03
	渭淤 30—渭淤 37	−0.07	−0.04	−0.05	−0.03	−0.02	−0.02
中国水利科学院	渭淤 1 以下	−0.83	−0.32	−0.18	−0.24	−0.13	−0.11
	渭淤 1—渭淤 5	−0.44	−0.35	−0.29	−0.20	−0.16	−0.13
	渭淤 5—渭淤 10	−0.39	−0.31	−0.26	−0.18	−0.14	−0.12
	渭淤 10—渭淤 15	−0.40	−0.32	−0.27	−0.19	−0.15	−0.12
	渭淤 15—渭淤 20	−0.34	−0.27	−0.23	−0.16	−0.13	−0.11
	渭淤 20—渭淤 26	−0.19	−0.15	−0.12	−0.09	−0.07	−0.06
	渭淤 26—渭淤 30	−0.06	−0.05	−0.04	−0.02	−0.02	−0.02
	渭淤 30—渭淤 37	−0.05	−0.04	−0.03	−0.02	−0.02	−0.01
清华大学	渭淤 1 以下	−0.97	−0.97	−1.04	−0.40	−0.49	−0.54
	渭淤 1—渭淤 5	−0.78	−0.77	−0.84	−0.30	−0.41	−0.38
	渭淤 5—渭淤 10	−0.63	−0.62	−0.66	−0.27	−0.33	−0.26
	渭淤 10—渭淤 15	−0.54	−0.50	−0.54	−0.25	−0.28	−0.20
	渭淤 15—渭淤 20	−0.43	−0.37	−0.46	−0.19	−0.21	−0.17
	渭淤 20—渭淤 26	−0.28	−0.26	−0.30	−0.11	−0.13	−0.12
	渭淤 26—渭淤 30	−0.18	−0.16	−0.14	−0.08	−0.07	−0.07
	渭淤 30—渭淤 37	−0.10	−0.10	−0.09	−0.05	−0.05	−0.04
西安理工大学	渭淤 1 以下	−2.05	−0.43	−0.81	−1.04	−0.23	−0.52
	渭淤 1—渭淤 5	−1.90	−0.30	−0.34	−0.94	−0.15	−0.18
	渭淤 5—渭淤 10	−1.51	−0.19	−0.19	−0.73	−0.10	−0.09
	渭淤 10—渭淤 15	−1.14	−0.16	−0.16	−0.56	−0.09	−0.08
	渭淤 15—渭淤 20	−1.00	−0.14	−0.13	−0.48	−0.07	−0.07
	渭淤 20—渭淤 26	−0.93	−0.14	−0.13	−0.46	−0.07	−0.06
	渭淤 26—渭淤 30	−0.38	−0.06	−0.05	−0.19	−0.03	−0.03
	渭淤 30—渭淤 37	−0.04	−0.02	−0.01	−0.02	−0.01	−0.01

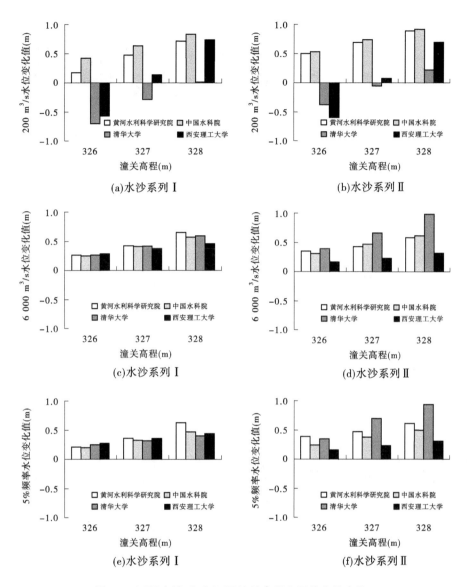

图6-3　不同水沙系列、不同潼关高程华县站水位变化

根据图表和上述计算冲淤量对比分析得知:当控制潼关高程为328 m时,各家对两种水沙系列计算所得水位与起始地形计算的水位相比,在定性上基本一致,除西安理工大学计算的水沙系列Ⅰ时的咸阳水位略有下降外,其余计算结果中渭河下游各站的水位均有不同程度的升高。据四家计算结果的平均值,水沙系列Ⅰ和水沙系列Ⅱ,华县站200 m³/s流量水位分别升高0.57 m和0.68 m,临潼站分别升高0.50 m和0.66 m,咸阳站分别升高0.37 m和0.50。可以看出:14年后水位升高值自下而上逐渐减小;平水系列Ⅰ时各站水位升高值小于枯水系列Ⅱ时的升高值。其他洪水流量级也与200 m³/s时具有基本相同的变化特征,且流量小时各站的水位升高值大,随着流量的增加,水位升高值减小。

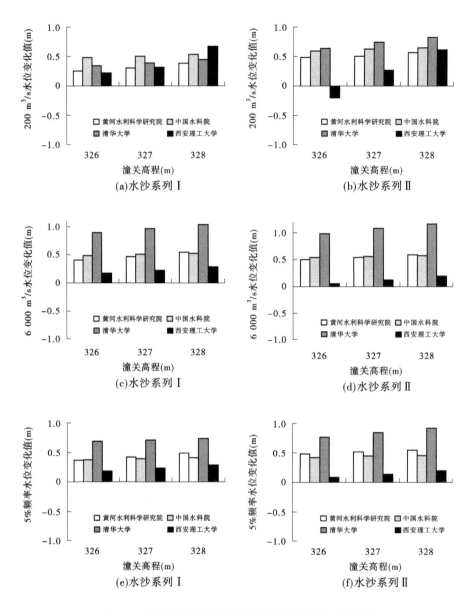

图 6-4 不同水沙系列、不同潼关高程临潼站水位变化

当控制潼关高程在 327 m 和 326 m 时,各家计算结果在定性上出现一些差异。如清华大学计算的两种水沙系列中,华县站 200 m³/s 流量水位下降;西安理工大学计算的潼关高程在 326 m 时,两种水沙系列中,华县站 200 m³/s 流量水位下降;中国水科院和黄河水利科学研究院的计算结果,华县站水位还是升高的。这些计算结果反映潼关高程的降低,对渭河下游河道冲刷影响的范围。但是,控制潼关高程为 327 m、326 m 与潼关高程为 328 m 的计算结果比较,各家计算结果都反映出控制潼关高程越低时,渭河下游水位升高的幅度越小。

· 194 ·

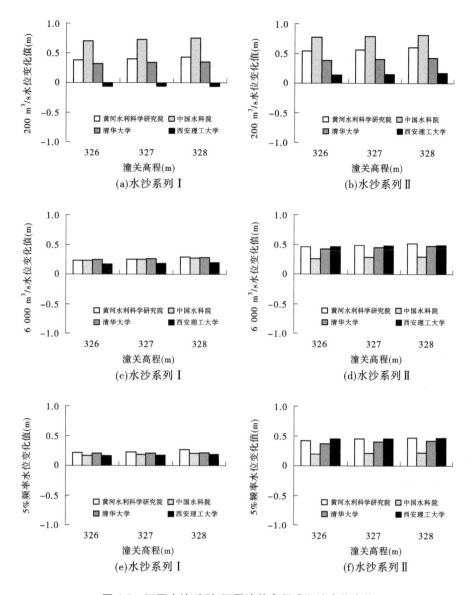

图 6-5　不同水沙系列、不同潼关高程咸阳站水位变化

　　200 m³/s 流量水位可以反映常流量下主槽的冲淤情况，6 000 m³/s 流量水位可以反映中常洪水下河道的洪水位变化。由表中可以看出，潼关高程控制 326 m(潼关高程降低2 m)，主槽的冲刷可以发展到华县站以上，但各站洪水位均为抬升；与潼关高程控制 328 m 相比，200 m³/s 流量水位华县站约低 0.8 m，临潼站低 0.2~0.3 m，咸阳站基本不变；6 000 m³/s 流量水位华县站约低 0.3 m，临潼站约低 0.1 m，咸阳站基本不变。

　　潼关高程控制 327 m(潼关高程降低 1 m)，各站常流量水位和洪水位均为抬升；与潼关高程控制 328 m 相比，200 m³/s 流量水位华县站约低 0.36 m，临潼站低 0.13 m，咸阳站基本不变；6 000 m³/s 流量水位华县站约低 0.17 m，临潼站约低 0.05 m，咸阳站基本不变。

表 6-17　在不同潼关高程下渭河下游主要水位站水位特征值（四家数模平均值）

（单位:m）

系列	项目	流量(m³/s)	326 m			327 m			328 m		
			华县	临潼	咸阳	华县	临潼	咸阳	华县	临潼	咸阳
系列 Ⅰ	14年后水位	200	337.36	354.19	384.59	337.85	354.25	384.61	338.22	354.37	384.63
		6 000	343.43	359.20	390.10	343.57	359.26	390.11	343.74	359.32	390.14
		5%频率	344.20	360.34	390.81	344.31	360.37	390.82	344.45	360.41	390.84
	升降值	200	−0.42	0.32	0.33	0.07	0.38	0.35	0.44	0.50	0.37
		6 000	0.26	0.48	0.22	0.40	0.54	0.23	0.57	0.60	0.26
		5%频率	0.23	0.40	0.19	0.34	0.43	0.20	0.48	0.47	0.22
	与328 m 方案差	200	−0.86	−0.18	−0.04	−0.37	−0.12	−0.02			
		6 000	−0.31	−0.12	−0.04	−0.17	−0.06	−0.03			
		5%频率	−0.25	−0.08	−0.03	−0.14	−0.04	−0.02			
系列 Ⅱ	14年后水位	200	337.49	354.25	384.72	337.93	354.40	384.73	338.29	354.53	384.76
		6 000	343.47	359.24	390.28	343.62	359.30	390.30	343.79	359.35	390.32
		5%频率	344.26	360.37	390.98	344.42	360.42	391.00	344.56	360.46	391.01
	升降值	200	−0.29	0.38	0.46	0.15	0.53	0.47	0.51	0.66	0.50
		6 000	0.30	0.52	0.40	0.45	0.58	0.42	0.62	0.63	0.44
		5%频率	0.29	0.43	0.36	0.45	0.48	0.38	0.59	0.52	0.39
	与328 m 方案差	200	−0.80	−0.28	−0.04	−0.36	−0.13	−0.03			
		6 000	−0.32	−0.11	−0.04	−0.17	−0.05	−0.02			
		5%频率	−0.30	−0.09	−0.03	−0.14	−0.05	−0.01			

表 6-18　不同潼关高程下渭河下游主要河段计算水位差（四家数模平均值）

单位	河段	326 m 方案与328 m 方案相比（相当于潼关高程降低2 m）			327 m 方案与328 m 方案相比（相当于潼关高程降低1 m）		
		各流量级水位差（m）			各流量级水位差（m）		
		200 m³/s	6 000 m³/s	5%频率	200 m³/s	6 000 m³/s	5%频率
系列 Ⅰ	渭淤1以下	−1.33	−0.43	−0.40	−0.66	−0.22	−0.24
	渭淤1—渭淤5	−1.06	−0.41	−0.31	−0.50	−0.22	−0.16
	渭淤5—渭淤10	−0.95	−0.32	−0.26	−0.45	−0.16	−0.14
	渭淤10—渭淤15	−0.75	−0.27	−0.21	−0.34	−0.13	−0.11
	渭淤15—渭淤20	−0.58	−0.23	−0.16	−0.27	−0.10	−0.08
	渭淤20—渭淤26	−0.36	−0.16	−0.10	−0.19	−0.07	−0.05
	渭淤26—渭淤30	−0.12	−0.07	−0.06	−0.07	−0.04	−0.03
	渭淤30—渭淤37	−0.04	−0.05	−0.04	−0.03	−0.03	−0.02

单位	河段	326 m 方案与 328 m 方案相比（相当于潼关高程降低 2 m）			327 m 方案与 328 m 方案相比（相当于潼关高程降低 1 m）		
		各流量级水位差（m）			各流量级水位差（m）		
		200 m³/s	6 000 m³/s	5% 频率	200 m³/s	6 000 m³/s	5% 频率
系列 Ⅱ	渭淤 1 以下	−1.29	−0.53	−0.58	−0.65	−0.26	−0.33
	渭淤 1—渭淤 5	−1.02	−0.44	−0.43	−0.49	−0.22	−0.20
	渭淤 5-10	−0.88	−0.34	−0.33	−0.40	−0.17	−0.15
	渭淤 10—渭淤 15	−0.68	−0.28	−0.28	−0.30	−0.15	−0.13
	渭淤 15—渭淤 20	−0.52	−0.22	−0.22	−0.23	−0.12	−0.09
	渭淤 20—渭淤 26	−0.38	−0.16	−0.15	−0.18	−0.08	−0.07
	渭淤 26—渭淤 30	−0.17	−0.08	−0.07	−0.08	−0.04	−0.04
	渭淤 30—渭淤 37	−0.07	−0.05	−0.05	−0.03	−0.02	−0.02

水位降低幅度比定义为在某一个潼关控制高程下计算的水位与在潼关控制高程为 328 m 下计算的水位之差与潼关控制高程降低幅度之比。两个水沙系列、不同潼关控制高程条件下渭河下游主要站水位降低幅度比计算结果表明,渭河下游华县、临潼和咸阳 200 m³/s 常流量水位降低幅度比分别为 40%、12% 和 2% 左右;6 000 m³/s 中流量水位和 20 年一遇洪水水位降低幅度比分别为 15%、5% 和 2% 左右。不同潼关控制高程对渭河下游常流量水位影响程度明显大于渭河下游中常流量水位和 20 年一遇洪水水位,渭河下游河段水位降低幅度比自下游向上游急剧减小。

第二节 动床实体模型试验

动床实体模型试验进行了不同水沙系列、不同潼关控制高程对渭河下游河道冲淤过程、冲淤量、冲淤部位和冲淤范围变化的研究。

一、模型设计

(一)模型范围
模型上起泾渭交汇口上游的渭河道口水位站(渭淤 30 断面,距潼关 153 km)、泾河入渭口、黄河小北干流上源头水位站(黄淤 45 断面,距潼关 24 km)、北洛河朝邑水文站;下至潼关以下的坩埌水位站(黄淤 36 断面,距潼关 20 km),试验河段长度约 200 km。两岸以现有堤防为界,适当考虑南山支流的入汇。

(二)模型比尺
考虑水流运动相似、泥沙运动相似和河床冲淤变形相似等准则,同时考虑悬沙和床沙的淤积和冲刷相似、河型相似和高含沙水流运动相似,确定模型水平比尺 500、垂直比尺 60。

考虑到模型模拟河段的实际情况,结合预备试验成果,初步确定模型含沙量比尺为3,冲淤变形时间比尺为50,这一初选比尺需验证试验最终确定。

模型沙选择北京高井电厂风选粉煤灰,其密度为 2.12 t/m³,淤积物稳定干密度为 0.704 t/m³。

模型主要比尺见表6-19。

表 6-19　模型主要比尺一览

项目	名称	比尺符号	比尺值	备注
几何相似	平面比尺	λ_l	500	
	垂直比尺	λ_h	60	
	变率		8.33	
水流运动相似	流速比尺	λ_v	7.75	
	糙率比尺	λ_n	0.69	
	流量比尺	λ_Q	232 379	
	水流时间比尺	λ_{t1}	64.5	
悬沙运动相似	沉速比尺	λ_ω	1.58	
	粒径比尺	λ_d	1.04	
	起动流速比尺	$\lambda_{vk(渭河)}$	6.9 ~ 9.1	$\lambda_{vk} = \lambda_v = 7.75$
		$\lambda_{vk(泾河)}$	7.0 ~ 8.8	
		$\lambda_{vk(黄河)}$	7.4 ~ 9.0	
		$\lambda_{vk(北洛河)}$	7.3 ~ 9.0	
	扬动流速比尺	$\lambda_{vf(渭河)}$	7.2 ~ 7.9	$\lambda_{vf} = \lambda_v = 7.75$
		$\lambda_{vf(泾河)}$	7.1 ~ 7.9	
		$\lambda_{vf(黄河)}$	7.3 ~ 8.0	
		$\lambda_{vf(北洛河)}$	7.4 ~ 8.1	
	含沙量比尺	λ_S	3.0	验证试验最终确定
	冲淤时间比尺	λ_{t2}	50	验证试验最终确定
床沙运动相似	沉速比尺	λ_ω	0.93	
	粒径比尺	λ_d	0.80	
	起动流速比尺	$\lambda_{vk(华县以下)}$	7.56 ~ 8.82	$\lambda_{vk} = \lambda_v = 7.75$
		$\lambda_{vk(华县—临潼)}$	7.48 ~ 9.24	
		$\lambda_{vk(临潼以上)}$	7.27 ~ 8.20	
		$\lambda_{vk(潼关上下)}$	7.30 ~ 8.64	

二、验证试验

（一）验证试验条件

验证试验起始地形根据渭河下游和黄河 1992 年 5 月实测大断面资料并参照同期河势图塑造。

验证时段为渭河下游冲淤交替的连续年份 1992～1994 年（1992 年 5 月 17 日至 1994 年 11 月 10 日）。模型进口施放的水沙过程为此期间咸阳站、张家山（二）站、朝邑站和上源头站逐日平均流量和含沙量过程经概化后的水沙过程。在概化中，尽量保持了天然水沙过程的洪峰和沙峰。上源头施放的流量和含沙量过程根据和潼关、华县、朝邑等站的水沙量关系确定。

模型出口控制的水位过程为 1992 年 5 月 17 日至 1994 年 11 月 10 日坫垲站逐日平均水位过程概化后的水位过程。

（三）验证试验结果

各级流量下模型沿程各断面的水位及原型的相应水位的对比见表 6-20。由表 6-20 可见，在各级验证流量下，模型水位与原型水位的差值一般在 ±0.1 m 内，个别点最大差值为 0.13 m。可以认为模型和原型的水面线基本符合。

潼关水位的相似对整个模型的相似至关重要，为此模型验证试验对潼关水位进行了验证。在 1992～1994 年水位变化过程中，模型中的水位变化过程与原型基本一致，模型与原型水位的差别最大不超过 0.10 m。对于这样一个多进口、冲淤变化复杂的全动床实体模型来说，这样的验证结果应该是可以接受的。

试验河段各时段模型和原型冲淤量对比见表 6-21。由表 6-21 可见，三个时段分别统计时，黄淤 36—黄淤 45 各时段的误差率分别为 -5.10%、-13.09%、+1.40%；渭拦 1—渭淤 31 各时段的误差率分别为 +1.42%、-10.69%、+3.74%。三时段累积误差，黄淤 36—黄淤 45 为 -18.95%，渭拦 1—渭淤 31 为 5.30%。在原型河段约 200 km（模型河段约 400 m）内得到上述相对误差，应当认为河道冲淤验证成果是令人满意的。

模型与原型河段冲淤量对比表明，在每个验证时段内，原型发生淤积的河段，模型也发生淤积，原型发生冲刷的河段，模型也发生冲刷。这表明模型和原型在相应河段内的冲淤规律基本一致。从数量上看，各河段模型与原型冲淤量接近，最大误差不超过 25%。

一些典型断面在三年验证时段末的冲淤变化表明，在渭河下游河段，主要发生在主槽内，多数断面模型与原型的冲淤部位基本接近，也有少数断面的主槽位置有一定变化，但变化幅度不大。在黄河上源头—坫垲河段，由于河道宽浅、散乱、多汊，模型和原型冲淤部位不像渭河下游那样接近，但冲淤形态和范围还是基本一致的。

三、试验方案

（一）试验水沙系列

试验采用两组水沙系列。水沙系列Ⅰ为水量偏丰的 1987～1990 年实测水沙系列，渭河下游（咸阳 + 张家山（二））和潼关站水沙特征值见表 6-22；水沙系列Ⅱ为枯水的 1997～2000 年水沙系列，其特征值见表 6-23。

表6-20 各级流量下水面线的验证结果

站名	流量级											
	1			2			3			4		
水位（m）	模型值	原型值	原型－模型	模型值	原型值	原型－模型	模型值	原型值	原型－模型	模型值	原型值	原型－模型
道口	364.93	365.01	0.08	365.11	365.16	0.05	365.89	365.99	0.10	366.23	366.39	0.16
耿镇	357.82	357.84	0.02	358.41	358.38	-0.03	358.67	358.64	-0.03	359.01	359.07	0.06
临潼	353.98	353.97	-0.01	354.67	354.71	0.04	354.50	354.44	-0.06	355.12	355.03	-0.09
交口	346.59	346.62	0.03	347.19	347.14	-0.05	347.66	347.69	0.03	348.31	348.36	0.05
渭南	343.35	343.33	-0.02	344.03	344.03	0.00	343.80	343.69	-0.11	345.04	344.93	-0.11
詹家	340.28	340.39	0.11	340.66	340.73	0.07	341.35	341.44	0.09	341.84	341.80	-0.04
华县	336.56	336.49	-0.07	336.50	336.43	-0.07	337.46	337.38	-0.08	337.89	337.94	0.05
陈村	332.67	332.62	-0.05	333.48	333.44	-0.04	333.14	333.17	0.03	334.17	334.04	-0.13
华阴	330.21	330.25	0.04	330.90	330.96	0.06	329.83	329.77	-0.06	330.68	330.62	-0.06
吊桥	329.12	329.05	-0.07	329.74	329.77	0.03	328.54	328.57	0.03	329.29	329.34	0.05
潼关	328.00	328.02	0.02	328.57	328.53	-0.04	327.46	327.50	0.04	328.18	328.13	-0.05
拈埼	324.50	324.50	0.00	325.20	325.20	0.00	323.59	323.59	0.00	324.14	324.14	0.00
上源头	331.52	331.60	0.08	331.87	331.96	0.09	331.91	331.97	0.06	331.81	331.89	0.08

注：流量级1：$Q_{潼关}=739$ m³/s，$Q_{临潼}=221$ m³/s，$Q_{朝邑}=11.6$ m³/s；流量级2：$Q_{潼关}=1\,490$ m³/s，$Q_{临潼}=661$ m³/s，$Q_{朝邑}=0$ m³/s；流量级3：$Q_{潼关}=1180$ m³/s，$Q_{临潼}=933$ m³/s，$Q_{朝邑}=32.9$ m³/s；流量级4：$Q_{潼关}=1\,950$ m³/s，$Q_{临潼}=1\,270$ m³/s，$Q_{朝邑}=56.4$ m³/s。

表6-21　各时段模型与原型冲淤量统计

时段 （年-月-日）	黄淤36—黄淤45			渭拦1—渭淤31		
	模型 （万 m³）	原型 （万 m³）	误差率 （%）	模型 （万 m³）	原型 （万 m³）	误差率 （%）
1992-05-17 ~ 1992-09-08	− 1 395.1	− 1 470	− 5.10	11 234.7	11 077	1.42
1992-09-09 ~ 1993-09-22	− 371.1	− 427	− 13.09	− 3 062.4	− 3 429	− 10.69
1993-09-23 ~ 1994-11-10	1 139.7	1 124	1.40	7 906.2	7 621	3.74
1992-05-17 ~ 1994-11-10	− 626.5	− 773	− 18.95	16 078.5	15 269	5.30

表6-22　渭河下游实体模型水沙系列 I 特征值

站名	年份	水量 （亿 m³）	沙量 （亿 t）	最大流量 （m³/s）	最大含沙量 （kg/m³）	平均流量 （m³/s）	平均含沙量 （kg/m³）
咸阳 + 张家山(二)	1987	35	1.31	1 064	508	112	37
	1988	61	5.3	2 590	490	194	86
	1989	50	1.82	1 467	413	157	37
	1990	62	2.97	2 573	331	197	48
	平均	52	2.85			165	55
潼关	1987	193	3.22	3 450	182	612	17
	1988	309	13.59	6 000	269	976	44
	1989	377	8.53	5 770	324	1 195	23
	1990	351	7.61	4 080	119	1 113	22
	平均	307	8.24			974	27

表6-23　渭河下游实体模型水沙系列 II 特征值

站　名	年份	水量 （亿 m³）	沙量 （亿 t）	最大流量 （m³/s）	最大含沙量 （kg/m³）	平均流量 （m³/s）	平均含沙量 （kg/m³）
咸阳 + 张家山(二)	1997	15	1.96	978	716	48	130
	1998	25	1.69	1 472	570	79	68
	1999	23	1.65	840	396	74	71
	2000	19	1.38	1 259	626	59	74
	平均	20	1.67			65	82
潼关	1997	160	5.33	3 580	386	508	33
	1998	192	6.43	4 616	239	609	34
	1999	218	5.36	2 490	359	690	25
	2000	188	3.51	2 160	132	594	19
	平均	189	5.16			600	27

(二)试验控制条件

方案试验的模型起始地形根据 2001 年汛后实测大断面资料并参照同期河势图塑造。

模型进口施放 1986 年 11 月 1 日至 1990 年 10 月 31 日(偏丰系列)和 1996 年 11 月 1 日至 2000 年 10 月 31 日(偏枯系列)咸阳、张家山(二)、朝邑和上源头等站逐日水沙过程经概化后的水沙过程。

模型出口水位,为便于试验操作,不考虑模型出口潼关站的水位与流量关系随不同水沙系列和 4 年系列过程中冲淤变化而变化。通过分析潼关站实测水位与流量关系和数模计算结果,确定 326 m、327 m 和 328 m 三种潼关高程相应的潼关水位与流量关系。

试验方案分别为潼关高程控制 326 m、327 m 和 328 m。

四、试验成果

(一)潼关高程控制 326 m

潼关高程控制 326m 时冲淤量及沿程分布见表 6-24 和图 6-6,各河段单位长度主槽冲

表 6-24　潼关高程 326 m 试验河段冲淤量

系列	河段	渭拦 1 -渭淤 1	渭淤 1—渭淤 10	渭淤 10—渭淤 21	渭淤 21—渭淤 26	渭淤 26—渭淤 31	渭拦 1—渭淤 31
偏丰	河段冲淤量(亿 m³)	− 0.149 9	− 0.299 0	0.210 2	0.102 3	− 0.063 7	− 0.200 1
	主槽冲淤量(亿 m³)	− 0.151 0	− 0.345 0	− 0.057 5	− 0.025 1	− 0.064 5	− 0.643 1
偏枯	河段冲淤量(亿 m³)	− 0.086 3	− 0.106 9	0.040 6	0.020 9	− 0.028 7	− 0.160 4
	主槽冲淤量(亿 m³)	− 0.087 6	− 0.130 0	0.003 6	0.005 3	− 0.033 1	− 0.241 8

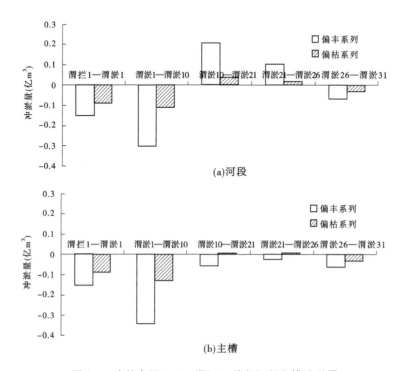

图 6-6　潼关高程 326 m 渭河下游各河段主槽冲淤量

淤量见图6-7,试验前后主槽面积和深泓高程沿程变化见表6-25、表6-26,主槽面积差沿程变化见图6-8。

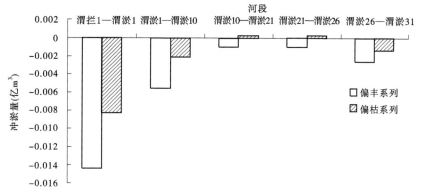

图6-7 潼关高程326 m渭河下游各河段单位长度主槽冲淤量

表6-25 潼关高程326 m偏丰系列主槽面积和深泓高程沿程变化

断面	起始地形		试验结果		试验－起始		
	主槽面积（m²）	深泓高程（m）	主槽面积（m²）	深泓高程（m）	面积差（m²）	面积增加（%）	深泓差（m）
渭拦5	2 040.4	324.71	3 696.3	324.11	1 655.9	81.2	－0.60
渭拦7	713.5	324.58	1 867.2	324.09	1 153.7	161.7	－0.49
渭拦10	695.4	327.47	2 150.2	327	1 454.8	209.2	－0.47
渭淤1	527.1	326.38	1 683	325.93	1 155.9	219.3	－0.45
渭淤2	545.2	326.05	1 560.7	325.46	1 015.5	186.3	－0.59
渭淤2＋1	839.7	327.91	1 798.2	327.55	958.5	114.1	－0.36
渭淤3	669.7	328.55	1 592.6	328.34	922.9	137.8	－0.21
渭淤3＋1	681.6	327.88	1 692.8	327.5	1 011.2	148.4	－0.38
渭淤4	806.5	327.7	1 620.9	327.4	814.4	101.0	－0.3
渭淤4＋1	586	329.5	1 306.6	329.25	720.6	123.0	－0.25
渭淤5（一）	720.9	326.9	1 386.6	326.5	665.7	92.3	－0.4
渭淤5＋1	873.6	330.5	1 442	330.23	568.4	65.1	－0.27
渭淤6	1 427.7	330.8	2 005.2	330.49	577.5	40.4	－0.31
渭淤7	867.1	332.3	1 380.9	331.87	513.8	59.3	－0.43
渭淤8	851	332.8	1 323.7	332.4	472.7	55.5	－0.4
渭淤9	1 067.9	333.8	1 501.3	333.54	433.4	40.6	－0.26
渭淤10（一）	685.8	335.2	1 178.8	334.93	493	71.9	－0.27
渭淤11	1 096.2	336.8	1 357.5	336.63	261.3	23.8	－0.17
渭淤12	1 588	336.8	1 838.7	336.71	250.7	15.8	－0.09
渭淤13	989.9	338.1	1 263.2	337.71	273.3	27.6	－0.39

断面	起始地形		试验结果		试验－起始		
	主槽面积 (m²)	深泓高程 (m)	主槽面积 (m²)	深泓高程 (m)	面积差 (m²)	面积增加 (%)	深泓差 (m)
渭淤 14	1 313.1	338.7	1 610.3	338.53	297.2	22.6	－0.17
渭淤 15	1 190.6	339.5	1 415.2	339.2	224.6	18.9	－0.3
渭淤 16（二）	819.1	340.5	948.7	340.35	129.6	15.8	－0.15
渭淤 17	1 328.3	341	1 614.4	340.91	286.1	21.5	－0.09
渭淤 19	749.5	342	921.4	341.72	171.9	22.9	－0.28
渭淤 20	1 173.4	343.1	1 467.7	342.93	294.3	25.1	－0.17
渭淤 21	1 259.4	344.20	1 388.3	344.06	128.9	10.2	－0.14
渭淤 22	1 012.5	344.5	1 280.8	344.40	268.3	26.5	－0.1
渭淤 23	1 912.8	346.5	2 173.4	346.47	260.6	13.6	－0.03
渭淤 24	1 477.5	346.3	1 551.9	346.29	74.4	5.0	－0.01
渭淤 25	1 293.5	347	1 348.1	346.97	54.6	4.2	－0.03
渭淤 26	1 381.8	350.9	1 385.3	350.87	3.5	0.3	－0.03
渭淤 27	927.6	353.9	993.9	353.79	66.3	7.1	－0.11
渭淤 28（一）	1 774.3	357.5	2 066.1	357.24	291.8	16.4	－0.26
渭淤 29	1 006.2	361.1	1 276	360.90	269.8	26.8	－0.20
渭淤 30	1 097.5	362.9	1 324.8	362.77	227.3	20.7	－0.13

表 6-26　潼关高程 326 m 偏枯系列主槽面积和深泓高程沿程变化

断面	起始地形		试验结果		试验－起始		
	主槽面积 (m²)	深泓高程 (m)	主槽面积 (m²)	深泓高程 (m)	面积差 (m²)	面积增加 (%)	深泓差 (m)
渭拦 5	2 040.4	324.71	2 811.6	324.2	771.2	37.8	－0.51
渭拦 7	713.5	324.58	1 580.3	324.18	866.8	121.5	－0.4
渭拦 10	695.4	327.47	1 411.2	327.14	715.8	102.9	－0.33
渭淤 1	527.1	326.38	1 236.9	325.84	709.8	134.7	－0.54
渭淤 2	545.2	326.05	1 144.2	325.63	599	109.9	－0.42
渭淤 2＋1	839.7	327.91	1 403.8	327.72	564.1	67.2	－0.19
渭淤 3	669.7	328.55	1 130.2	328.23	460.5	68.8	－0.32
渭淤 3＋1	681.6	327.88	1 228.7	327.53	547.1	80.3	－0.35
渭淤 4	806.5	327.7	1 143.6	327.37	337.1	41.8	－0.33

断面	起始地形		试验结果		试验 – 起始		
	主槽面积（m²）	深泓高程（m）	主槽面积（m²）	深泓高程（m）	面积差（m²）	面积增加（%）	深泓差（m）
渭淤 4 + 1	586	329.5	899.9	329.12	313.9	53.6	– 0.38
渭淤 5（一）	720.9	326.9	860.4	326.47	139.5	19.4	– 0.43
渭淤 5 + 1	873.6	330.5	907.2	330.34	33.6	3.8	– 0.16
渭淤 6	1 427.7	330.8	1 416.5	330.66	– 11.2	– 0.8	– 0.14
渭淤 7	867.1	332.3	900.9	332.41	33.8	3.9	0.11
渭淤 8	851	332.8	892.6	332.76	41.6	4.9	– 0.04
渭淤 9	1 067.9	333.8	1 028.9	333.62	– 39	– 3.7	– 0.18
渭淤 10（一）	685.8	335.2	810.9	335.06	125.1	18.2	– 0.14
渭淤 11	1 096.2	336.8	1 117.1	336.76	20.9	1.9	– 0.04
渭淤 12	1 588	336.8	1 602.7	336.91	14.7	0.9	0.11
渭淤 13	989.9	338.1	883.4	338.11	– 106.5	– 10.8	0.01
渭淤 14	1 313.1	338.7	1 197	338.89	– 116.1	– 8.8	0.19
渭淤 15	1 190.6	339.5	1 280	339.38	89.4	7.5	– 0.12
渭淤 16（二）	819.1	340.5	846.3	340.57	27.2	3.3	0.07
渭淤 17	1 328.3	341	1 201	341.27	– 127.3	– 9.6	0.27
渭淤 19	749.5	342	704.9	342.16	– 44.6	– 6.0	0.16
渭淤 20	1 173.4	343.1	1 184.3	343.31	10.9	0.9	0.21
渭淤 21	1 259.4	344.2	1 218.3	344.14	– 41.1	– 3.3	– 0.06
渭淤 22	1 012.5	344.5	990.9	344.85	– 21.6	– 2.1	0.35
渭淤 23	1 912.8	346.5	1 956.4	346.62	43.6	2.3	0.12
渭淤 24	1 477.5	346.3	1 368.6	346.48	– 108.9	– 7.4	0.18
渭淤 25	1 293.5	347	1 082.1	347.16	– 211.4	– 16.3	0.26
渭淤 26	1 381.8	350.9	1 296.4	350.92	– 85.4	– 6.2	– 0.18
渭淤 27	927.6	353.9	805.8	353.62	– 121.8	– 13.1	0.02
渭淤 28（一）	1 774.3	357.5	1 740	357.67	– 34.3	– 1.9	0.27
渭淤 29	1 006.2	361.1	1 143.2	360.73	137	13.6	– 0.37
渭淤 30	1 097.5	362.9	1 287.8	362.62	190.3	17.3	– 0.28

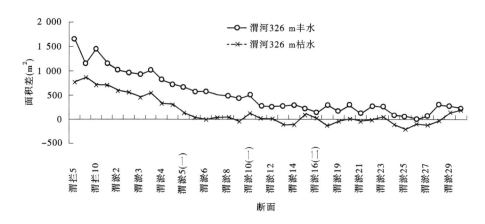

图 6-8　潼关高程 326 m 主槽面积差沿程变化

潼关高程控制 326 m 方案试验结果表明:偏丰系列 4 年后,渭河下游总体上发生了冲刷。在滩槽分布上,表现为冲槽淤滩。在沿程分布上,华县下游冲刷,华县上游淤积。从主槽冲淤来说,渭河下游全河段都发生了冲刷,但冲刷的强度和性质有所不同,华县上游冲刷强度不大,变化也小,主要为来水偏丰引起的沿程冲刷;华县下游冲刷强度大,变化也大,主要为潼关高程降低引起的溯源冲刷和来水偏丰引起的沿程冲刷的共同结果。潼关高程控制 326 m、偏丰系列 4 年后对渭河下游的影响范围主要在华县以下。

偏枯系列 4 年后,渭河下游总体上也发生了冲刷。在滩槽分布上,表现为冲槽淤滩。在沿程分布上,华县下游冲刷,华县上游淤积。从主槽冲淤来说,与偏丰系列渭河下游全河段发生冲刷不同,华县下游河段由于潼关高程降低发生了溯源冲刷;华县上游河段由于来水偏枯发生了淤积。潼关高程控制 326 m、偏枯系列 4 年后对渭河下游影响的范围主要在渭淤 5 以下。

(二)潼关高程控制 327 m

潼关高程控制 327 m 时冲淤量及沿程分布见表 6-27 和图 6-9,各河段单位长度主槽冲淤量见图 6-10,试验前后主槽面积和深泓高程沿程变化见表 6-28 和表 6-29,主槽面积差沿程变化见图 6-11。

表 6-27　潼关高程 327 m 试验河段冲淤量

系列	河段	渭拦1— 渭淤1	渭淤1— 渭淤10	渭淤10— 渭淤21	渭淤21— 渭淤26	渭淤26— 渭淤31	渭拦1— 渭淤31
偏丰	河段冲淤量(亿 m³)	− 0.045 4	− 0.193 3	0.277 6	0.120 7	− 0.046 7	0.113 0
	主槽冲淤量(亿 m³)	− 0.086 2	− 0.248 2	− 0.045 8	− 0.018 0	− 0.055 7	− 0.453 9
偏枯	河段冲淤量(亿 m³)	− 0.029 9	− 0.047 5	0.104 1	0.042 1	− 0.028 2	0.040 7
	主槽冲淤量(亿 m³)	− 0.057 6	− 0.078 4	0.038 8	0.009 1	− 0.031 3	− 0.119 3

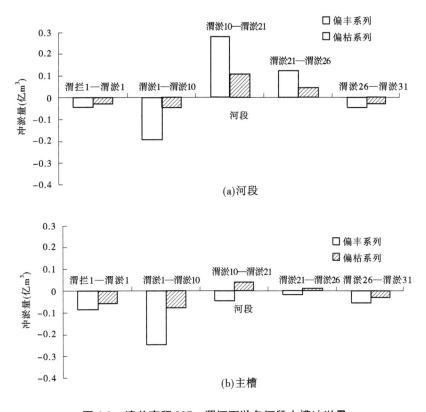

图 6-9   潼关高程 327m 渭河下游各河段主槽冲淤量

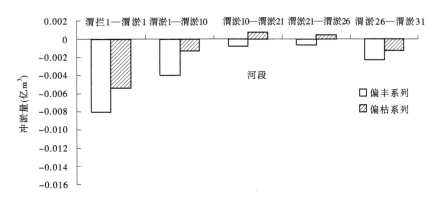

图 6-10   潼关高程 327 m 渭河下游各河段单位长度主槽冲淤量

潼关高程控制 327 m 方案试验结果表明:偏丰系列 4 年后,渭河下游总体上为淤积。在滩槽分布上,仍表现为冲槽淤滩,相比 326 m,槽少冲滩多淤。在沿程分布上,仍表现为华县下游冲刷,华县上游淤积。从主槽冲淤来说,渭河下游全河段仍发生冲刷,但冲刷的强度比 326 m 时有所减小,特别是华县下游更为明显。潼关高程控制 327 m、偏丰系列 4 年后对渭河下游的影响范围主要在渭淤 8 以下。

表 6-28 潼关高程 327 m 偏丰系列主槽面积和深泓高程沿程变化

断面	起始地形		试验结果		试验—起始		
	主槽面积（m²）	深泓高程（m）	主槽面积（m²）	深泓高程（m）	面积差（m²）	面积增加（%）	深泓差（m）
渭拦 5	2 040.4	324.71	2 955.7	324.3	915.3	44.9	−0.41
渭拦 7	713.5	324.58	1 414.6	324.27	701.1	98.3	−0.31
渭拦 10	695.4	327.47	1 532.8	327.21	837.4	120.4	−0.26
渭淤 1	527.1	326.38	1 085.6	326.14	558.5	106.0	−0.24
渭淤 2	545.2	326.05	1 074.3	325.67	529.1	97.0	−0.38
渭淤 2 + 1	839.7	327.91	1 641.7	327.69	802	95.5	−0.22
渭淤 3	669.7	328.55	1 302.1	328.3	632.4	94.4	−0.25
渭淤 3 + 1	681.6	327.88	1 325.6	327.65	644	94.5	−0.23
渭淤 4	806.5	327.7	1 545.6	327.52	739.1	91.6	−0.18
渭淤 4 + 1	586	329.5	1 033.3	329.25	447.3	76.3	−0.25
渭淤 5（一）	720.9	326.9	1 310.2	326.66	589.3	81.7	−0.24
渭淤 5 + 1	873.6	330.5	1 401.6	330.31	528	60.4	−0.19
渭淤 6	1 427.7	330.8	1 859.6	330.59	431.9	30.3	−0.21
渭淤 7	867.1	332.3	1 265.2	332.08	398.1	45.9	−0.22
渭淤 8	851	332.8	1 127.4	332.63	276.4	32.5	−0.17
渭淤 9	1 067.9	333.8	1 254.7	333.69	186.8	17.5	−0.11
渭淤 10（一）	685.8	335.2	838.1	335.11	152.3	22.2	−0.09
渭淤 11	1 096.2	336.8	1 264	336.67	167.8	15.3	−0.13
渭淤 12	1 588	336.8	1 910.2	336.66	322.2	20.3	−0.14
渭淤 13	989.9	338.1	1 208.8	337.87	218.9	22.1	−0.23
渭淤 14	1 313.1	338.7	1 547.9	338.51	234.8	17.9	−0.19
渭淤 15	1 190.6	339.5	1 398	339.28	207.4	17.4	−0.22
渭淤 16（二）	819.1	340.5	928.2	340.33	109.1	13.3	−0.17
渭淤 17	1 328.3	341	1 570.8	340.84	242.5	18.3	−0.16
渭淤 19	749.5	342	853.2	341.84	103.7	13.8	−0.16
渭淤 20	1 173.4	343.1	1 390	342.96	216.6	18.5	−0.14
渭淤 21	1 259.4	344.2	1 328.8	344.02	69.4	5.5	−0.18
渭淤 22	1 012.5	344.5	1 049.7	344.45	37.2	3.7	−0.05
渭淤 23	1 912.8	346.5	1 990.6	346.47	77.8	4.1	−0.03
渭淤 24	1 477.5	346.3	1 524.1	346.22	46.6	3.2	−0.08
渭淤 25	1 293.5	347	1 318	346.97	24.5	1.9	−0.03
渭淤 26	1 381.8	350.9	1 598.3	350.86	216.5	15.7	−0.04
渭淤 27	927.6	353.9	1 054.5	353.79	126.9	13.7	−0.11
渭淤 28（一）	1 774.3	357.5	2 092.1	357.33	317.8	17.9	−0.17
渭淤 29	1 006.2	361.1	1 206.1	360.97	199.9	19.9	−0.13
渭淤 30	1 097.5	362.9	1 210.3	362.77	112.8	10.3	−0.13

表 6-29 潼关高程 327 m 偏枯系列主槽面积和深泓高程沿程变化

断面	起始地形		试验结果		试验 – 起始		
	主槽面积（m²）	深泓高程（m）	主槽面积（m²）	深泓高程（m）	面积差（m²）	面积增加（%）	深泓差（m）
渭拦 5	2 040.4	324.71	2 605.4	324.44	565	27.7	− 0.27
渭拦 7	713.5	324.58	1 176.3	324.37	462.8	64.9	− 0.21
渭拦 10	695.4	327.47	1 327.8	327.37	632.4	90.9	− 0.1
渭淤 1	527.1	326.38	982	326.03	454.9	86.3	− 0.35
渭淤 2	545.2	326.05	993.8	325.93	448.6	82.3	− 0.12
渭淤 2 + 1	839.7	327.91	1 357.6	327.79	517.9	61.7	− 0.12
渭淤 3	669.7	328.55	867.4	328.33	197.7	29.5	− 0.22
渭淤 3 + 1	681.6	327.88	753.8	327.8	72.2	10.6	− 0.08
渭淤 4	806.5	327.7	900.6	327.78	94.1	11.7	0.08
渭淤 4 + 1	586	329.5	613.1	329.33	27.1	4.6	− 0.17
渭淤 5（一）	720.9	326.9	735	326.75	14.1	2.0	− 0.15
渭淤 5 + 1	873.6	330.5	872.4	330.48	− 1.2	− 0.1	− 0.02
渭淤 6	1 427.7	330.8	1 307.5	330.72	− 120.2	− 8.4	− 0.08
渭淤 7	867.1	332.3	920.6	332.15	53.5	6.2	− 0.15
渭淤 8	851	332.8	880.7	332.95	29.7	3.5	0.15
渭淤 9	1 067.9	333.8	996.7	333.79	− 71.2	− 6.7	− 0.01
渭淤 10（一）	685.8	335.2	732.7	335.25	46.9	6.8	0.05
渭淤 11	1 096.2	336.8	1 086.4	336.6	− 9.8	− 0.9	− 0.2
渭淤 12	1 588	336.8	1 524.3	336.64	− 63.7	− 4.0	− 0.16
渭淤 13	989.9	338.1	800.7	338.01	− 189.2	− 19.1	− 0.09
渭淤 14	1 313.1	338.7	1 165	338.76	− 148.1	− 11.3	0.06
渭淤 15	1 190.6	339.5	1 263.2	339.55	72.6	6.1	0.05
渭淤 16（二）	819.1	340.5	806.2	340.44	− 12.9	− 1.6	− 0.06
渭淤 17	1 328.3	341	1 374.9	341.25	46.6	3.5	0.25
渭淤 19	749.5	342	706.8	342.03	− 42.7	− 5.7	0.03
渭淤 20	1 173.4	343.1	1 081.7	343.12	− 91.7	− 7.8	0.02
渭淤 21	1 259.4	344.2	1 167.8	344.09	− 91.6	− 7.3	− 0.11
渭淤 22	1 012.5	344.5	981.3	344.71	− 31.2	− 3.1	0.21
渭淤 23	1 912.8	346.5	1 966	346.67	53.2	2.8	0.17
渭淤 24	1 477.5	346.3	1 300.9	346.53	− 176.6	− 12.0	0.23
渭淤 25	1 293.5	347	1 165.7	347.04	− 127.8	− 9.9	0.04
渭淤 26	1 381.8	350.9	1 424.6	351.04	42.8	3.1	0.14
渭淤 27	927.6	353.9	927.9	353.68	0.3	0.0	− 0.22
渭淤 28（一）	1 774.3	357.5	1 643.4	357.67	− 130.9	− 7.4	0.17
渭淤 29	1 006.2	361.1	1 004.1	360.73	− 2.1	− 0.2	− 0.37
渭淤 30	1 097.5	362.9	1 121.5	362.62	24	2.2	− 0.28

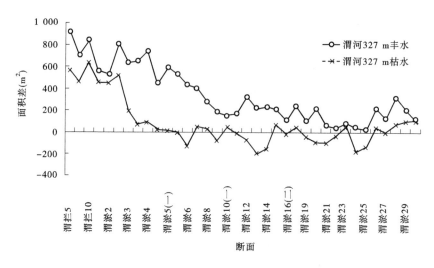

图 6-11　潼关高程 327 m 主槽面积差沿程变化

偏枯系列 4 年后,渭河下游总体上为淤积。在滩槽分布上,仍为冲槽淤滩。在沿程分布上,华县下游冲刷,华县上游淤积。从主槽冲淤来说,与偏丰系列明显不同,华县下游河段由于潼关高程降低减少,溯源冲刷强度和范围减小;华县上游河段由于来水偏枯淤积增加。潼关高程控制 327 m、偏枯系列 4 年后对渭河下游影响的范围主要在渭淤 3 以下。

(三)潼关高程控制 328 m

潼关高程控制 328 m 时冲淤量及沿程分布见表 6-30 和图 6-12,各河段单位长度主槽冲淤量见图 6-13,试验前后主槽面积和深泓高程沿程变化见表 6-31 和表 6-32,主槽面积差沿程变化见图 6-14。

表 6-30　潼关高程 328 m 试验河段冲淤量

系列	河段	渭拦 1—渭淤 1	渭淤 1—渭淤 10	渭淤 10—渭淤 21	渭淤 21—渭淤 26	渭淤 26—渭淤 31	渭拦 1—渭淤 31
偏丰	河段冲淤量(亿 m³)	− 0.024 1	− 0.014 8	0.288 8	0.135 7	− 0.029 2	0.356 4
	主槽冲淤量(亿 m³)	− 0.066 0	− 0.119 3	− 0.035 5	− 0.012 0	− 0.038 4	− 0.271 2
偏枯	河段冲淤量(亿 m³)	− 0.010 5	0.031 8	0.121 9	0.042 4	− 0.013 1	0.172 4
	主槽冲淤量(亿 m³)	− 0.026 1	0.001 4	0.058 2	0.014 0	− 0.016 0	0.031 6

潼关高程控制 328 m 方案试验结果表明:偏丰系列 4 年后,从总体上说,与潼关高程控制 327 m 时试验结果一致,渭河下游试验河段发生淤积。在滩槽分布上,仍表现为冲槽淤滩。在沿程分布上,与 327 m 时相同,华县下游冲刷,华县上游淤积。主槽冲淤规律与327 m 时一致,但冲刷的强度比 327 m 时有所减弱,特别是华县下游更为明显。潼关高程控制 328 m、偏丰系列 4 年后对渭河下游的影响范围主要在渭淤 2 以下。

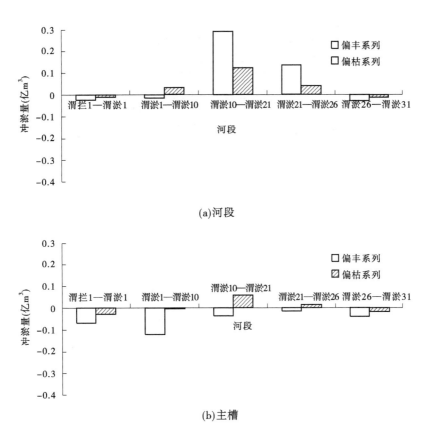

(a)河段

(b)主槽

图 6-12　潼关高程 328 m 渭河下游各河段主槽冲淤量

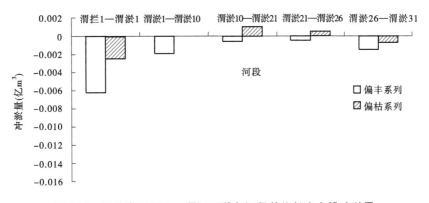

图 6-13　潼关高程 328 m 渭河下游各河段单位长度主槽冲淤量

　　偏枯系列 4 年后,从总体上说,与潼关高程控制 327 m 时试验结果一致,渭河下游试验河段发生淤积。在滩槽分布上,与潼关高程控制 327 m 时试验结果不同,滩地和主槽都发生淤积。在沿程分布上,与潼关高程控制 327 m 时试验结果不同,华县上下游都发生淤积。从主槽冲淤来说,与偏丰系列明显不同,溯源冲刷强度和范围更小,淤积范围增加。潼关高程控制 328 m、偏枯系列 4 年后对渭河下游影响的范围主要在渭拦 5 以下。

表 6-31　潼关高程 328 m 偏丰系列主槽面积和深泓高程沿程变化

断面	起始地形		试验结果		试验－起始		
	主槽面积（m²）	深泓高程（m）	主槽面积（m²）	深泓高程（m）	面积差（m²）	面积增加（%）	深泓差（m）
渭拦 5	2 040.4	324.71	2 881	324.33	840.6	41.2	−0.38
渭拦 7	713.5	324.58	1 272	324.41	558.5	78.3	−0.17
渭拦 10	695.4	327.47	1 195	327.35	499.6	71.8	−0.12
渭淤 1	527.1	326.38	848.3	326.23	321.2	60.9	−0.15
渭淤 2	545.2	326.05	752.9	325.89	207.7	38.1	−0.16
渭淤 2 + 1	839.7	327.91	1 034.9	327.88	195.2	23.2	−0.03
渭淤 3	669.7	328.55	770.3	328.53	100.6	15.0	−0.02
渭淤 3 + 1	681.6	327.88	819.2	327.65	137.6	20.2	−0.23
渭淤 4	806.5	327.7	968.1	327.64	161.6	20.0	−0.06
渭淤 4 + 1	586	329.5	700.1	329.36	114.1	19.5	−0.14
渭淤 5（一）	720.9	326.9	878.5	326.73	157.6	21.9	−0.17
渭淤 5 + 1	873.6	330.5	1 035.1	330.49	161.5	18.5	−0.01
渭淤 6	1 427.7	330.8	1 634.6	330.77	206.9	14.5	−0.03
渭淤 7	867.1	332.3	1 043.7	332.22	176.6	20.4	−0.08
渭淤 8	851	332.8	1 030.6	332.62	179.6	21.1	−0.18
渭淤 9	1 067.9	333.8	1 219.2	333.8	151.3	14.2	0
渭淤 10（一）	685.8	335.2	832.5	335.19	146.7	21.4	−0.01
渭淤 11	1 096.2	336.8	1 293.4	336.71	197.2	18.0	−0.09
渭淤 12	1 588	336.8	1 834.4	336.74	246.4	15.5	−0.06
渭淤 13	989.9	338.1	1 141.7	337.98	151.8	15.3	−0.12
渭淤 14	1 313.1	338.7	1 510.5	338.69	197.4	15.0	−0.01
渭淤 15	1 190.6	339.5	1 357.5	339.42	166.9	14.0	−0.08
渭淤 16（二）	819.1	340.5	936.6	340.44	117.5	14.3	−0.06
渭淤 17	1 328.3	341	1 531.7	340.89	203.4	15.3	−0.11
渭淤 19	749.5	342	859.9	341.99	110.4	14.7	−0.01
渭淤 20	1 173.4	343.1	1 287.6	343.05	114.2	9.7	−0.05
渭淤 21	1 259.4	344.2	1 370.3	344.18	110.9	8.8	−0.02
渭淤 22	1 012.5	344.5	1 098.4	344.49	85.9	8.5	−0.01
渭淤 23	1 912.8	346.5	1 923.5	346.47	10.7	0.6	−0.03
渭淤 24	1 477.5	346.3	1 508.6	346.29	31.1	2.1	−0.01
渭淤 25	1 293.5	347	1 315	346.92	21.5	1.7	−0.08
渭淤 26	1 381.8	350.9	1 389.6	350.89	7.8	0.6	−0.01
渭淤 27	927.6	353.9	954.3	353.79	26.7	2.9	−0.11
渭淤 28（一）	1 774.3	357.5	2 017.7	357.45	243.4	13.7	−0.05
渭淤 29	1 006.2	361.1	1 164.2	361.07	158	15.7	−0.03
渭淤 30	1 097.5	362.9	1 174.4	362.77	76.9	7.0	−0.13

表 6-32　潼关高程 328 m 偏枯系列主槽面积和深泓高程沿程变化

断面	起始地形		试验结果		试验 - 起始		
	主槽面积（m²）	深泓高程（m）	主槽面积（m²）	深泓高程（m）	面积差（m²）	面积增加（%）	深泓差（m）
渭拦 5	2 040.4	324.71	2 594.4	324.54	554	27.2	-0.17
渭拦 7	713.5	324.58	673	324.8	-40.5	-5.7	0.22
渭拦 10	695.4	327.47	664.6	327.7	-30.8	-4.4	0.23
渭淤 1	527.1	326.38	568.9	326.48	41.8	7.9	0.1
渭淤 2	545.2	326.05	548.9	326.5	3.7	0.7	0.45
渭淤 2 + 1	839.7	327.91	809.8	327.86	-29.9	-3.6	-0.05
渭淤 3	669.7	328.55	661.8	328.84	-7.9	-1.2	0.29
渭淤 3 + 1	681.6	327.88	711	327.92	29.4	4.3	0.04
渭淤 4	806.5	327.7	811.8	328.09	5.3	0.7	0.39
渭淤 4 + 1	586	329.5	525.2	329.46	-60.8	-10.4	-0.04
渭淤 5（一）	720.9	326.9	718	327.05	-2.9	-0.4	0.15
渭淤 5 + 1	873.6	330.5	814.9	330.56	-58.7	-6.7	0.06
渭淤 6	1 427.7	330.8	1 338.3	330.74	-89.4	-6.3	-0.06
渭淤 7	867.1	332.3	894.3	332.51	27.2	3.1	0.21
渭淤 8	851	332.8	771.6	332.84	-79.4	-9.3	0.04
渭淤 9	1 067.9	333.8	976.8	333.98	-91.1	-8.5	0.18
渭淤 10（一）	685.8	335.2	678.4	335.2	-7.4	-1.1	0
渭淤 11	1 096.2	336.8	1 042.9	337.05	-53.3	-4.9	0.25
渭淤 12	1 588	336.8	1 530.1	336.97	-57.9	-3.6	0.17
渭淤 13	989.9	338.1	830.5	338.13	-159.4	-16.1	0.03
渭淤 14	1 313.1	338.7	1 173.5	338.76	-139.6	-10.6	0.06
渭淤 15	1 190.6	339.5	1 233.5	339.43	42.9	3.6	-0.07
渭淤 16（二）	819.1	340.5	774.7	340.6	-44.4	-5.4	0.1
渭淤 17	1 328.3	341	1 262.2	341.2	-66.1	-5.0	0.2
渭淤 19	749.5	342	668.4	342.16	-81.1	-10.8	0.16
渭淤 20	1 173.4	343.1	1 099.6	343.12	-73.8	-6.3	0.02
渭淤 21	1 259.4	344.2	1 147.7	344.14	-111.7	-8.9	-0.06
渭淤 22	1 012.5	344.5	963.3	344.58	-49.2	-4.9	0.08
渭淤 23	1 912.8	346.5	1 966	346.67	53.2	2.8	0.17
渭淤 24	1 477.5	346.3	1 285	346.45	-192.5	-13.0	0.15
渭淤 25	1 293.5	347	1 182.6	347.2	-110.9	-8.6	0.2
渭淤 26	1 381.8	350.9	1 410.6	350.93	28.8	2.1	0.03
渭淤 27	927.6	353.9	930.3	353.76	2.7	0.3	-0.14
渭淤 28（一）	1 774.3	357.5	1 861.6	357.70	87.3	4.9	0.2
渭淤 29	1 006.2	361.1	1 059.9	360.95	53.7	5.3	-0.15
渭淤 30	1 097.5	362.9	1 195.8	362.57	98.3	9.0	-0.33

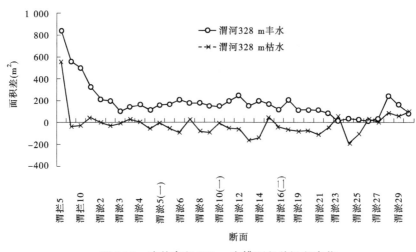

图 6-14　潼关高程 328 m 主槽面积差沿程变化

(四)综合分析

1.冲淤量对比

表 6-33 为各试验方案渭河下游各河段及其主槽的冲淤量对比。由表 6-33 可见,潼关高程控制 326 m 时,渭河下游河道发生累积冲刷;潼关高程控制 327 m、328 m 时,渭河下游河道发生累积性淤积,这说明潼关高程对渭河下游的冲淤起到重要作用。六个方案在渭河下游沿程的冲淤规律基本一致,都是两头冲刷,中间淤积,但其冲淤量及范围受潼关高程和来水丰枯的影响。潼关高程一定时,来水偏丰,两头冲刷量和范围大;来水一定时,潼关高程低,两头冲刷量和范围也大。上述试验结果说明潼关高程和来水来沙对渭河下游冲刷都起到重要作用。

表 6-33　各试验方案渭河下游冲淤量对比　　　　　　　　　　(单位:亿 m³)

冲淤部位	试验方案	渭拦 1—渭淤 1	渭淤 1—渭淤 10	渭淤 10—渭淤 21	渭淤 21—渭淤 26	渭淤 26—渭淤 31	渭拦 1—渭淤 31
河段冲淤量	326 m 偏丰系列	−0.149 9	−0.299 0	0.210 2	0.102 3	−0.063 7	−0.200 1
	326 m 偏枯系列	−0.086 3	−0.106 9	0.040 6	0.020 9	−0.028 7	−0.160 5
	327 m 偏丰系列	−0.045 4	−0.193 3	0.277 6	0.120 7	−0.046 7	0.113 0
	327 m 偏枯系列	−0.029 9	−0.047 5	0.104 1	0.042 1	−0.028 2	0.040 7
	328 m 偏丰系列	−0.024 1	−0.014 8	0.288 8	0.135 7	−0.029 2	0.356 4
	328 m 偏枯系列	−0.010 5	0.031 8	0.121 9	0.042 4	−0.013 1	0.172 4
主槽冲淤量	326 m 偏丰系列	−0.151 0	−0.345 0	−0.057 5	−0.025 1	−0.064 5	−0.643 1
	326 m 偏枯系列	−0.087 6	−0.130 0	0.003 6	0.005 3	−0.033 1	−0.241 7
	327 m 偏丰系列	−0.086 2	−0.248 2	−0.045 8	−0.018 0	−0.055 7	−0.453 9
	327 m 偏枯系列	−0.057 6	−0.078 4	0.038 8	0.009 1	−0.031 3	−0.119 3
	328 m 偏丰系列	−0.066 0	−0.119 3	−0.035 5	−0.012 0	−0.038 4	−0.271 3
	328 m 偏枯系列	−0.026 1	0.001 4	0.058 2	0.014 0	−0.016 0	0.031 6

从表6-33中渭河下游主槽冲淤量可以看出,除潼关高程控制328 m偏枯系列主槽淤积外,其余方案渭河下游河道主槽都是累积冲刷的。从各河段主槽冲淤来说,偏丰系列渭河下游各河段主槽都发生了冲刷,而偏枯系列渭河下游各河段主槽只在两头发生了冲刷,中间却发生了淤积。上述试验结果说明,降低潼关高程可以使渭河下游主槽在一定范围内发生溯源冲刷,对渭河下游减淤特别是主槽减淤具有一定作用,但要渭河全河段主槽发生冲刷还需要依靠来水的增加才行。

2. 主要影响范围

各试验方案下潼关高程控制对渭河下游的主要影响范围如表6-34所示。由表6-34可见,潼关高程控制对渭河下游的主要影响范围受潼关控制高程和来水丰枯的影响。偏丰水沙系列4年试验后,潼关高程控制326 m、327 m和328 m对渭河下游影响的主要范围分别在渭淤10(华县)、渭淤8和渭淤2以下。偏枯水沙系列4年试验后,潼关高程控制326 m、327 m和328 m对渭河下游影响的主要范围分别在渭淤5、渭淤3和渭拦5以下。总的来说,降低潼关高程对渭河下游的影响范围是随时间和来水来沙情况不断变化的,在本次试验条件下主要影响范围在华县以下。

表6-34　各方案下潼关高程控制对渭河下游主要影响范围

水沙系列	潼关控制高程(m)	主要影响范围
偏丰系列	326	渭淤10(华县)以下
	327	渭淤8以下
	328	渭淤2以下
偏枯系列	326	渭淤5以下
	327	渭淤3以下
	328	渭拦5以下

第三节　小　结

(1)数学模型计算和实体模型试验的结果均表明,潼关高程的降低对渭河下游河道的减淤特别是主槽的减淤具有一定作用,其影响程度和影响范围受潼关高程降低幅度和渭河下游来水来沙丰枯的共同影响。潼关高程一定时,渭河下游来水偏丰,影响程度强、范围大;渭河下游来水一定时,潼关高程降低多,渭河下游受影响的程度也强、范围也大。

(2)由数学模型计算结果可知,在水沙系列Ⅰ及不同潼关控制高程(326 m、327 m、328 m)条件下,渭河下游和黄河小北干流河段均发生了逐年累积性淤积,渭河下游总淤积量范围为1.086亿~2.274亿m³,黄河小北干流总淤积量范围为3.727亿~5.761亿m³;在水沙系列Ⅱ及不同潼关控制高程条件下,渭河下游和黄河小北干流河段也发生了逐年累积性淤积,渭河下游总淤积量范围为1.288亿~2.474亿m³,黄河小北干流总淤积量范围为4.193亿~5.858亿m³。

(3)数学模型计算得出,随着潼关高程的降低,渭河下游河道和黄河小北干流河段减淤比自下而上逐渐减小。若潼关高程降低2 m,渭河下游平均减淤比为50%左右,黄河小北干流河段平均减淤比为30%~35%。若潼关高程降低1m,渭河下游平均减淤比为28%左右,黄河小北干流河段平均减淤比为18%~20%。主要减淤河段渭河在华县以下河段,黄河小北干流在黄淤50断面以下河段。

(4)由数学模型计算结果可以看出,14年以后,华县、临潼、咸阳等站6000 m³/s和20年一遇洪水水位都是上升的,上升幅度基本在1 m以内,临潼200 m³/s水位上升幅度在0.66 m以内。若潼关高程从328 m下降到326 m,渭淤26断面(临潼)以下河段常流量水位下降幅度自下游向上游逐渐减小,华县以下河段下降幅度比较明显,渭淤26断面以上下降幅度很小,基本不受影响。

(5)实体模型潼关高程控制326 m方案试验结果表明:偏丰系列4年后,渭河下游总体上发生了冲刷。在滩槽分布上,表现为冲槽淤滩。在沿程分布上,华县下游冲刷、上游淤积。从主槽冲淤来说,渭河下游全河段都发生了冲刷。对渭河下游的影响范围主要在华县以下。偏枯系列4年后,渭河下游总体上也发生了冲刷。在滩槽分布上,表现为冲槽淤滩。在沿程分布上,华县下游冲刷、上游淤积。从主槽冲淤来说,华县下游河段由于潼关高程降低发生了溯源冲刷;华县上游河段由于来水偏枯发生了淤积,对渭河下游影响的范围主要在渭淤5以下。

(6)实体模型潼关高程控制327 m方案试验结果表明:偏丰系列4年后,渭河下游总体上为淤积。在滩槽分布上,仍表现为冲槽淤滩。在沿程分布上,仍表现为华县下游冲刷、上游淤积。从主槽冲淤来说,渭河下游全河段仍发生冲刷,但冲刷的强度比326 m时有所减小。对渭河下游的影响范围主要在渭淤8以下。偏枯系列4年后,渭河下游总体上为淤积。在滩槽分布上,仍为冲槽淤滩。在沿程分布上,华县下游冲刷、上游淤积。从主槽冲淤来说,华县下游河段由于潼关高程降低减少,溯源冲刷强度和范围减小;华县上游河段由于来水偏枯淤积增加。对渭河下游影响的范围主要在渭淤3以下。

(7)实体模型潼关高程控制328 m方案试验结果表明:偏丰系列4年后,渭河下游试验河段发生淤积。在滩槽分布上,仍表现为冲槽淤滩。在沿程分布上,华县下游冲刷、上游淤积。主槽冲淤规律与327 m时一致,但冲刷的强度比327 m时有所减弱,特别是华县下游更为明显。对渭河下游的影响范围主要在渭淤2以下。偏枯系列4年后,渭河下游试验河段发生淤积。在滩槽分布上,滩地和主槽都发生淤积。在沿程分布上,华县上下游都发生淤积。从主槽冲淤来说,溯源冲刷强度和范围更小,淤积范围增加。对渭河下游影响的范围主要在渭拦5以下。

第七章 三门峡水库运用方式调整对社会经济和生态环境的影响

调整三门峡水库运用方式是为了降低潼关高程,从而对渭河下游河道产生有利的影响。但三门峡水库经过长期运用,库区周边已逐渐演变形成了新的生态系统和社会经济系统,水库运用方式的调整势必给当地社会经济和生态环境带来一定的负面作用。

第一节 对渭河下游影响

一、减少河道淤积

潼关高程对渭、洛河下游起着侵蚀基准面的作用,潼关高程的降低可以引起渭河下游河道的溯源冲刷,潼关以上河道比降将随之发生自下而上的调整,必然使河道的冲淤变化朝着有利于河道特别是主槽过洪能力增加以及水流输沙畅通的方向发展,使渭河下游主槽冲刷下切和展宽,增大过水面积,从而有效地改善渭河下游的河道现状,增加河道比降,提高水流挟沙能力,提高河道泄洪输沙能力,减缓渭河下游河道的淤积。图 7-1 给出了渭河下游淤积量与潼关高程的关系,可以看出随着潼关高程的抬升,库区渭河下游泥沙不断增多。调整三门峡水库运用方式,降低潼关高程,可以遏制渭河下游淤积继续发展的势头。若潼关高程降低 2 m,渭河下游减淤比约为 50%;若潼关高程降低 1 m,渭河下游减淤比近 30%。

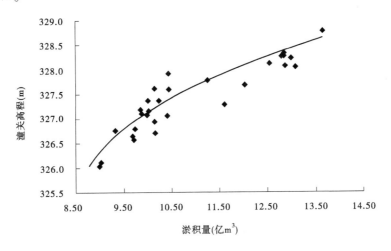

图 7-1 渭河下游淤积量与潼关高程的关系

二、提高防洪安全

潼关高程的降低有利于提高河道泄洪输沙能力(见图7-2),有利于提高渭河下游堤防的防洪安全,减少洪水出槽漫滩的机会,减少洪水灾害,并减轻由渭河顶托倒灌南山支流引起的灾害。渭河近期规划已将渭河下游防洪工程按潼关高程 328 m + 0.5 m 进行建设,将来潼关高程降下来,为渭河下游的防洪安全留下了一定的富裕度。

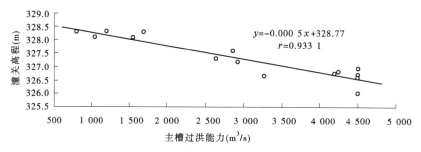

$$y = -0.000\,5x + 328.77$$
$$r = 0.933\,1$$

图 7-2　华县水文站各年主槽过洪能力与汛后潼关高程的关系

随着潼关高程的降低和渭河下游河道主槽过洪能力的扩大,渭河下游堤防的设防标准将有所提高。在遭遇相同量级的洪水时,能减少防汛期间的巡堤查险人数和工日,降低工程出险概率,降低灾害程度,将为渭河下游带来巨大的经济效益;同时堤防标准的提高,在减小洪涝灾害概率的基础上,洪水来临时人口搬迁的数量也必将减少,在一定程度上减轻防洪压力,并对社会稳定、经济发展有着不可估量的促进作用。

三、改善生态环境

三门峡水库建库初期,潼关高程迅速抬高,库区水位抬升,库区盐碱化急剧发展,到20世纪60年代末70年代初,整个库区盐碱化土地一度超过40万亩,最多达60万亩。到80年代末,由于库区来水量的逐渐减少,加上降水量减少,库区水位逐渐降低,盐碱化面积开始逐年减少。据有关资料统计,目前陕西省三门峡库区渭河下游盐碱化土地在4.5万亩以上,并在不断发展之中。潼关高程降低后,将提高渭河下游主槽过洪能力,减小洪水漫滩概率,在一定程度上降低部分河段的水位,也将极大地减缓库区渍涝盐碱等灾害,改善部分南山支流的入渭和防护区的排涝条件。

四、提供社会经济发展条件

潼关高程降低后,随着渭河下游防洪保安条件和区域生态环境的改善,关中地区的社会经济发展条件更为有利,必将对产业结构调整及生产力布局方面产生重要影响。由于洪水漫滩概率减小,防洪标准提高,在农业方面,渭河下游两岸农民由原来的短期种植行为改变为有计划的长期打算。在工业方面,可以有计划地安排一些高新及经济技术产业的建设和发展,加快区域经济的可持续发展和社会进步。降低潼关高程在对渭河下游地区产业结构调整和生产力布局方面产生重要影响的同时,必然对区域经济发展产生重要推动作用。渭河下游地区的人居环境也将得到进一步改善。尤其是目前居住在库区335m高程以下滩区返库移民防洪安全保障标准的提高、防灾减灾配套设施的完善和居住条件的改善,将对当地乃至陕西省社会稳定和经济的可持续发展起到至关重要的作用。

综上所述,潼关高程降低对渭河下游不仅有巨大的社会效益,也有着可观的经济效益,初步估算,潼关高程降低 2 m 使主槽过洪能力增大到 2 500 m^3/s 后,对渭河下游的年均经济效益为 9.45 亿元(见表 7-1)。

表 7-1　潼关高程降低 2 m 对渭河下游经济效益

项目	位置	年均经济效益(亿元)
防洪	渭河下游河道滩地	3.78
	南山支流堤防防护区	3.64
减淤	渭河下游	0.64
减少土地盐碱化	渭河下游	1.39
合计		9.45

第二节　对潼关以下库区影响

在三门峡水库改为"蓄清排浑"运用的三十多年的过程中,区域环境状况和河流水文情势等发生了一系列变化,在库区逐渐建立了新的平衡。在这种情况下,调整三门峡水库运用方式,降低水库运用水位,必将对库区社会经济和生态环境产生重大影响。

三门峡水库库水位 320 m、318 m、315 m、310 m、305 m 的回水末端位置见表 7-2。从表 7-2 可以看出,320 m 回水末端距潼关断面距离仍有 31.02 km,因此按照目前提出的水库最高运用水位方案,三门峡水库不同运用水位对社会经济的影响主要涉及潼关以下库区。

表 7-2　三门峡水库不同库水位回水末端位置

库水位(m)	回水末端位置			
	地点	断面号	距潼关断面距离(km)	距坝里程(km)
305	灵宝市北村	黄淤 22	71.22	42.3
310	邢家庄附近	黄淤 25	64.62	48.9
315	东古驿	黄淤 29	51.22	62.3
318	大禹渡抽水站	黄淤 30	45.62	67.9
320	礼教渡口	黄淤 33—黄淤 34	31.02	82.5

一、对社会和经济影响

(一)移民返迁影响社会稳定和防洪

根据中央直属水库移民遗留问题处理六年规划,截至 2001 年,三门峡水库移民人口已达 80 余万人,其中陕西省移民 48.53 万人,分布在渭南市 11 个县(区)和西安市 2 个县(区)的 185 个乡(镇)1 577 个行政村;山西省移民 17.34 万人,分布在平陆、芮城、永济 3县(市)的 26 个乡(镇)430 个行政村;河南三门峡市移民 14.84 万人,主要分布在灵宝市、陕县、湖滨区 3 县(市、区)的 28 个乡(镇)211 个行政村。

相当数量的移民生活、生产条件仍然较差,部分移民人均土地不足 1 亩,移民的生活水平较低。据统计,山西省 2001 年移民人均纯收入在 625 元以下的贫困人数为 13.2 万人,占总移民人数的 76%;河南省 2001 年移民人均纯收入在 625 元以下的有 4.34 万人,占移民总人数的 29%。三省库区移民与当地居民收入水平相比,存在较大的差距。

三门峡水库运用水位降低后将出露大量滩地,据有关资料,库水位由 320 m 至敞泄区间将出露滩地 39.18 万亩。形成滩地的地方水资源较好,地势平坦,土质肥沃,适合农业生产,为移民返库生产创造了机遇和条件,成为移民返库的诱因。

从移民遗留问题的历史过程分析,可常年耕种的大量滩地形成后,移民返迁是不可避免的。如三门峡水库陕西省原设计搬迁移民 28.5 万人,随着三门峡运用方式的改变,潼关以上库区的土地也逐渐出露,部队和地方国营单位相继开发库区土地资源,由此引发移民返库潮。因而,1985 年中央批准安置 15 万特困移民返迁库区定居,新设置 9 个乡 67 个自然村。1973 年三门峡水库改变运用方式后,因库区多年未高水位运用,河南省三门峡水库移民已有 2 万人左右到 335 m 以下库区定居,以耕种库区滩地谋生。山西省也有部分移民相继返迁库区,截至目前,有 1.2 万人长期在 335 m 高程以下居住,给水库防汛调度和库区防汛工作造成影响。

按照目前三门峡水库移民安置区的人均耕地初步估算,三门峡水库运用水位下降至 318 m、315 m、310 m 和敞泄时,移民可能返迁数量分别为 7 万人、14 万人、16 万人和 18 万人。移民问题是水利水电建设最为棘手、难度最大的问题。移民返迁可能给河南省、山西省库区管理和三门峡水库的运行管理造成很大影响,一定程度上将会影响区域的社会稳定。

三门峡水库是黄河下游防洪体系的重要组成部分,在小浪底水库运用后,发生百年一遇的洪水,三门峡水库防洪水位将达到 325.42 m;发生千年一遇洪水三门峡水库防洪水将达到 330.69 m,超过 323 m 和 330 m 的时间分别达到 84 h 和 68 h。为保护黄河下游及黄淮海平原的安全,一旦三门峡水库投入防洪运用,必将给返库移民的生命和财产造成重大损失。而移民问题不解决,则将使三门峡水库在整个防洪体系中失去作用。

(二)影响农业灌溉

水库运用方式改变将影响到河南省三门峡市湖滨区、陕县、灵宝和山西省运城市、芮城、平陆 6 个县(区)的提灌工程 38 处,灌溉面积 34.92 万亩。其中,山西省运城市的大禹渡、马崖和平陆县部官、常乐垣为大型提灌站,灌区面积达 28.46 万亩;河南省三门峡市湖滨区、陕县、灵宝市共影响 34 个小型提灌站,灌溉面积 6.46 万亩。

水库运用方式的改变还将影响三门峡市湖滨区、灵宝市和陕县等沿黄市(县、区)32.77 万亩井灌区,涉及 3 359 眼机井,工程投资 6.2 亿元。水库水位降低引起地下水位下降,沿岸靠黄河水补给的灌溉机井补给量将减少,可能会造成部分机井出水量减少,部分机井缺水报废,对农业灌溉产生较大影响。

三门峡水库不同运用水位影响库周提灌站和机井情况统计见表 7-3。

根据各提灌站受影响情况,考虑分别对其进行改建,改建投资及其运行费估算见表 7-4。

表 7-3 三门峡水库不同运用水位影响库周提灌站和机井情况统计

最高运用水位方案	行政区域	提灌站统计			机井统计		
		处数	取水量（万 t）	灌溉规模（万亩）	处数	取水量（万 t）	灌溉规模（万亩）
318 m	合计	15	3 425	29.47	1 221	3 480	10.31
	河南	12	875	2.45	1 221	3 480	10.31
	山西	3	2 550	27.02			
315 m	合计	21	3 756	30.39	1 502	4 560	10.51
	河南	18	1 206	3.37	1 502	4 560	10.51
	山西	3	2 550	27.02			
310 m	合计	28	4 211	31.70	1 789	5 586	16.73
	河南	25	1 661	4.68	1 789	5 586	16.73
	山西	3	2 550	27.02			
305 m	合计	38	5 203	34.92	2 173	6 697	20.11
	河南	34	2 403	6.46	2 173	6 697	20.11
	山西	4	2 800	28.46			
敞泄	合计	38	5 203	34.92	3 359	10 750	32.77
	河南	34	2 403	6.46	3 359	10 750	32.77
	山西	4	2 800	28.46			

表 7-4 三门峡水库不同运用水位对提灌站影响及处理投资情况统计

区域	项目	不同运用水位			
		敞泄	310 m	315 m	318 m
合计	影响提灌站个数	38	28	21	15
	改建投资（万元）	3 816	2 463	1 935	1 570
	年运行费（万元）	153	99	77	63
河南	提灌站个数	34	25	18	12
	改建投资（万元）	823	403	275	175
	年运行费（万元）	33	16	11	7
山西	提灌站个数	4	3	3	3
	改建投资（万元）	2 993	2 060	1 660	1 395
	年运行费（万元）	120	82	66	56

根据灌溉机井的分布及不同运用水位对灌溉机井产生的影响,按 30% 复建、30% 改建、平均井深 200 m、单井投资 20 万元计算,不同水位影响机井改造投资见表 7-5。

表 7-5　不同水位对灌溉机井影响及改造投资

不同运用水位	敞泄	310 m	315 m	318 m
数量(眼)	3 359	1 789	1 502	1 221
投资(万元)	30 231	16 101	13 518	10 989
年增加运行费(万元)	1 209	644	541	440

(三)影响城乡居民生活和工业用水

三门峡水库不同运用水位对城乡居民生活供水的影响,主要表现在对三门峡市城市供水和三门峡库周居民生活用水两个方面。

三门峡市第三水厂供应市区 30 多万居民的生活用水和 21 家企业用水,供水规模 16 万 m^3/d,承担三门峡市区 80% 的供水任务,对三门峡市的发展具有举足轻重的作用。

第三水厂距三门峡大坝 21 km,有 3 个进水口,高程均在 317.60 m。当非汛期水库蓄水位超过 317.60 m 时,蓄水池自流进水;当水库蓄水位低于 317.60 m 时,必须依靠一级取水泵提水,供水能力降低,泥沙含量大,运行成本增加,同时水面面积及水体体积减小,水体自净能力减弱。如果水库蓄水位低于 305 m,水厂备用泵站轨道和蓄水池被吊起,泵站无法取水,将造成城市水荒,占全市财政收入 43% 的工业企业无法正常生产。

若三门峡水库敞泄运用,第三水厂需进行改建,措施主要是增加 1 个沉沙池使之与原蓄水池配套,完成沉沙、调蓄、排沙原水处理过程。按照原供水规模,沉沙池占地面积规划为 1 000 亩,相应投资估算为 2 000 万元。年运行费估算:一级泵站抽取黄河水成本增加,年增加运行费用 100 万元;耐磨泵维护费用年增加 20 万元;蓄水池排沙费用(沉沙池清沙并外运堆放处理)年增加 150 万元;年增运行费用 270 万元。

三门峡水库不同最高控制水位第三水厂改建投资及增加运行费用见表 7-6。

表 7-6　第三水厂受水库降低水位影响处理投资　　　　　　　　(单位:万元)

不同运用水位	敞泄	310 m	315 m	318 m
改建投资	2 000	1 000	600	400
年增加运行费	270	135	81	54

三门峡市第二水厂作为第三水厂的辅助水源,承担市区 20% 的供水任务。第二水厂水源位于水库库周附近,依靠与三门峡水库有良好地下水补给关系的地下水供水。在三门峡水库非汛期最高水位 318 m 原型试验期间,因水库水位下降,第二水厂地下水开采量大幅减少,由原设计的 3 万 t/d 下降到 1 600 t/d,水源地处于报废的边缘,三门峡市工业用水及居民生活用水出现紧张局面。

三门峡水库是河南、山西库周农村居民直接和间接的生活用水来源,其周围地下水与三门峡水库蓄水有良好的补给关系,若降低水位运行,水库沿岸地下水得不到有效补给,将形成大面积的降落漏斗,直接导致库区及周围地下水位下降,部分库周机井报废,部分机井出水量减少。敞泄时库周影响人口 96.63 万人,其中 68.06 万人饮用地下水,28.57 万人饮用黄河水。

根据不同运用水位对农村居民生活用水影响情况,采取相应的处理措施,初步估算相应的处理投资,见表 7-7。

表 7-7　三门峡水库不同运用水位对农村人口吃水影响情况统计

行政区域	项目	不同运用水位			
		敞泄	310 m	315 m	318 m
合计	影响的人口(万人)	96.63	58.77	54.11	49.54
	影响的吃水井(眼)	1 361	710	596	481
	改建处理投资(万元)	12 251	6 392	5 369	4 332
河南省	影响的人口(万人)	54.59	29.07	24.41	19.84
	影响的吃水井(眼)	1 052	545	458	369
	改建处理投资(万元)	9 466	4 909	4 124	3 320
山西省	影响的人口(万人)	42.04	29.70	29.70	29.70
	影响的吃水井(眼)	309	165	138	112
	改建处理投资(万元)	2 785	1 483	1 245	1 012

(四)对三门峡水库库区防洪工程的影响

三门峡水库降低水位运行,将使水库的库区特性减弱,河道特性突出,对库区现有的防洪设施造成较大影响,不仅导致国家投巨资修建的原有工程失去控导作用,而且还要新增加防洪投资,处理降低水位运用新出现的河道塌岸问题,形成新的防洪体系,以确保沿岸群众生命财产安全。库区塌岸治理工程自 1977 年列入国家计划以来,截至 2003 年底已累计投资 1.91 亿元,修筑护岸、防浪及控导等工程 40 处,总长 72.87 km,这些工程保护着库区 8.98 万人的生命财产安全,保护了 8.85 万亩耕地。

黄淤 30 断面以下河槽两岸多为淤泥高滩,抗冲能力差,如常年处于自然河道,极有可能造成高岸坍塌;总长 12 km 的防冲工程将出现基础悬空,出险概率加大;河势也极易发生大幅度摆动变化,增大游荡范围,严重威胁三门峡库区沿岸群众的生命财产安全,因此需要新增防洪工程。

三门峡水库降低水位运行,库区治理规划也将重新进行修订。不同运用水位对库区防护工程的影响详见表 7-8。

(五)对三门峡水电站发电的影响

目前,三门峡水电站装机容量为 41 万 kW。三门峡水库降低运用水位将使水电站发电量减少,甚至不发电,造成三门峡水利枢纽管理局运行困难。现有职工相当一部分需要重新安置。同时,按现有企业运营模式枢纽承担的管理任务很难完成。三门峡水利枢纽管理局承担的防洪、防凌等社会公益性任务,将因收入减少而无法维持,无力完成,必须变更管理体制,每年由财政拨付资金保证枢纽正常运转,从而增加国家的负担。三门峡水库不同运用方案发电量及效益计算结果见表7-9。

表 7-8　三门峡库区不同运用水位对库区防护工程的影响

项目		不同运用水位			
		敞泄	310 m	315 m	318 m
合计	工程处数(处)	34	28	23	20
	长度(km)	58 744	48 762	39 513	25 904
	工程量(万 m³)	747	559	336	178
	工程投资(万元)	15 424	10 203	6 258	2 395
	改建投资估算(万元)	5 398	3 571	2 190	838
河南	工程处数(处)	20	16	13	11
	长度(km)	34 272	25 384	20 152	11 735
	工程量(万 m³)	513	337	235	103
	工程投资(万元)	9 955	4 816	3 470	1 495
	改建投资估算(万元)	3 484	1 685	1 215	523
山西	工程处数(处)	14	12	10	9
	长度(km)	24 472	23 378	19 361	14 169
	工程量(万 m³)	234	222	101	75
	工程投资(万元)	5 469	5 387	2 788	900
	改建投资估算(万元)	1 914	1 886	975	315

表 7-9　三门峡水库不同运用方案发电量及效益计算结果

方案	系列 I				系列 II			
	汛期发电量(亿 kW·h)	非汛期发电量(亿 kW·h)	全年发电量(亿 kW·h)	减少效益(万元)	汛期发电量(亿 kW·h)	非汛期发电量(亿 kW·h)	全年发电量(亿 kW·h)	减少效益(万元)
现状	4.06	10.92	14.98		4.07	9.34	13.41	
全敞	0	0	0	24 867	0	0	0	22 261
318 m + 汛敞	0	10.33	10.33	7 719	0	8.85	8.85	7 570
318 m + 305 m	2.63		12.96	3 353	3.11		11.96	2 407
315 m + 汛敞	0	9.78	9.78	8 632	0	8.39	8.39	8 333
315 m + 305 m	2.63		12.41	4 266	3.11		11.50	3 171
310 m + 汛敞	0	7.96	7.96	11 653	0	6.82	6.82	10 939
310 m + 305 m	2.49		10.45	7 520	3.05		9.87	5 876

　　根据上述分析,三门峡水库降低水位运行对工农业生产会造成一定的影响。为消除

这些影响,针对不同项目和情况,必须采取相应的改建处理措施。据不完全统计,三门峡水库降低水位到 318 m 运用,受影响的项目改建投资约需 1.97 亿元,年增加运行费 0.30 亿元;敞泄运用,受影响的项目改建投资约需 6.37 亿元,年增加运行费 2.39 亿元。不同运用水位影响情况详见表 7-10。

表 7-10　三门峡水库运用水位调整部分直接经济损失统计

水位		318 m	315 m	310 m	敞泄
农业灌溉(万元)	改建投资	12 559	15 453	18 564	34 047
	年增加运行费	503	618	743	1 362
工业及居民用水(万元)	改建投资	4 732	5 969	7 392	14 250
	年增加运行费	54	81	135	270
防洪工程(万元)	改建投资	2 395	6 258	10 203	15 424
发电(万元)	年经济损失	2 407	3 171	5 876	22 261
合计(亿元)	改建投资	1.97	2.77	3.62	6.37
	年增加运行费	0.30	0.39	0.68	2.39

其他诸如对移民返迁及防洪、城市经济及发展等方面的影响,属于不可逆转的影响,难以采取替代措施或难以用经济指标来量化处理。

二、对生态环境影响

在三门峡水库运用数十年中,库区自然环境特征、水文情况及库周生态环境发生了一系列变化。一方面,原有生态环境系统发生演变并形成了新的平衡,适应了库区已有的物理环境;另一方面,依托生态环境系统建立的社会、经济系统也不断发展,形成错综复杂的复合生态系统。三门峡水库运行方式的改变,对库区生态环境的影响作用长期存在,并且不同时期引发的环境问题不同。在水库蓄水运用阶段,黄河从河道型向水库型转变,水沙变化对渭河下游产生严重的泥沙淤积问题,导致部分区域地下水位上升和大面积的盐碱化等生态环境问题。水库经过长期运用,库区形成了大面积湿地生态系统,成为库区物种的主要栖息地。运行水位降低将导致包括湿地生态、水环境承载力、库区周边地下水位等方面的重大变化,从而改变库区生态系统的结构和功能,打破现有的生态平衡,引发河道内与河道外的生态振荡或跃变,影响库区地下水与地表水体的交换,以及影响库区水环境质量和下游水质等。

(一)对水质的影响

潼关和三门峡测站 1993～2000 年的水质资料表明,三门峡水库出库(三门峡测站)水质指标比入库(潼关测站)水质指标总体偏低,并且下降幅度随运行水位的增高而增大,如图 7-3 和图 7-4 所示。因此,三门峡水库运行水位较高时,水环境容量增大,水质自净能力加大,水质趋好,对库区水质改善有一定的积极作用,对三门峡库区和黄河下游水质安全具有重要意义。

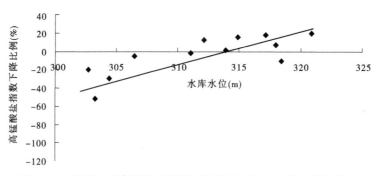

图 7-3　三门峡水库高锰酸盐指数下降幅度与运行水位关系曲线

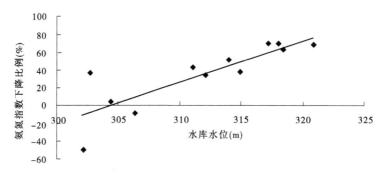

图 7-4　三门峡水库氨氮指数下降幅度与运行水位关系曲线

(二)对湿地生态的影响

1. 运行水位与湿地萎缩

根据测算,库区水域面积、湿地面积与水库水位关系如表 7-11 和图 7-5 所示。水库蓄水位在 321 m 时,库区湿地面积为 329 km²;水库蓄水位在 318 m 时,库区湿地面积为 185 km²;水位在 315 m 时,库区湿地面积减少到 93 km²;水位在 310 m 时,库区湿地面积减少到 38 km²;水位在 305 m 时,库区湿地面积减少到 14 km²。随着水库运行水位的降低,湿地面积大幅度地减少,湿地保护区生态系统将遭到严重破坏,部分湿地将丧失原有的生态功能。若三门峡水库敞泄运用,库区湿地将不复存在。

表 7-11　库区水位和湿地面积关系

水位(m)	321	318	315	310	305
水域面积(km²)	120	63	33	14	5
湿地面积(km²)	329	185	93	38	14

水库运用水位降低,湿地萎缩,生物多样性将受到严重破坏,湿地植物群落发生逆行演替,白天鹅栖息生境发生改变。随着湿地面积的减少,白天鹅数量与种类可能大大减少。

2. 运行水位与湿地生境条件

三门峡水库运行水位降低引起库区部分湿地生态需水补给受阻,致使湿地生境状况出现不利变化。三门峡水库在运行水位 320 m 时,山西芮城圣天湖湿地水资源主要通过

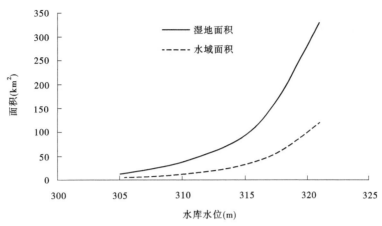

图7-5　库区水域面积、湿地面积与水库水位关系曲线

水库蓄水进行自然补给,水位降低至318 m以下,湖泊补给困难,湖泊水面主要通过人工抽取黄河水进行维持。河南三门峡库区内的灵宝鼎湖湾芦苇湿地,是河南省黄河水道上唯一的万亩芦苇生产区,也是三门峡国家级湿地自然保护区的重要构成部分,有大量天鹅等珍稀物种在此栖息。由于库区蓄水位的降低,基于运行水位320 m的天然补给难以为继,必须通过工程措施引用黄河水,满足湿地最低水位的要求,维持湿地的生态系统结构和功能。

库区地下水资源主要通过黄河进行补给,在水库较高水位条件下,地下水资源得到充分补充,对部分依赖地下水补给的湿地生态系统具有重要作用;低水位运行条件下,地下水资源得不到有效补充,使得地下水位不断降低,严重影响湿地生态系统健康;同时,地下水位的降低,使得部分区域加大对地下水资源的利用量,从而形成大面积的漏斗区,进而影响区域的生态环境。

3.库区湿地变化对黄河河流生态系统影响

三门峡库区保留较为完整的湿地生态系统和湿地自然景观资源,是黄河河流生态系统的主要组成部分。该湿地位于黄河中游,区域内有河流、河岸滩涂、河心沙洲、湖泊、沼泽、草地等丰富复杂的湿地类型,为珍稀物种生存提供良好的栖息地环境。区域内现已查明的动植物物种有1 800余种,是生物多样性最为丰富的区域之一,是中国湿地生物多样性的典型区域,对于维护该地区生物多样性和生态安全具有重要意义。此生态系统与黄河上、下游的湿地生态系统具有显著差异,区域内的部分湿地处于河道 – 湖泊 – 河道经常变化河段,这种情况在我国河流中极其少见,具有极高的研究价值。区域湿地的退化和消失,不仅对区域生态环境造成严重影响,而且破坏黄河流域上中下游湿地生态系统的演替规律,对黄河生态系统健康影响深远。

(三)地下水位变化影响

黄河水是库区滩地及库周地下水的主要补给来源,地下水源与黄河水位联系密切。根据三门峡市在库区中距离黄河500 m、1 000 m、1 500 m的水井的地下水位资料,库周多年平均地下水位年内变率与多年平均水库蓄水位变率之间有着明显的相关性,表明水库蓄水位对库周地下水位的影响十分明显。因此,降低水库运行水位,库周地下水将失去有效的补给水源。

图 7-6 为 1994～2003 年库周(距库边 1 000 m)多年平均地下水位与三门峡水库多年平均水位年内变化曲线。从图 7-6 可以看出,地下水位与水库年平均水位变化关系极为密切,且地下水位随水库水位变化的滞后反应非常明显,说明三门峡水库库周地下水位与水库蓄水位之间有着极为密切的关系。1994～2003 年最高月蓄水位 320.9 m,最低月蓄水位 302.1 m,变幅 18.8 m;库周最高地下水位 319.8 m,最低地下水位 300.9 m,变幅 18.9 m。

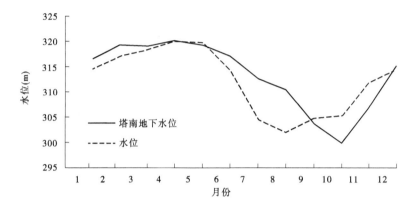

图 7-6 库周地下水位与水库运行水位年内变化曲线

为满足当地经济、社会的用水需求,库区滩地及库区周边开凿了大量机井,每年抽取大量地下水。根据三门峡市 2000 年水资源调查,由于地下水资源的过度开采,三门峡市区已经形成了大面积的地下水位降落漏斗,且呈逐年扩大的趋势,如果水库运用水位降低,将使地下水供需平衡更加恶化。

第三节 对小浪底水库及黄河下游影响

一、三门峡水库全年敞泄运用对小浪底水库的影响

根据估算,若三门峡水库实行全年敞泄,当潼关高程降低到 326 m 时,三门峡水库库区内可冲刷泥沙 8 亿～10 亿 m³(按 9 亿 m³ 计)。另外,根据四家数学模型计算潼关高程变化过程的结果,若三门峡水库实行全年敞泄运用,遇丰水系列,潼关高程在 3～5 年时间内可降低到最低值。根据四家数学模型计算成果中前 5 年敞泄方案比现状多排出的沙量在非汛期、汛期的分配比例及非汛期、汛期来水量的比例(水量越大,排沙就越大),将 9 亿 m³ 泥沙分配到前 5 年各年非汛期和汛期各个时段内。重新分配后前 5 年小浪底水库入库水沙量见表 7-12、表 7-13。可以看出,三门峡水库全年敞泄运用后的前 5 年内,系列 Ⅱ 小浪底入库沙量较大,其中汛期、非汛期和 5 年入库总沙量的最大值都出现在系列 Ⅱ,分别为 45.12 亿 t、18.79 亿 t 和 63.91 亿 t,因此铺沙都用系列 Ⅱ 相应沙量。

表 7-12　三门峡水库全年敞泄运用小浪底水库入库水沙量（系列Ⅰ）

| 年　份 | 系列Ⅰ入库水沙量 | | | | | |
| | 非汛期 | | 汛期 | | 全年 | |
	水量 （亿 m³）	沙量 （亿 t）	水量 （亿 m³）	沙量 （亿 t）	水量 （亿 m³）	沙量 （亿 t）
第 1 年	163.09	3.07	186.74	10.65	349.83	13.72
第 2 年	168.62	2.69	111.47	5.49	280.09	8.18
第 3 年	139.83	2.81	244.26	10.82	384.09	13.63
第 4 年	154.37	2.53	149.28	5.84	303.65	8.37
第 5 年	190.82	2.96	74.36	3.54	265.18	6.50
5 年平均	163.35	2.81	153.22	7.27	316.57	10.08
5 年合计	816.73	14.06	766.11	36.34	1 582.84	50.40

表 7-13　三门峡水库全年敞泄运用小浪底水库入库水沙量（系列Ⅱ）

| 年　份 | 系列Ⅱ入库水沙量 | | | | | |
| | 非汛期 | | 汛期 | | 全年 | |
	水量 （亿 m³）	沙量 （亿 t）	水量 （亿 m³）	沙量 （亿 t）	水量 （亿 m³）	沙量 （亿 t）
第 1 年	124.68	3.31	185.91	16.07	310.59	19.38
第 2 年	175.2	3.42	211.05	7.81	386.25	11.23
第 3 年	204.61	3.29	143.95	7.51	348.56	10.80
第 4 年	193.04	5.97	60.45	2.70	253.49	8.67
第 5 年	124.32	2.80	133.77	11.03	258.09	13.83
5 年平均	164.37	3.76	147.03	9.02	311.40	12.78
5 年合计	821.85	18.79	735.13	45.12	1 556.98	63.91

（一）对小浪底水库拦沙年限的影响

三门峡水库全年敞泄运用，库区可冲刷泥沙 8 亿～10 亿 m³，相当于小浪底水库拦沙库容 75.5 亿 m³ 的 1/9～1/7。冲刷出来的这部分泥沙由于颗粒较粗，大部分被将拦截在小浪底库区，由此将侵占小浪底水库拦沙库容，加快小浪底水库的淤积。经估算，这将使小浪底水库拦沙年限减少 2 年左右，缩短了小浪底水库的拦沙期。

（二）对小浪底水库淤积部位和长期有效库容的影响

三门峡水库全年敞泄运用，开始 3～5 年内小浪底入库泥沙多 8 亿～10 亿 m³。出于安全考虑，重点分析在前 5 年水沙条件下，全年敞泄及现状运用情况下，小浪底水库的淤积量和淤积部位，以分析对小浪底水库长期有效库容的影响。图 7-7 为在 2004 年 7 月实测库区地形基础上,根据三门峡水库全年敞泄运用和现状运用的出库沙量进行铺沙计算。

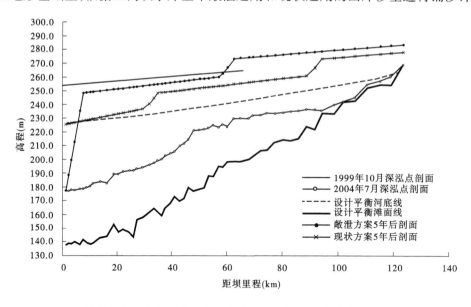

图 7-7　三门峡水库按全年敞泄和现状方案运用 5 年后小浪底水库淤积纵剖面

　　三门峡水库全年敞泄运用,在 5 年内将发生最大冲刷量 9 亿 m^3,小浪底水库淤积泥沙 40.66 亿 m^3;而三门峡水库现状运用,小浪底水库淤积泥沙 28.84 亿 m^3。由于三门峡水库敞泄运用发生冲刷的大量泥沙进入小浪底库区,小浪底库区淤积泥沙迅速推进至坝前。另外,全年敞泄使小浪底库区淤积的泥沙侵占了滩面以上的长期有效库容,经估算,滩面以上淤积量约 0.25 亿 m^3,对小浪底水库防洪、兴利运用产生一定影响。在相同的来水来沙条件下,三门峡水库按现状运用方案运用,小浪底水库淤积泥沙体积较全年敞泄运用要小得多,三角洲以上沙量仅为 17.47 亿 m^3,且淤积泥沙也仅仅堆积在河槽中,对小浪底水库滩面以上的长期有效库容没有影响。因此,就对小浪底水库拦沙期运用年限和长期有效库容的影响而言,现状方案比敞泄运用方案具有明显的优点。小浪底水库淤积体特征值见表 7-14。

表 7-14　三门峡水库敞泄与现状运用小浪底水库铺沙淤积体特征值比较

方案	时段	铺沙形态	水位（m）	淤积体积（亿 m^3）	顶点距坝里程（km）	顶点高程（m）
敞泄	汛期	锥体	250	36.24	7.74	248.32
现状		三角洲	250	27.20	34.8	248.32
敞泄	非汛期	三角洲	275	4.42	62.49	273.48
现状		三角洲	275	1.64	89.96	273.48

　　三门峡水库运用方式改为全年敞泄运用后,三门峡库区可冲刷出泥沙 8 亿 ~ 10 亿 m^3,将在小浪底水库淤积,缩短小浪底水库拦沙期,减少小浪底水库对黄河下游河道的减淤效

益。根据小浪底水库设计及拦沙初期运用方式研究成果,水库拦沙、调水调沙的拦沙减淤比为 1.3～1.5。小浪底水库拦沙减淤比按 1.4 计算,水库拦蓄三门峡水库冲刷出的 8 亿～10 亿 m³(为 10.8 亿～13.5 亿 t)泥沙,将使小浪底水库对黄河下游河道的减淤量减少 7.7 亿～9.6 亿 t。黄河下游河道现状淤积量按设计阶段成果 3.79 亿 t 考虑,小浪底水库的拦沙减淤年限将减少 2～3 年。

二、三门峡水库运用方式的改变对黄河水沙调控体系的影响

黄河水少沙多、水沙不平衡使得下游河道冲淤变化剧烈,主流游荡摆动频繁,畸形河湾不断出现,防洪和治理的难度极大,是黄河下游河道难治的症结所在。基于这种认识和多年的研究实践,在黄河干流上修建大型骨干枢纽工程,通过干流骨干工程调节水沙过程,改变黄河水沙不平衡的自然状态,使之适应河道的输沙特性,可以减少河道淤积和节省输沙水量。这就是解决黄河泥沙问题综合措施之一的调水调沙的治河思想。

三门峡水库是黄河水沙调控体系的重要组成部分,其作用在多年的治河实践中已得到了检验。

现状三门峡水库汛期运用,当入库流量大于 2 500 m³/s(或 1 500 m³/s)时,水库敞泄排沙,否则按 305 m 控制运用。这样,小流量时挟带的泥沙可暂存库内,待大水时排出库外,给小浪底水库提供了较为合理的水沙过程,小浪底水库可利用大水排大沙,减少水库淤积。三门峡水库"蓄清排浑"运用以来,1974～1985 年,汛期潼关站流量小于 1 500 m³/s 所挟带的沙量占总沙量的 10.3%,1986～1998 年汛期潼关站流量小于 1 500 m³/s 所挟带的沙量占总沙量的 27.4%,而 1997 年、1998 年、1999 年分别占 41.4%、32.7%、45.1%。若三门峡水库汛期敞泄运用,这些小水带大沙水沙搭配不合理的过程进入小浪底水库,将增加小浪底水库淤积,产生不利的淤积部位,对小浪底水库恢复和保持库容产生不利的影响。

为了确保黄河下游不断流、维持黄河健康生命,调水调沙需要有足够的水源。目前利用万家寨、三门峡、小浪底水库汛前蓄水,通过调度在黄河干流没有发生洪水的情况下,在小浪底水库塑造人工异重流,使水库弃水变为输沙水流,将出库异重流泥沙和下游河床泥沙输送入海,减轻小浪底水库的淤积,改善小浪底库区的淤积形态,冲刷下游河床的泥沙。若三门峡水库非汛期敞泄或蓄水水位太低,影响水库群的调水调沙效果。确保下游不断流,维持黄河健康生命不仅是小浪底水库的任务,而且是整个水沙调控体系联合调度的任务,因此在整个水沙调控体系中三门峡水库发挥着重要作用。

2004 年黄河第三次调水调沙试验已充分表明了三门峡水库的地位和作用。此次调水调沙试验主要依靠水库蓄水,通过精确调度万家寨、三门峡、小浪底等水库,首先小浪底水库下泄清水,冲刷下游河槽,同时降低小浪底水库水位,为第二阶段冲刷库区三角洲、塑造人工异重流创造条件,然后当小浪底水库水位下降至 235 m 时,加大万家寨水库的下泄流量至 1 200 m³/s,在万家寨下泄水量向三门峡库区演进过程中,适时调度三门峡水库下泄 2 000 m³/s 以上的较大流量,实现万家寨、三门峡两水库水沙过程的时空对接:当三门峡水位降至 310 m 及其以下时,万家寨的泄流演进至三门峡水库,以最大程度冲刷三门峡水库的泥沙,为小浪底水库异重流提供连续的水流动力和充足的细泥沙来源。利用三门

峡水库下泄的人造洪峰强烈冲刷小浪底库区的淤积三角洲,以达到清除设计平衡纵剖面以上淤积的 3 850 万 m³ 泥沙、合理调整三角洲淤积形态的目的。在本次试验中小浪底水库上游的三门峡和万家寨水库起了较大的作用,但由于这两座水库在调水调沙时期可供使用的库容较小,按照目前的运用方式已经不能满足为水库联合调水调沙补水和增加后续动力的要求。若三门峡水库改为汛期敞泄运用,将使得这种基于水库群联合调度的调水调沙方式失去进一步实施的可能。为了更好地发挥调水调沙的减淤效果,急需完善黄河中游水沙调控体系,在古贤水库上马之前,三门峡水库具有不可替代的地位,以充分发挥小浪底水库及整个黄河水沙调控体系的防洪减淤作用。

三、三门峡水库在黄河下游防洪(防凌)工程体系中的地位和作用

(一)三门峡水库的防洪作用

国家计委批复的小浪底水库初步设计,拟定三门峡水库控制运用概率为百年一遇。对"上大洪水"先敞后控,以避免一部分洪水既淹没库区又淹没下游,在防御黄河下游大洪水时能发挥重要作用。

比较三门峡水库不同运用方式对黄河下游水沙调控体系的影响,计算成果显示,小浪底水库正常运用期,1 000 年一遇洪水若三门峡水库敞泄,小浪底水库的蓄水位将达到 274.84 m,超过小浪底水库的设计洪水位;花园口的超万洪量达到 19.66 亿 m³,下游东平湖分洪分满后,还需要北金堤分洪 1.59 亿 m³。100 年一遇洪水,与"先敞后控"方式相比,三门峡水库敞泄,小浪底水库的蓄水位升高 0.83 m,黄河下游洪水增加较大,需要东平湖分洪 8.4 亿 m³。小浪底水库运用初期也有类似结论,但由于初期防洪库容较大,1 000年一遇洪水小浪底水库的最高蓄水位达到 271.17 m,下游东平湖的分洪量为 17.38 亿 m³。

对于 100 年一遇以下"上大洪水",小浪底水库正常运用期,若三门峡水库敞泄运用,50 年一遇洪水小浪底水库的蓄洪量就达到 20 亿 m³,黄河下游需要东平湖分洪 2.45 亿 m³。而三门峡水库若是"先敞后控"运用,则超过 100 年一遇洪水才需要东平湖分洪。20 年一遇洪水,三门峡水库敞泄,小浪底水库的蓄水位升高约 2 m。小浪底水库运用初期,三门峡水库敞泄,与控制运用相比,黄河下游东平湖分洪的概率从 200 年一遇降为 100 年一遇;50 年一遇洪水小浪底水库蓄水位升高近 5 m,20 年一遇洪水小浪底水库水位升高约 1.2 m,小浪底水库的蓄洪量均有不同程度的增加。

对于 5 年一遇的一般洪水,三门峡水库按照"先敞后控"和敞泄运用,对小浪底水库和黄河下游基本没有影响。

初步结论是,小浪底水库运用初期,三门峡水库敞泄运用,1 000 年一遇洪水小浪底水库的蓄水位不超过设计洪水位。对 100 年一遇以下的洪水,三门峡水库敞泄将不同程度增大小浪底水库的蓄洪量;100 年一遇及其以上洪水,不仅增加小浪底水库的蓄洪量,而且增大黄河下游的防洪负担,增加东平湖水库的分洪量。

小浪底水库正常运用期,50 年一遇以下的洪水,三门峡水库敞泄将不同程度地增大小浪底水库的蓄洪量;50 年一遇及其以上洪水不仅增加小浪底水库的蓄洪量,而且增大黄河下游的防洪负担,增加东平湖水库的分洪量;1 000 年一遇洪水,小浪底水库的蓄水位

超过设计洪水位,黄河下游除东平湖水库分洪外,还需动用北金堤分洪。对于5年一遇及其以下中常洪水,三门峡水库控制运用和汛期敞泄运用对小浪底水库和黄河下游基本没有影响。

(二)三门峡水库的防凌作用

小浪底水库建成后,三门峡水库仍然是黄河下游的主要防凌措施之一。按小浪底水库设计来水条件分析,在三门峡水库和小浪底水库承担的防凌蓄水库容35亿m^3中,小浪底水库承担20亿m^3,三门峡水库承担15亿m^3。防凌蓄水运用中,先用小浪底水库控制泄流,当小浪底水库防凌蓄水达20亿m^3时,三门峡水库投入防凌蓄水。

按照小浪底水库初期运用方式研究成果中防凌调度原则,小浪底水库凌前预留防凌库容20亿m^3,采用1919~1994年76年径流系列初步分析。结果表明,76年径流系列中,有13年水库在凌期蓄水达到或超过正常允许蓄水位,不能满足下游防凌要求,需三门峡水库防凌蓄水0.1亿~14.6亿m^3。

若黄河下游凌汛期35亿m^3蓄水任务全部由小浪底水库承担,需加大凌前预留库容,这样对凌后水库灌溉供水、发电等综合运用产生一定影响。初步计算表明,小浪底水库承担35亿m^3蓄水任务使10月至翌年6月发电量减少2%,减少黄河下游3~6月的供水量。

第四节　三门峡水库318 m控制运用原型试验效果

小浪底水库建成后,三门峡水库原承担的防洪、防凌、下游供水等任务大部分可由小浪底水库承担,对三门峡水库的运用方式作进一步调整已具备条件。但是,三门峡水库运用方式调整涉及诸多复杂问题,需要在充分论证和试验的基础上合理确定。为了控制潼关高程不再升高,并为研究工作提供有关数据,在开展专题研究的同时,进行了降低三门峡水库非汛期运用控制水位的原型试验,为今后确定三门峡水库运用方式调整奠定原型试验基础。

2002年11月开始起,三门峡水库进行了最高控制水位318 m的原型试验,试验期原定为3年。这一阶段三门峡水库运用情况见表7-15,三门峡水库来水来沙及冲淤状况见表7-16。

表7-15　三门峡水库运用情况

时段	非汛期			汛期		
	最高水位 (m)	平均水位 (m)	潼关高程 变化(m)	水位<300 m 天数(d)	平均水位 (m)	潼关高程 变化(m)
1993~2002年(平均)	321.67	315.72	0.31	12	304.44	-0.17
2003年	317.92	315.59	0.04	26	304.06	-0.88
2004年	317.97	317.01	0.30	8	304.78	-0.26
2005年	317.94	316.41	0.17	20	303.36	-0.40

三门峡水库非汛期日均最高蓄水位2003年为317.92 m,2004年为317.97 m,2005

年为 317.94 m,比 1993～2002 年非汛期日均最高蓄水位平均值降低了 3.5 m 以上。非汛期平均水位 2003 年为 315.59 m,比 1993～2002 年平均值降低了 0.13 m;2004 年为 317.01 m,2005 年为 316.41 m,分别比 1993～2002 年平均值升高了 1.29 m 和 0.69 m。

表 7-16　三门峡水库来水来沙及冲淤状况

时段		1993～2002 年(平均)	2003 年	2004 年	2005 年
水量 (亿 m³)	非汛期	124	81	134	117
	汛期	95	156	75	113
	全年	219	237	209	230
沙量 (亿 t)	非汛期	1.68	0.76	0.84	0.91
	汛期	5.07	5.38	2.33	2.47
	全年	6.75	6.14	3.17	3.38
冲淤量 (亿 m³)	非汛期	1.281	0.826	0.850	0.865
	汛期	-1.135	-2.203	-0.409	-1.577
	全年	0.146	-1.377	0.441	-0.712
汛末潼关高程(m)		328.78	327.94	327.98	327.75

2003 年、2004 年、2005 年非汛期潼关高程分别上升 0.04 m、0.30 m、0.17 m,均小于 1993～2002 年平均值 0.31 m。

3 年非汛期回水最远至黄淤 34 断面,距潼关 30 km,比 2002 年下移了 10～15 km;淤积重心前移;淤积末端位于黄淤 32—黄淤 33 断面,潼关河段不受三门峡水库蓄水位影响,处于自然河道状态,略有冲刷(见表 7-17)。

表 7-17　不同时期潼关以下库区非汛期各库段淤积百分比

时段	大坝— 黄淤 12	黄淤 12— 黄淤 22	黄淤 22— 黄淤 30	黄淤 30— 黄淤 36	黄淤 36— 黄淤潼关	淤积总量 (亿 m³)
1974～1979 年	8	19	23	38	12	1.447
1980～1985 年	8	19	29	39	5	1.198
1986～1992 年	1	25	40	29	6	1.117
1993～2002 年	4	26	46	24	1	1.281
2003 年	4	35	52	9	-0.2	0.826
2004 年	3	35	53	13	-4	0.850
2005 年	23	31	41	10	-4	0.887

2003 年渭河发生了罕见的秋汛,先后出现 6 次洪水过程,汛期潼关发生洪峰流量大于 2 000 m³/s 的 5 次洪水,历时 38 d,水量达 93 亿 m³。洪水期水库敞泄,历时 30 d 左右,库区共冲刷泥沙 2.2 亿 m³,潼关高程下降 0.88 m,是"蓄清排浑"运用以来下降较大的一次,主要是水沙条件较好的缘故。2004 年汛期潼关只发生了一次大于 1 500 m³/s 的洪水,汛期潼关高程下降 0.26 m。

2002 年汛末（原型试验前）潼关高程 328.78 m，2005 年汛末潼关高程 327.75 m，下降 1.03 m。

渭河下游冲淤情况见表 7-18。2003 年渭河下游汛期、非汛期均为冲刷，全年冲刷 0.174 1 亿 m³，其中华县以下冲刷 0.515 2 亿 m³。2004 年渭河下游汛期淤积、非汛期冲刷，全年淤积 0.058 5 亿 m³，其中华县以下淤积 0.103 1 亿 m³。2003 ~ 2004 年渭河下游共冲刷 0.110 8 亿 m³，其中华县以下冲刷 0.408 8 亿 m³。

表 7-18　渭河下游冲淤量　　　　　　　　　　　　（单位：亿 m³）

时期		渭淤 10 以下	渭淤 10—渭淤 26	渭淤 26—渭淤 37	全下游
2003 年	非汛期	− 0.003 3	0.017 0	− 0.018 5	− 0.004 8
	汛期	− 0.511 9	0.386 4	− 0.043 8	− 0.169 3
	年	− 0.515 2	0.403 4	− 0.062 3	− 0.174 1
2004 年	非汛期	− 0.014 2	− 0.025 9	− 0.070 8	− 0.110 9
	汛期	0.117 3	0.034 0	0.018 1	0.169 4
	年	0.103 1	0.008 1	− 0.052 7	0.058 5
合计		− 0.408 8	0.394 5	− 0.096 5	− 0.110 8

三门峡水库最高运用水位由近年来的 321 ~ 322 m 下降到 318 m 后，对大禹渡、马崖提灌站、圣天湖等处的取用水工程产生了一定影响，引水成本有所增加；库区水质变化不明显；对库区及周边生态环境、经济社会发展的影响尚待继续观察。

第五节　小　结

（1）三门峡水库降低水位特别是全年敞泄运用将有利于降低潼关高程，从而减缓渭河下游河道的淤积，提高河道泄洪输沙能力，减少洪水灾害，减轻南山支流倒灌引起的灾害，改善关中地区的经济发展环境。

（2）三门峡水库全年敞泄将给当地社会经济和生态环境带来巨大的破坏作用，并可能减少小浪底水库的长期有效库容。三门峡水库降低运用水位也将对移民及防洪、生态环境、农业灌溉、城市供水、发电等带来一定影响。控制水位越低，负面作用越大。

（3）潼关高程降低 2 m 所产生的泥沙搬迁将使小浪底水库拦沙年限和小浪底水库对黄河下游的减淤年限减少 2 ~ 3 年。三门峡水库汛期敞泄可能造成小水带大沙的不合理水沙过程进入小浪底水库，对恢复和保持库容产生不利的影响。三门峡水库非汛期运用水位低于 318 m 将影响三门峡水库在黄河水沙调控体系中重要作用的发挥。

（4）三门峡水库开展非汛期最高控制水位 318 m 的原型试验效果显著。3 年非汛期回水最远至黄淤 34 断面，距潼关 30 km，比 2002 年下移了 10 ~ 15 km；淤积重心前移；淤积末端位于黄淤 32—黄淤 33 断面，潼关河段不受三门峡水库蓄水位影响，处于自然河道状态。2003 年非汛期潼关高程上升 0.04 m，汛期潼关高程下降 0.88 m。2004 年非汛期潼关高程上升 0.30 m，汛期潼关高程下降 0.26 m。2005 年非汛期潼关高程上升 0.17 m，汛期潼关高程约下降 0.40 m。

第八章 合理潼关高程及三门峡
水库运用方式

第一节 合理潼关高程

潼关断面位于黄河、渭河及北洛河交汇处的下游,潼关高程对渭河下游起着局部侵蚀基准面的作用,潼关高程的升降直接影响其上游河道特别是渭河下游河道的冲淤和防洪安全。

一、渭河下游防洪及经济社会发展对潼关高程的要求

(一)渭河下游堤防防洪标准及洪水风险分析

《渭河流域重点治理规划》中确定的渭河下游干流堤防除耿镇、北田堤段保护区防洪标准为 20 年一遇外,其他干流堤段防洪标准均为 50 年一遇。华县水文站 20 年一遇和 50 年一遇设防流量分别为 8 530 m^3/s 和 10 300 m^3/s,堤防级别分别为 4 级和 2 级。335 m 高程以上南山支流防洪按各支流 20 年一遇洪水标准设防,尾间段按渭河 50 年一遇洪水标准设防,并考虑支流洪水和渭河洪水遭遇及渭河倒灌,最终按各支流 20 年一遇洪水与渭河 10 年一遇洪水遭遇的水面线和渭河 50 年一遇洪水水面线的外包线设防,相应堤防工程级别为 4 级。335 m 高程以下南山支流防洪标准按各支流 10 年一遇洪水设防、尾间段按渭河 5 年一遇洪水位复核,相应堤防工程级别为 4 级。移民围堤设防标准为 5 年一遇洪水位加一定超高。

《渭河流域重点治理规划》指出,潼关高程是影响渭河下游河防工程建设的重要因素之一,根据近年来渭河下游的防洪形势,近期拟采取多种措施综合治理,控制并降低潼关高程。鉴于潼关高程的降低需要一个过程,为保证防洪安全,留有余地,以现状潼关高程作为渭河下游堤防设计标准的依据。渭河下游设计洪水位按照潼关高程 328 m + 0.5 m,并考虑 2010 年水平渭河下游淤积,推算渭河下游 50 年一遇水面线。

在现状河道条件和防洪治理标准下,渭河下游不同频率洪水的风险主要来源于洪水持续时间延长、河道宣泄洪水能力降低、河道泥沙严重淤积等不利情况。渭河下游 $P = 1\%$ 频率洪水涉及渭南、西安、咸阳 3 市 11 个县(区)的 70 个乡(镇),总人口 183 万人,耕地 214 万亩,11 个县(区)辖区工业总产值 314 亿元。

(二)渭河下游经济社会发展对潼关高程的要求

渭河下游历年主槽过洪能力见表 8-1。三门峡水库建库前,临潼站主槽过洪能力为 5 000 m^3/s,建库后初期,主槽过洪能力虽有减小,但减小程度不明显,20 世纪 80 年代后减小速度加快,1998 年已减小到 3 200 m^3/s,2001 年减小为 2 800 m^3/s,比建库前减小了 44% 左右;华县站建库前主槽过洪能力为 4 500 ~ 5 000 m^3/s,建库后经历了减小—增加—

减小的变化过程,1998 年已减小到 1 700 m³/s,2001 年减小为 1 100 m³/s,比建库前减小了 76% 左右。主槽过洪能力减小后,原来不出槽漫滩的洪水,频频出槽漫滩;原来出槽漫滩的洪水,漫滩范围扩大,这些都影响到洪水在河道中持续时间的延长以及洪水灾害风险程度的增加。

表 8-1 渭河下游历年主槽过洪能力　　　　　　　　（单位:m³/s）

站名	三门峡水库建库前	年份									
		1968	1973	1975	1977	1981	1986	1990	1995	1998	2001
临潼	5 000	4 850	4 300	4 250	4 370	4 670	3 290	3 600	3 520	3 200	2 800
华县	4 500 ~ 5 000	1 040	2 370	4 250	4 500	4 500	2 920	2 860	800	1 700	1 100

由于泥沙淤积,渭河下游河道排洪能力不断减小,特别是 20 世纪 90 年代以后,河槽淤积萎缩严重,洪水位大幅度上升。1996 年 7 月华县站洪峰流量 3 500 m³/s 时的洪水位 342.25 m,比 1992 年 8 月洪峰流量 3 950 m³/s 的洪峰水位高 1.29 m;2003 年 9 月华县站洪峰流量 3 570 m³/s 的洪峰水位 342.76 m,比 1996 年 7 月洪水的洪峰水位高 0.51 m。

河道泄洪能力降低使河道滞洪量增大,增加了洪水风险。2003 年 8 月洪水临潼—华县河段最大滞洪量为 3.52 亿 m³,较洪峰和洪量远大于本次洪水的"81·8"洪水的最大滞洪量(2.65 亿 m³)多 0.87 亿 m³。河道泄洪能力降低,漫滩机会增多,滩面高程不断淤高,也增加了洪水风险。渭河下游河道泄洪能力的降低,已成为增加洪水风险程度的重要因素之一。

改善生态环境,促进人与自然的和谐,推动整个社会走上生态良好的文明发展道路,是关中地区经济社会发展的一个重要目标。目前制约渭河下游地区生态环境改善的一个主要因素就是河道生态功能的退化,即河道宣泄洪水和输沙能力的降低。因此,渭河下游经济社会可持续发展对潼关高程的要求为:①降低渭河下游下段中小洪水的水位,基本消除频繁发生的中小洪水灾害,为经济社会的稳定发展提供安全保障;②河道宣泄洪水能力得到一定程度的恢复,将常遇洪水威胁和超标准洪水灾害控制在一定限度以内;③河道输沙能力接近或达到平衡输沙状态,避免河床的持续淤积抬升,确保在未来一段时期内,不造成渭河下游防洪治理工程防御标准的降低。

根据社会、经济发展对河道生态功能恢复的要求,渭河下游的控制指标建议为:主槽过洪能力长期稳定维持在 3 000 m³/s(建库后历年最大流量均值)以上,河道滩面不出现明显抬升。按照这一指标,结合流速流量关系、河相关系以及目前河道状况,推得对潼关高程控制的需求为 325.70 m 左右。

二、维持渭河下游冲淤基本平衡的潼关高程

(一)渭河下游冲淤基本平衡阶段的水沙条件及潼关高程

渭河下游泥沙主要来自泾河,泾河口至临潼河道比降陡且为泾、渭水沙交汇区,水流往往处于强烈的紊动状态,河道泥沙淤积相对较少。临潼以下河段是渭河下游的主要淤积河段,该河段多年淤积量占总量的 98% 左右,因而临潼以下河段的淤积可基本代表渭

河下游的淤积状况(以下称渭河下游的淤积为该河段的淤积)。

三门峡水库建库后,受潼关高程抬升及黄、渭水沙组合及三门峡水库运用方式的调整等方面影响,渭河下游河道在不同的时段呈现出不同的冲淤特性。1960~1969年是大幅度淤积阶段,1969~1973年持续淤积,1989~1995年为淤积阶段。1973年10月至1989年10月和1995年10月至2000年10月临潼以下河段冲淤基本平衡,前者潼关高程由326.64 m升至327.08 m,后者潼关高程基本维持在328.3 m左右。

1. 1973年10月至1989年10月

该时段渭河下游华县水文站年(运用年,下同)水量72亿 m³,与多年(1951~2000年,下同)平均值相同;年沙量3亿 t,较多年平均值3.5亿 t偏少14%左右。其中,1984年年水量最大达131亿 m³,沙量4.2亿 t,是典型的丰水平沙年,该年渭河下游冲刷0.34亿 m³。1977年年水量38亿 m³,沙量5.7亿 t,年均含沙量148 kg/m³,是多年平均值49 kg/m³的3倍,该年临潼以下河道淤积0.73亿 m³。华县水文站各年水、沙量见表8-2。

表8-2　华县水文站各年水、沙量

年份	水量(亿 m³)			沙量(亿 t)			含沙量(kg/m³)	
	非汛期	汛期	年	非汛期	汛期	年	汛期	非汛期
1974	17	28	45	0.1	1.5	1.6	53.6	5.9
1975	21	78	99	0	3.7	3.7	47.4	0
1976	43	53	96	0.1	2.7	2.8	50.9	2.3
1977	19	19	38	0.2	5.5	5.7	289.5	10.5
1978	9	43	52	0.1	4.3	4.4	100.0	11.1
1979	14	24	38	0	2.1	2.1	87.5	0
1980	10	41	51	0.1	2.9	3.0	70.7	10.0
1981	13	82	95	0.3	3.3	3.6	40.2	23.1
1982	23	33	56	0.1	1.4	1.5	42.4	4.3
1983	34	87	121	0.4	2.1	2.5	24.1	11.8
1984	44	87	131	0.6	3.6	4.2	41.4	13.6
1985	43	43	86	0.4	2.2	2.6	51.2	9.3
1986	25	20	45	1	0.6	1.6	30.0	40.0
1987	29	22	51	0.5	0.7	1.2	31.8	17.2
1988	22	62	84	0.3	5.3	5.6	85.5	13.6
1989	34	34	68	0.2	1.6	1.8	47.1	5.9
平均	25	47	72	0.3	2.7	3.0	57.5	11.0

渭河下游临潼以下累积冲淤过程见图8-1。可以看出,非汛期渭河下游冲淤变化较小,除1974年、1981年等个别年份有一定的淤积量外,其他年份淤积很少或发生冲刷。1974~1989年期间非汛期最大累积淤积量只有0.16亿 m³。该时段非汛期不但累积冲淤量较小,冲淤变幅也不大。渭河下游的冲淤主要取决于汛期的冲淤,1974~1989年汛期

累积冲刷 0.04 亿 m³,年累积冲淤基本平衡。但是,这种平衡仅仅是冲淤量平衡,各年的冲淤变幅仍然很大,基本是连续冲刷、连续淤积交替发展的过程。如 1974～1976 年冲刷 1.4 亿 m³,1977～1979 年淤积 1.1 亿 m³,1980～1984 年冲刷 0.79 亿 m³,1985～1989 年淤积 0.85 亿 m³。因此,该时段渭河下游仍处于强烈的冲淤调整过程中。

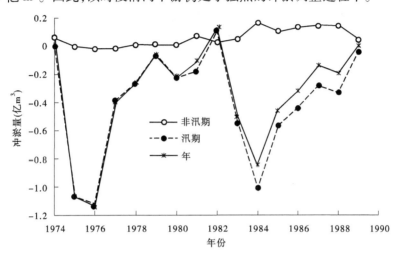

图 8-1 临潼以下河段累积冲淤过程

2. 1995 年 10 月至 2000 年 10 月

该时段华县水文站年水量 33 亿 m³,较多年均值减少 56%;年沙量 2.3 亿 t,较多年平均值 3.5 亿 t 偏少 34% 左右,水量减少幅度大于沙量。水沙量减少主要发生在汛期,该时段汛期平均水量 20 亿 m³,较多年均值减少 46%,比 1974～1989 年汛期水量减少 57%;汛期平均沙量 2.0 亿 t,较多年均值减少 33%,较 1974～1989 年汛期沙量减少 26%。这一时期,渭河下游为枯水少沙系列,华县站汛期含沙量由 1974～1989 年的 57.5 kg/m³ 增加为 97.0 kg/m³,水少沙多、水沙不平衡的状况更加突出。特别是 1997 年汛期水量只有 6 亿 m³,为多年平均值的 14%。该年汛期沙量 1.6 亿 t,渭河下游淤积 0.17 m³。渭河华县水文站各年水、沙量见表 8-3。

表 8-3 华县水文站各年水、沙量

年份	水量(亿 m³)			沙量(亿 t)			含沙量(kg/m³)	
	非汛期	汛期	年	非汛期	汛期	年	汛期	非汛期
1996	9	23	32	0.1	4.0	4.1	128.1	11.1
1997	18	6	24	0.1	1.6	1.7	70.8	5.6
1998	13	27	40	0.8	1.1	1.9	47.5	61.5
1999	14	23	37	0.1	2.2	2.3	62.2	7.1
2000	11	22	33	0.6	0.9	1.5	45.5	54.5
平均	13	20	33	0.3	2.0	2.3	97.0	26.2

渭河下游临潼以下河道累积冲淤过程见图 8-2。可以看出,该时段尽管非汛期水量减少、含沙量增加,但渭河下游河道持续冲刷,累积冲刷量 0.32 亿 m³。汛期有冲有淤,1998～1999 年冲刷 0.24 亿 m³,其他两年为淤积,汛期累积淤积 0.26 亿 m³。与 1974～1989 年相比,该时段河道冲淤变幅较小,汛期冲淤量所占比重减少,处于相对平衡阶段。由于前期渭河下游河道的淤积且多淤在河槽内,河槽萎缩严重,河槽断面相对窄深。窄深河槽有较强的输沙能力,在水量减少、含沙量增加的情况下,河道淤积相对较少,特别是非汛期,河道还发生一定的冲刷。

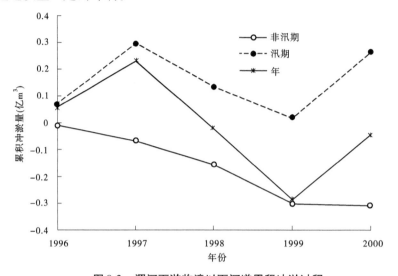

图 8-2　渭河下游临潼以下河道累积冲淤过程

(二)渭河下游冲淤、水沙条件、潼关高程之间的相互关系

1.河道冲淤与水沙条件的关系

渭河下游的冲淤同时受水沙条件、潼关高程及河床条件的影响。河道边界对大洪水和高含沙洪水反应非常敏感,往往一场洪水就可发生强烈的冲淤变化。汛期当洪水场次多、水量大时,河道多发生冲刷,如 1983 年、1984 年华县站汛期水量达 87 亿 m³,渭河下游分别冲刷 0.73 亿 m³、0.52 亿 m³;当来水量小、含沙量高时多发生淤积,如 1977 年汛期水量只有 19 亿 m³,含沙量高达 289.5 kg/m³,下游河道淤积 0.7 亿 m³,1994 年、1995 年也是高含沙小洪水频繁发生的年份,下游河道淤积严重;大洪水时特别是高含沙漫滩洪水,则滩地淤积,河槽冲刷;高含沙小洪水,则河槽淤积萎缩。河道的淤积、河床形态的调整又对泥沙的输送产生影响,同样水沙条件下,较宽浅的河道发生淤积,窄深河槽有可能发生冲刷,因此河道的冲淤与来水来沙并不完全对应。如 1998 年、1999 年,华县站汛期水量分别为 27 亿 m³、23 亿 m³,含沙量分别为 47.5 kg/m³、62.2 kg/m³,渭河下游分别冲刷 0.18 亿 m³、0.13 亿 m³;1985 年华县站汛期水量 43 亿 m³,含沙量 51.2 kg/m³,下游河道反而淤积 0.4 亿 m³。水沙条件对河道冲淤的影响有两方面:其一为水沙搭配是否协调,这直接引起河道的冲淤变化,影响时间短、河道冲淤变幅大;其二为通过河道冲淤改变河床形态,河床形态的调整再对水流输沙能力产生影响,是间接的,影响的时间相对较长,调整幅度相对较小。也就是说,水沙条件的变化对河道冲淤的长期影响是通过河床形态的调整来

完成的。水沙对河道冲淤的影响中,来水量起主导作用。当来水量达到一定程度时,即使来沙量大,河槽也可不淤或冲刷;反之,在极枯水系列,即使含沙量很低,河道也难以避免淤积。近期,渭河水量特别是汛期水量减少,下游河槽不断萎缩,如图8-3所示。可以看出,年水量增大,主槽面积增大;反之,主槽面积减少的趋势十分明显。

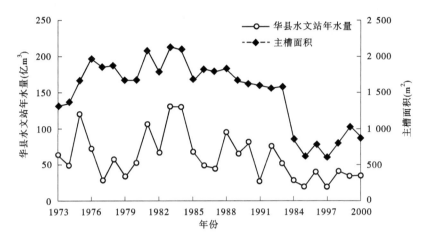

图8-3　华县主槽面积和年水量的历时变化

考虑较长时期来水量对河道冲淤的影响,亦即从某种程度上考虑了河床形态调整后的反馈影响,水量与河道冲淤的变化趋势将更加一致。图8-4反映的是华县站连续6年的滑动平均水量与渭河下游河道累积冲淤量的关系。可以看出,渭河下游的累积冲淤量与6年平均水量变化的跟随性明显较图8-3为好,即水量的连续减少对应着累积淤积量的持续增加,反之亦然。也就是说,渭河下游连续6年的来水条件可基本决定其冲淤状况,其他因素如来沙条件、潼关高程等只能加剧或减缓河道的冲淤,但不能改变其冲淤发展的趋势。

图8-4　渭河下游年水量与累积冲淤量的历时变化

2. 河道冲淤与潼关高程之间的关系

由潼关高程的变化过程与渭河下游河道冲淤变化可知,1960～1968年潼关高程大幅度抬升,渭河下游大幅度淤积;1969～1973年潼关高程降低,降低幅度为上时段抬升幅度的一半左右,河道依然淤积;1974～1985年潼关高程先升后降,变幅超过1 m,但该时段始末潼关高程相同,渭河下游有所冲刷;1986～1995年潼关高程再次抬升,渭河下游又持续淤积;1996～2000年潼关高程相对稳定,渭河下游略有冲刷。可见潼关高程持续抬升,该河段淤积,同步性较强。也就是说,潼关高程抬升给渭河下游河道提供了淤积的机会,一旦水沙不利(包括黄河、北洛河水沙遭遇),即可造成淤积。同时,在枯水系列渭河下游的淤积也会造成潼关高程的抬升,潼关高程抬升与渭河下游淤积是相互关联、相互影响的。潼关高程下降,引起渭河下游河道溯源冲刷,但由于潼关高程下降幅度的限制,发生溯源冲刷的能力往往仍取决于水沙条件。当输沙水量充足且没有黄河、北洛河顶托壅水时,河道即发生大幅度冲刷;当来水较枯且含沙量较高时,河道冲刷较少甚至发生淤积。因此,潼关高程下降与渭河下游淤积同步性不强。也就是说,在相同的水沙条件下,潼关高程抬升、降低给该河段造成的冲淤是不可逆的。渭河下游因潼关高程抬升造成的淤积,不可能完全由潼关高程降低产生的冲刷来使之平衡。将6年汛前潼关高程的平均值的变化与累积冲淤量的变化绘于图8-5,可以看出,这一特点更加突出,即潼关高程连续下降时渭河下游河道累积冲淤变化的跟随性远远小于其持续抬升时的跟随性。

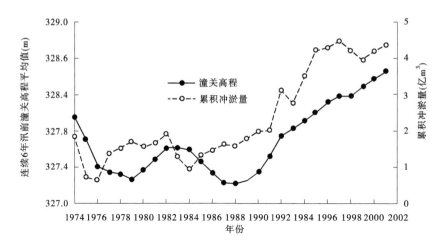

图8-5 潼关高程与渭河下游累积冲淤的历时变化

3. 渭河下游河道冲淤平衡阶段的潼关高程

1973年10月至1989年10月和1995年10月至2000年10月为渭河下游河道冲淤量基本平衡的阶段。前一阶段,冲淤变幅很大,潼关高程经历了三个过程,即1973年10月至1979年10月由326.64 m抬升至327.68 m,1979年10月至1985年10月由327.68 m降低至326.64 m, 1985年10月至1989年10月由326.64 m抬升至327.36 m。汛后潼关高程平均值为326.89 m。后一阶段,渭河下游河道虽有冲淤,但变幅不大,潼关高程相对稳定,汛后潼关高程平均值为328.18 m。

影响渭河下游河道冲淤的因素有很多,包括水沙条件、河床边界、潼关高程等。各种因素相互影响、相互制约,使得渭河下游河道冲淤基本平衡的各种条件组合很多。当来水量较丰时,河槽较宽,潼关高程相对较低,渭河下游河道可保持冲淤平衡;在水沙大幅减少、潼关高程相对较高时,若河槽较为窄深,渭河下游河道也可保持冲淤基本平衡。三门峡水库建库后,渭河下游河道有两个时段冲淤基本平衡,其水沙条件、河床边界条件有较大差异,潼关高程也有较大差异。

三、潼关高程可能下降幅度分析

(一)建库后潼关高程冲刷下降幅度

1970 年 5 月至 1973 年 10 月三门峡水库第二次改建期间,三门峡库区发生了强烈冲刷,共冲刷泥沙 3.95 亿 m³,潼关高程降低了 1.91 m。这一时期非汛期仍有防凌运用,由于 1970 年 6 月打开了 3 个底孔,1971 年 10 月又打开了 5 个底孔,汛期坝前平均水位均低于 300 m。此阶段的冲刷实际主要发生在 1970 年和 1973 年。

1970 年 6 月打开 3 个原施工导流底孔后,泄流工程进口高程由 300 m 下降到 280 m。坝前水位突然降低,库区发生自下而上的溯源冲刷,至 7 月 31 日溯源冲刷发展到太安(黄淤 31 断面)附近。该年汛期黄、渭洪峰不断出现,潼关站大于 3 000 m³/s 的洪水 5 次,多次出现高含沙洪水,最大洪峰流量为 8 420 m³/s,最大含沙量为 631 kg/m³,对冲刷潼关河床十分有利,潼关以下库区共冲刷 1.5 亿 m³。这些洪水不但使潼关河床冲刷下降,而且使潼关以下库区发生的沿程冲刷与溯源冲刷相衔接,汛期潼关高程下降了 0.84 m。

1973 年潼关站汛期水量 181.1 亿 t,沙量 14.05 亿 t,汛期洪峰不断出现,大于 3 000 m³/s 的洪峰共发生 5 次,有 3 次为高含沙洪水,最大洪峰流量为 5 080 m³/s,洪水期最大日均含沙量达到 311 kg/m³,库区发生强烈冲刷,潼关以下库区共冲刷泥沙 1.73 亿 m³。从库区冲刷量纵向分布来看,大禹渡以上冲刷厚度较大,呈明显的沿程冲刷特点(见图 8-6)。汛期潼关高程下降了 1.49 m。

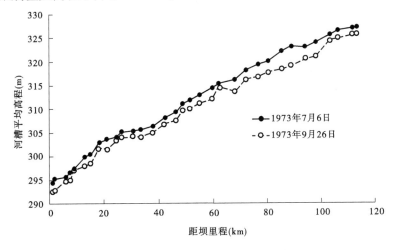

图 8-6　1973 年汛期三门峡库区纵剖面

1971 年、1972 年汛期坝前平均水位同样较低,但 1971 年汛期潼关高程仅下降了 0.24 m,1972 年汛期潼关高程还抬高了 0.12 m。因此,1970~1973 年潼关高程的大幅度下降很大程度上与1970年、1973年汛期多次发生的高含沙水流有关,而库区黄淤30断面以下的冲刷则主要是水库经第二次改建增大泄流规模使坝前水位降低而引起的溯源冲刷造成的。

潼关1977年7月发生了洪峰流量为13 600 m³/s、含沙量为911 kg/m³的高含沙洪水,河床强烈冲刷,高程一度降低到324.79 m,但河道很快回淤,尽管1977年8月又发生了3场超过10 000 m³/s流量的高含沙洪水,潼关高程依然呈回升态势,汛后潼关高程326.79 m,汛期下降0.58 m。此后,三门峡水库经历了1981~1985年连续丰水年,5年汛期平均水量270亿 m³、沙量6.9亿 t,库区累积冲刷1亿 m³。5年中虽然经过多次大洪水的冲刷,1985年汛后潼关高程降为326.64 m,与1973年汛后持平,但潼关以下库区大多数断面河床高程没有发展至1973年10月的状态。

1992年和1996年汛期,三门峡库区发生大幅度冲刷,汛期冲刷量分别达到1.89亿 m³和2.74亿 m³,洪水期潼关高程下降幅度达到1.68 m以上,但汛后潼关高程仍没有低于326.64 m,库区仍没有形成接近1973年汛后甚至1985年汛后的纵剖面。

2003年汛期,潼关来水量显著增加,特别是8月1日至10月15日,潼关水量124亿 t,平均流量1 900 m³/s,含沙量为36 kg/m³,坝前最低水位降至283 m左右,库区剧烈冲刷,汛期三门峡潼关以下库区冲刷量达2.2亿 m³,其中黄淤30断面以下冲刷1.75亿 m³,汛后潼关高程下降0.88 m,达到327.94 m。从图8-7可以看出,2003年汛后黄淤18断面以下河道纵剖面已接近1973年汛后,但黄淤18断面以上,特别是黄淤30至潼关河段,其河槽平均高程仍远高于1973年汛后值,两者之间平均差值达2.4 m左右。

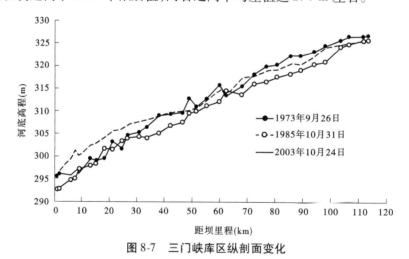

图8-7　三门峡库区纵剖面变化

(二)库区淤积物的影响

从历年三门峡库区纵剖面变化过程可以看出,黄淤30断面以下库段受坝前水位影响较大,特别是黄淤18以下断面,大幅度降低坝前水位即可引起强烈冲刷,当有一定的冲刷流量且维持一定的敞泄时间时,即使沉积20余年的淤积物也可冲刷出库;黄淤18—黄淤30河段,是冲淤变化较大的河段,在较有利的水沙条件下也可将前期淤积物冲走。如1992~1994年冲刷后,黄淤26—黄淤30河段的河床已接近1973年汛后,个别断面的河床高程甚至更低;黄淤30—潼关河段,由三门峡水库降低水位引起的溯源冲刷相对较小,特别是淤积物固结后冲刷起来难度很大,即使遇有利水沙条件,将当年非汛期淤积物冲完后,冲刷也很难继续发展。因此,1986年后除潼关等个别断面或在短时间内河床有大幅度下降外,该河段河槽高程基本上是逐步抬升的,至2003年10月该河段累积淤积0.83亿 m^3。2003年10月该河段的纵比降十分接近1973年汛前,但淤积物的抗冲性远大于1973年汛期冲刷的淤积物。从图8-7还可以看出,黄淤39—潼关河段的河床纵比降远小于下段,约为0.2‰。这一点与1975年汛后河床非常相似,因此若没有有利的水沙条件,2003年汛后的潼关高程也是难以维持的。2003年汛期三门峡水库平均运用水位是304.2 m左右,若运用水位降低至300 m以下并持续进行,根据库区1972年、1973年的冲刷情况及以后的冲淤调整,黄淤30以下河段会继续冲刷,冲至1973年汛后的状况后,冲刷强度会大大减弱,而黄淤30以上河段的冲刷将缓慢发展,潼关高程不可能大幅度下降。若遇类似1973年的水沙也可大幅度冲刷,但也难以冲刷至1973年汛后的河床,使潼关高程达到326.64 m。若遇1997～2002年水沙系列,该河段的冲刷将更加缓慢,潼关高程甚至达不到2003年汛后的327.9 m左右。

第二章的研究结果表明,库区累积淤积量不仅与当年的水沙和水库运用条件有关,而且与前期3～4年的水沙和运用条件有关。当线性叠加坝前水位为308.5 m时,潼关以下库区累积淤积量随水位的变化存在一个拐点,相应的淤积量为29亿 m^3。这意味着淤积量在降至29亿 m^3时,若要进一步降低,坝前水位就需要较大幅度的降低,换句话说,潼关以下库区的累积淤积量要降低到小于29亿 m^3是比较困难的。根据中国工程院给出的公式 $Z_{潼关} = 326 + 0.75(W_s - 27)$ 计算,当潼关以下库区累积冲淤量为29亿 m^3时,潼关高程为327.5 m。

(三)来水量大幅度减少的影响

如图8-8所示,三门峡水库建库前及蓄清排浑运用后,潼关高程与6年滑动平均年水量存在较好的关系,但建库前潼关高程随年水量增加而降低的幅度较大。同时,三门峡水库的初期运用明显改变了点群的分布区域。若按目前潼关站年水量减少后潼关高程的变化趋势将建库前的关系延伸,可以初步得出,潼关站6年平均水量由400亿 m^3减少为200亿 m^3左右时,潼关高程由323.7 m左右上升至325.8 m左右。三门峡水库建库前,潼关高程6年滑动平均水量435亿 m^3,潼关高程323.45 m,则因水量的减少潼关高程可抬升约2.3 m。2000年潼关高程为328.33 m,由此可推出,三门峡水库运用后至2000年,因水库的影响使潼关高程抬升约2.5 m。

在目前条件下,三门峡水库坝前年均水位可由311.84 m降低到285 m左右,若无三门峡水库可降至278 m左右。如果三门峡水库敞泄运用,潼关高程的降低值按坝前水位的降低幅度直线内插,则三门峡水库按近期6年水沙条件敞泄后,潼关高程可达到326.3 m左右。但是,如前所述,三门峡库区淤积特别是潼关—坫埝河段的淤积物固结程度逐步提高,因而在目前潼关高程状况下,若三门峡水库全年敞泄运用,遇近期6年水沙系列(平均年水量200亿 m^3),潼关高程下降并维持相对稳定的最低值难以低于326.6 m。

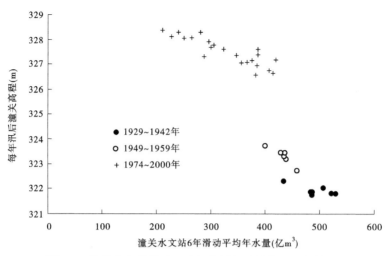

图 8-8 潼关水文站滑动平均年水量与潼关高程之间的关系

（四）各种措施降低潼关高程的幅度

1. 调整三门峡水库运用方式

由第四章数学模型各种方案中长期计算结果可知,如果三门峡水库全年敞泄,平水系列潼关高程最多降低 1.69 m,遇枯水系列只能降低 1.19 m;其他控制运用方案,平水系列潼关高程降低 0.96~1.47 m,枯水系列潼关高程降低 0.41~0.86 m。实体模型短期试验结果为:全年敞泄,平水系列潼关高程可降低 1.57 m,枯水系列可降低 0.97 m;其他控制运用方案,平水系列潼关高程降低 0.83~0.92 m,枯水系列潼关高程降低 0.37~0.45 m。

2. 其他措施

根据第五章的研究成果,河道整治可使潼关高程多下降 0.1~0.2 m,裁弯可使潼关高程多下降 0.1 m,清淤可使潼关高程多下降 0.1~0.2 m;另外,渭河口治理、北洛河改道和小北干流放淤等可以使潼关高程多下降 0.2~0.4 m。因而,其他措施合计可使潼关高程多下降 0.5~0.9 m,但这些措施不是短期内能够完成的。

四、合理潼关高程的确定

降低潼关高程主要是为了渭河下游防洪的安全。根据第三章的研究,潼关高程的抬升对渭河下游河道的淤积是有影响的,但渭河下游河道近年来的淤积主要与水沙条件恶化、主槽萎缩有关,潼关高程的降低会有助于缓和渭河下游淤积的局面,但难以根本改变淤积的趋势。又根据第六章的研究,潼关高程降低后对渭河下游的影响主要限于主槽,而且主要在华县以下,亦即潼关高程的升降对渭河下游冲淤的影响不是可逆的,因此最为关键的是控制潼关高程不再继续抬高,进而采取各种措施降低潼关高程。

根据第六章数学模型的计算,潼关高程降低 2 m,14 年后渭河下游和小北干流仍会有大量淤积,这些淤积必定会以下延的形式影响到潼关高程的稳定,因此不能期望潼关高程能够稳定在一个过低的水平上。

2003 年秋汛以后,华县主槽过洪能力已由 2001 年的 1 100 m³/s 扩大到了 2 500 m³/s,潼关高程为 327.94 m。可见,满足渭河下游主槽过洪能力 3 000 m³/s 的需求并不只有大幅度降低潼关高程降才能达到,只要有合适的水沙条件就能实现。1986年华县主槽过洪能力为3 000 m³/s左右,当时潼关高程为327.18 m。

根据测算,潼关高程降低2 m,将有8亿~10亿m³淤积在三门峡库区的泥沙冲往下游,如果潼关高程降得更多,则将会有更多的泥沙被搬往下游,直接影响到小浪底水库的使用寿命和效率,对黄河下游的防洪形势造成重大影响。因此,潼关高程不宜降低过多。

1974~1986年,潼关高程曾相对稳定在326.64 m,三门峡水库冲淤基本平衡,渭河下游在这一阶段也基本保持冲淤平衡,此值与2001年汛后潼关高程相差1.59 m。

综合考虑渭河下游社会经济可持续发展对潼关高程的要求,潼关高程降低的可能性、可行性、必要性以及潼关高程降低对渭河下游冲淤和防洪的影响等,初步确定合理潼关高程为326.6 m,比2001年汛后降低1.63 m。

鉴于降低潼关高程的难度,合理潼关高程目标的达到应该分为两个阶段:近期(5年左右)潼关高程的治理目标为327.5 m,远期为326.6 m。

第二节 三门峡水库运用方式调整建议

三门峡水库前期(1996~2001年)的运用方式为:非汛期最高运用水位321~322 m;汛期当潼关水文站流量大于2 500 m³/s时敞泄,否则按305 m控制。三门峡水库对黄河下游的防洪、防凌、春灌等做出了巨大贡献,随着小浪底水库的投入运用,三门峡水库承担的任务面临着新的变化,春灌和一般防凌任务可以由小浪底水库承担,因此为了尽可能消除水库运用对潼关高程和渭河下游的不利影响,三门峡水库的运用方式有必要并有条件进行适当调整。

如果仅从降低潼关高程和渭河下游的角度出发,三门峡水库的运用方式采用全年敞泄最为有利,但其对库区和枢纽造成的社会、经济、生态环境影响也最大。三门峡水库运用初期泥沙的严重淤积严重破坏了当时的生态系统,但水库运用以来,特别是枢纽两次成功改建及水库蓄清排浑运用以来,库区逐渐演变形成了新的生态系统。如果实施全年敞泄,就又会打破现有的生态平衡,给当地社会经济和生态环境带来巨大影响:库水位、地下水位下降,影响农业灌溉和工业与生活用水;滩地出露,移民返迁,土地纠纷,影响社会稳定和防洪安全;地下水位降低,湿地消失,局部地区风沙增加,影响生态平衡和自然景观;不能发电,影响枢纽管理功能的实现和电网运行;不合理水沙组合下泄,影响小浪底水库的长期有效库容。因此,找到一个相对的平衡点,一种既对降低潼关高程有明显作用,又对库区和枢纽社会、经济、生态环境影响较小的三门峡水库运用方式是非常必要的。

根据研究结果,降低三门峡水库运用水位对降低潼关高程是有作用的,但大幅度降低三门峡水库运用水位并不能产生大幅度降低潼关高程的效果,还会引发社会和环境问题。要达到潼关高程近期降低到327.5 m、远期降低到326.6 m的目标,必须采取包括河道整治、清淤疏浚、渭河口及汇流区治理、北洛河改道、小北干流放淤、外流域调水等在内的综合措施。同时,解决渭河下游的淤积问题单靠降低潼关高程是不够的,还应考虑渭河本身的治理、水土保持和节水等,改变渭河含沙量逐年增大的趋势。

综合考虑降低三门峡水库运用水位对潼关高程、社会经济、生态环境和小浪底水库的影响,以及三门峡水库在黄河水沙调控体系中的作用,提出三门峡水库运用方式调整意见如下。

三门峡水库运用方式调整原则:根据潼关高程变化规律和来水来沙趋势,结合小浪底水库建成后黄河下游开发治理的新形势和渭河综合治理的要求,按照可持续发展的水利指导思想,全面考虑三门峡水库的历史、现状以及调整三门峡水库运用方式对社会、经济、生态、环境的影响,既有利于降低潼关高程,又尽量避免产生新的严重的矛盾。

非汛期:数学模型计算和实体模型试验结果表明,水库由现状运用调整为318 m控制运用时,潼关高程下降比较显著,可降低潼关高程0.4 ~ 1.1 m。如进一步调整为315 m控制运用,仅多降低0.1 ~ 0.15 m,但湿地面积则将由318 m运用时的185 km^{2}减少到92 km^2,对当地生态环境有较大负面影响,并且将影响当地灌溉和三门峡市第三水厂等取水设施,给当地工农业生产带来一定损失,将产生新的矛盾。

2004年汛初小浪底水库和三门峡水库、万家寨水库联合调度进行调水调沙运用,成功地实施黄河水沙联合调控。三门峡水库水位318 m时库容4.0亿m^3、315 m时库容2.4亿m^3。如果三门峡水库按315 m进行控制,则不利于今后与小浪底水库的联合调水调沙运用,还影响黄河水沙调控体系的建设。

2002年11月以来的三门峡水库原型试验表明,非汛期最高水位按318 m进行控制,回水最远至黄淤34断面,距潼关30 km,潼关受三门峡水库蓄水位影响不大,处于自然河道状态,对当地社会经济和生态环境的影响也不大。因此,非汛期最高水位318 m控制是可行的。

根据研究成果,潼关高程升降值随非汛期坝前平均水位变化的关系线在315 ~ 316.5 m点子比较密集,存在一个转折区间,转折区间之后,潼关高程的上升随坝前平均水位的上升速度明显增大。所以,非汛期水库的平均水位不宜超过此区间。20世纪90年代以来,三门峡水库非汛期实际运用平均水位为315.69 m,运用方式调整后的平均水位不应高于此值。另外,三门峡水库不同运用方案数模计算所采用的水沙系列非汛期平均水位为315.3 m。从严格控制的角度考虑,三门峡水库非汛期平均水位不超过315 m。

因此,从尽可能降低潼关高程又兼顾对当地社会经济、生态环境及小浪底水库和黄河下游的影响出发,三门峡水库非汛期平均水位不超过315 m,最高运用水位不超过318 m。

汛期:根据数学模型计算和实体模型试验的结果,汛期敞泄与汛期洪水(流量大于1 500 m^3/s)敞泄相比,汛期敞泄可使潼关高程多下降0.1 ~ 0.2 m。对场次洪水分析进一步表明,当流量小于1 500 m^3/s时,水库敞泄对库区冲刷的作用不明显;水库的冲刷主要是由大于1 500 m^3/s流量的洪水所造成的。因此,三门峡水库按流量大于1 500 m^3/s进行敞泄与汛期全敞泄相比,在排沙和降低潼关高程的效果上是相近的。但汛期敞泄造成的小水带大沙将使小浪底水库尾部段产生严重淤积,对小浪底水库恢复和保持库容产生不利影响,同时减少了三门峡水库的综合效益。因此,汛期敞泄有利有弊。

2003年以来,三门峡水库进行原型试验,非汛期最高控制水位318 m;汛期当流量大于1 500 m^3/s时,水库敞泄,否则坝前水位按305 m控制。实测资料显示,3年来三门峡水库潼关以下库区非汛期总的淤积量小于汛期总的冲刷量,潼关高程呈下降和稳定状态。

但是,考虑到降低潼关高程是目前的一项重要任务,从积极的角度出发,三门峡水库汛期按敞泄运用。

综上所述,建议三门峡水库近期正常情况下运用方式调整为:汛期敞泄;非汛期平均水位不超过 315 m,最高运用水位不超过 318 m;遇严重凌情、特大洪水和特殊情况时,不受此限制。运行 5 年后,视结果再做调整。

第三节　小　结

(1)综合考虑渭河下游社会经济可持续发展对潼关高程的要求,潼关高程降低幅度的可能性、可行性、必要性以及潼关高程降低对渭河下游冲淤和防洪的影响等,初步确定合理的潼关高程为 326.6 m。鉴于降低潼关高程的难度,合理潼关高程目标的实现分为两个阶段:潼关高程的治理目标近期为 327.5 m,远期为 326.6 m。

(2)建议三门峡水库近期正常情况下运用方式调整为:汛期敞泄;非汛期平均水位不超过 315 m,最高运用水位不超过 318 m;遇严重凌情、特大洪水和特殊情况时,不受此限制。运行 5 年后,视结果再做调整。

第九章 结论与建议

一、认识及结论

（1）潼关高程 1960 年 9 月三门峡水库投入运用时为 323.4 m，2001 年汛末为 328.23 m，共上升 4.83 m。水库投入运用后一年半内，潼关高程曾上升到 328.07 m，上升了 4.67 m。后经改变运用方式和扩大泄流规模，1973 年汛末潼关高程下降到 326.64 m。1985 年汛末潼关高程仍为 326.64 m。1986 ~ 2001 年，潼关高程上升了 1.59 m。

（2）水库运用和来水来沙条件是影响潼关高程变化的主要因素，不同时期两者对潼关高程变化所起的作用不同。蓄水拦沙期，潼关高程的快速上升完全是三门峡水库高水位运用造成的。滞洪排沙期，前阶段潼关高程回升是由于水库泄流规模不足和来水来沙偏丰；后阶段潼关高程下降，主要是由于水库泄流规模加大。蓄清排浑期，1974 ~ 1985 年阶段，水库运用方式与来水来沙条件比较适应，潼关高程保持相对稳定；1986 ~ 2001 年汛期平均来水量比 1974 ~ 1985 年减少 51%，潼关高程在汛期的冲刷下降大大减弱，虽然非汛期水库最高运用水位不断降低，但潼关高程仍保持上升，这一阶段潼关高程升高的主要原因是水沙条件不利，水库运用的影响较弱。

（3）从三门峡水库投入运用到 2001 年，渭河下游共淤积泥沙 13.21 亿 m³，其中 1960 ~ 1973 年淤积 10.32 亿 m³，1974 ~ 1990 年淤积 0.37 亿 m³，1991 ~ 2001 年淤积 2.52 亿 m³。1960 ~ 1973 年，渭河下游的淤积主要是由潼关高程的大幅度快速抬升引起的。1974 ~ 1990 年渭河水沙条件与河道边界条件基本适应，丰枯水沙交替出现，渭河下游冲淤基本平衡。1991 ~ 2001 年，渭河下游年来水量较 1974 ~ 1990 年减少 47%，汛期来水量减少 55%，洪水发生频次减少，水流含沙量增加，渭河下游的淤积主要是渭河水沙条件恶化的结果，潼关高程的影响较弱。

（4）调整三门峡水库运用方式，潼关高程可以有不同程度的下降。全年敞泄运用时，潼关高程下降最多，枯水可下降 1.1 m 左右，平水可下降 1.6 m 左右。对其他方案，非汛期控制水位越低，潼关高程下降幅度越大，但水库由现状运用调整为 318 m 控制运用时，潼关高程下降比较显著，可降低潼关高程 0.4 ~ 1.1 m。进一步调整为 315m 或 310 m 控制运用时，潼关高程下降的幅度明显减小，315 m 控制比 318 m 控制多降低潼关高程 0.1 ~ 0.15 m；310 m 控制比 315 m 控制多降低潼关高程约 0.15 m。汛期敞泄比洪水期敞泄多降低潼关高程 0.1 ~ 0.2 m。平水系列比枯水系列使潼关高程多下降 0.5 ~ 0.6 m。

（5）潼关高程降低 1 ~ 2 m 将使渭河下游河道产生一定冲刷，冲刷主要发生在主槽内，滩地仍然淤积。平水系列冲刷强度大于枯水系列。潼关高程降低 2 m 的影响范围可以到华县，降低 1 m 的影响范围在华县以下。短期内渭河下游为冲刷状态，长时期渭河下游仍呈淤积趋势，6 000 m³/s 流量洪水位继续抬升。降低潼关高程对渭河下游具有减淤作用，潼关高程降低 2 m，渭河下游减淤比约为 50%；潼关高程降低 1 m，渭河下游减淤比为28％左右。潼关高程降低1~2 m在短期内可以缓和渭河下游的防洪局面,但从长期来看,渭河下游洪水位还是抬升的,因此渭河下游河道防洪问题的解决不能仅靠降低潼关高程,还应考虑渭河本身的治理、水土保持和节水等,改变渭河含沙量逐年增大的趋势。

(6)三门峡水库全年敞泄或降低运用水位将有利于降低潼关高程,从而减缓渭河下游河道的淤积,提高河道泄洪输沙能力,减少洪水灾害,减轻南山支流倒灌引起的灾害,改善关中地区的经济发展环境。但三门峡水库全年敞泄将给当地社会经济带来较大损失,并对形成的新的生态环境造成巨大破坏。三门峡水库降低运用水位也将对移民及防洪、生态环境、农业灌溉、城市供水、发电等带来一定影响。控制水位越低,对当地负面作用越大,并且影响三门峡水库在黄河水沙调控体系中重要作用的发挥。潼关高程降低2 m所产生的泥沙搬迁将使小浪底水库拦沙年限和小浪底水库对黄河下游的减淤年限减少2~3年。

(7)三门峡水库原型试验表明,非汛期水库最高水位按318 m控制,回水最远至黄淤34断面,距潼关30 km,潼关河段不受三门峡水库蓄水位影响,处于自然河道状态,对改善淤积分布和控制及降低潼关高程有一定效果。

(8)综合考虑渭河下游社会经济可持续发展对潼关高程的要求,潼关高程变化的复杂性,大幅度降低潼关高程的可能性、可行性、必要性以及潼关高程降低对渭河下游冲淤和防洪的影响等,初步确定合理潼关高程为326.6 m。鉴于降低潼关高程的难度,合理潼关高程目标的实现应该分为两个阶段:近期潼关高程的治理目标为327.5 m,远期为326.6 m。要实现合理潼关高程,除有必要调整三门峡水库运用方式外,还必须采取包括河道整治、清淤疏浚、渭河口及汇流区治理、北洛河改道、小北干流放淤、外流域调水等在内的综合措施。

二、建 议

(1)三门峡水库近期正常情况下运用方式调整为:汛期敞泄;非汛期平均水位不超过315 m,最高运用水位不超过318 m;遇严重凌情、特大洪水和特殊情况时,不受此限制。运行5年后,视结果再做调整。

(2)三门峡水库运用方式的调整不仅关系到潼关高程,还涉及晋、陕、豫三省多方面的利益重新调整及黄河下游整个防洪及水沙调控体系的建设。由于问题的复杂性,工作做得还不够深入,建议对三门峡水库运用水位调整后对社会经济和生态环境变化的影响进行系统的跟踪分析调查。

(3)水沙条件对潼关高程和三门峡水库运用的影响很大,应加强对来水来沙趋势问题的研究。另外,2002年以来黄委实施的干流水库水沙联合调度和小北干流放淤试验也一定程度地改变了进入三门峡水库的水沙条件。鉴于水沙联合调控和放淤的时间还较短,其对潼关高程和三门峡水库冲淤的影响尚待观察和研究。

(4)2002年11月起,三门峡水库开始进行非汛期最高控制水位318 m的原型试验和观测,为三门峡水库运用水位的调整提供了宝贵依据。由于每年来水来沙的条件有较大区别,运用水位调整后对各方面的影响需要有一个周期,因此应继续加强对原型的观测和分析。

（5）降低潼关高程的目的是解决渭河下游的淤积及防洪问题，但大幅度降低潼关高程不是短期内所能实现的，同时由于近期渭河水沙条件的恶化，仅仅降低潼关高程并不能完全解决渭河下游的防洪问题。鉴于目前渭河下游淤积及防洪问题十分突出，建议加大渭河下游的治理力度，加快渭河下游的治理速度，加强对渭河下游河道演变规律的研究。

（6）本书重点研究了三门峡水库非汛期运用水位对潼关高程的影响，建议下一步加强对汛期水沙与潼关高程之间响应关系的研究，以优化水库运用。

（7）潼关高程问题十分复杂，尽管研究已经取得了大量的成果，但在潼关高程变化内在机制、影响因素、降低措施等方面还需要继续做大量和深入的工作，建议在潼关高程变化规律和降低措施上进行进一步研究。

参 考 文 献

[1] 三门峡水库运用经验总结项目组. 黄河三门峡水利枢纽运用研究文集[M]. 郑州:河南人民出版社,1994.

[2] 杨庆安,龙毓骞,缪凤举. 黄河三门峡水利枢纽运用与研究[M]. 郑州:河南人民出版社,1995.

[3] 赵文林. 黄河泥沙[M]. 郑州:黄河水利出版社,1996.

[4] 程龙渊,刘拴明,肖俊法,等. 三门峡库区水文泥沙实验研究[M]. 郑州:黄河水利出版社,1999.

[5] 黄河水利委员会科技外事局,三门峡水利枢纽管理局. 三门峡水利枢纽运用四十周年论文集[C]. 郑州:黄河水利出版社,2001.

[6] 姜乃迁,李文学,张翠萍,等. 黄河潼关河段清淤关键技术研究[M]. 郑州:黄河水利出版社,2004.

[7] 胡一三,姜乃迁,张翠萍,等. 小浪底水库初期运用条件下三门峡水库运用方式研究[M]. 郑州:黄河水利出版社,2004.

[8] 中国工程院降低潼关高程可行性研究课题组. 关于降低潼关高程可行性的研究和建议[M]//西北地区水资源重大工程布局研究. 北京:科学出版社,2004.

[9] 林秀芝,姜乃迁,梁志勇,等. 渭河下游输沙用水量研究[M]. 郑州:黄河水利出版社,2005.

[10] 中国水利学会. 黄河三门峡工程泥沙问题[M]. 北京:中国水利水电出版社,2006.

[11] 梁国亭,姜乃迁,余欣,等. 三门峡水库水沙数学模型研究及应用[M]. 郑州:黄河水利出版社,2008.

[12] 胡一三,张金良,钱意颖,等. 三门峡水库运用方式原型试验研究[M]. 郑州:河南科学技术出版社;郑州:黄河水利出版社,2009.

[13] 姜乃迁,侯素珍,李文学,等. 水沙条件对潼关高程作用的分析[J]. 人民黄河,2000(7):16-18.

[14] 张翠萍,张原锋,李文学,等. 黄河潼关河段冲淤变化及其对潼关高程的影响[J]. 人民黄河,2000(7):19-20.

[15] 姜乃迁,李文学,张翠萍,等. 黄河潼关河段清淤研究[J]. 人民黄河,2000(9):17-18.

[16] 姜乃迁,侯素珍,李文学,等. 来水来沙对潼关高程的影响[J]. 泥沙研究,2001(2):45-48.

[17] 郭庆超,胡春宏,陆琴,等. 三门峡水库不同运用方式对降低潼关高程作用的研究[J]. 泥沙研究,2003(1):1-9.

[18] 张润民. 三门峡建库前潼关河床冲淤规律分析[J]. 水力发电,2003(1):10-13.

[19] 石春先. 2003年黄河洪水与潼关高程变化[J]. 人民黄河,2003(11):27-28.

[20] 姜乃迁,张翠萍,侯素珍,等. 潼关高程及三门峡水库运用方式问题探讨[J]. 泥沙研究,2004(1):23-28.

[21] 冯普林,石长伟,张广林. 渭河"2003"洪水灾害及其减灾措施的分析[J]. 中国水利水电科学研究院学报,2004(1):44-49.

[22] 吴保生,张仁. 三门峡水库建库前潼关高程变化研究成果的比较分析[J]. 泥沙研究,2004(1):70-78.

[23] 程龙渊,张松林,马新明,等. 三门峡水库蓄清排浑运用以来库区冲淤演变初步分析[J]. 泥沙研究,2004(4):8-14.

[24] 张根广,林劲松,赵克玉. 渭河下游淤积上延分析[J]. 泥沙研究,2004(4):39-43.

[25] 吴道胜,王海军,段敬望,等. 2003年三门峡水库汛期运用分析[J]. 人民黄河,2004(5):20-21.

［26］林秀芝,姜乃迁,田勇.从潼关上下游河段纵剖面调整看潼关高程变化［J］.泥沙研究,2004(6)：36-39.

［27］吴保生,王光谦,王兆印,等.来水来沙对潼关高程的影响及变化规律［J］.科学通报,2004(14)：1461-1465.